JISUANJI
FUZHU SHEJI

计算机辅助设计

主　编◎殷学丽　陆学斌
副主编◎李永强　高刚刚　郭文会

同济大学出版社
TONGJI UNIVERSITY PRESS
·上海·

内 容 提 要

本书充分汲取AutoCAD在机械工程与电气工程领域的项目实践案例，结合高等院校在计算机辅助设计领域的教学经验及成果，系统介绍了AutoCAD在二维工程制图领域的应用，内容涵盖从基础操作到专业制图的全流程。

本书共3部分(15章)：第一部分为AutoCAD二维绘图知识(第1—7章)，包括AutoCAD绘图基础，绘制与编辑二维图形对象，图层与对象特性管理，精确绘图，文字、表格及尺寸标注，图块和外部参照，图形输出与打印；第二部分为AutoCAD绘制机械图样(第8—12章)，包括制作机械样板文件，绘制零件工作图，典型机械零件图的绘制，绘制装配图，典型机械部件装配图的绘制；第三部分为AutoCAD绘制电气图样(第13—15章)，包括制作电气样板文件，电气工程绘图，典型电气零件图的绘制。

本书可供普通高等院校机械类、电气类相关专业的师生使用，也可供AutoCAD初学者快速入门或有一定基础的读者深入学习，提升AutoCAD的应用水平。

图书在版编目（CIP）数据

计算机辅助设计 / 殷学丽，陆学斌主编. -- 上海 ： 同济大学出版社，2025. 7. -- ISBN 978-7-5765-1762-0

Ⅰ. TB237

中国国家版本馆 CIP 数据核字第 2025Y08T71 号

计算机辅助设计

主编 殷学丽 陆学斌 **副主编** 李永强 高刚刚 郭文会

责任编辑 陈佳蔚 **责任校对** 徐逢乔 **封面设计** 渲彩轩

出版发行 同济大学出版社 www.tongjipress.com.cn

（地址：上海市四平路1239号 邮编：200092 电话：021-65985622）

经　　销 全国各地新华书店

排　　版 南京月叶图文制作有限公司

印　　刷 常熟市大宏印刷有限公司

开　　本 787mm×1092mm 1/16

印　　张 17.75

字　　数 388 000

版　　次 2025年7月第1版

印　　次 2025年7月第1次印刷

书　　号 ISBN 978-7-5765-1762-0

定　　价 59.00元

本书若有印装质量问题，请向本社发行部调换　　版权所有　侵权必究

FOREWORD

前 言

计算机辅助设计(CAD)技术是工程设计与制造领域不可或缺的重要工具。作为经典且广泛应用的CAD软件之一,AutoCAD以其强大的功能、灵活的操作性和高度的兼容性,赢得了广大设计师和工程师的青睐。随着AutoCAD版本的持续更新与升级,其功能更加完善,操作界面更加友好,为设计师们提供了更广阔的创作空间。

本书结合AutoCAD在机械工程与电气工程领域的项目实践案例,通过三个部分介绍了AutoCAD在二维工程制图领域的应用,内容涵盖从基础操作到专业制图的全流程。第一部分为AutoCAD二维绘图知识,从软件功能、界面及基础操作切入,详解绘图环境设置、图形编辑、图层管理、精确绘图等核心功能,并融合了文字标注、尺寸标注、图块应用及打印输出等实用技能;第二部分为AutoCAD绘制机械图样;第三部分为AutoCAD绘制电气图样,分别聚焦机械与电气工程领域,通过样板文件制作、专业图绘制作等实例,强化工程规范与实训能力。

本书由兰州信息科技学院殷学丽(第1、2、3、4、5章)、陆学斌(第6章)担任主编并负责统稿,李永强(第9、11、12章)、高刚刚(第7、8、10章)、郭文会(第13章)担任副主编,薛鑫(第14章)、赵春叶(第15章)参与编写,最后由陆学斌负责主审。

本书不仅适合AutoCAD初学者快速入门,掌握二维绘图的基本技能,也适合有一定基础的读者深入学习,提升AutoCAD的应用水平。衷心希望本书能使读者熟练掌握AutoCAD在二维绘图领域的各项功能,优化设计流程,提高绘图效率。

本书在编写过程中,参考了较多相关的同类著作及工程项目制图案例,特向有关作者致谢。由于编者水平有限,加之编写时间仓促,书中如有疏漏之处,恳请读者批评指正。

编 者

2025年5月

FOREWORD

目 录

第一部分 AutoCAD 二维绘图知识

第二部分 AutoCAD 绘制机械图样

第三部分 AutoCAD 绘制电气图样

第一部分

AutoCAD 二维绘图知识

第1章 AutoCAD 绘图基础

随着计算机技术的快速发展，计算机辅助绘图与辅助设计已在我国设计单位、工厂、学校普遍使用，目前应用最广泛的二维 CAD 系统当属 AutoCAD 软件。AutoCAD 是美国 Autodesk 软件公司的主导产品，具有强大的二维绘图功能，如绘图、编辑、剖面线和图案绘制、尺寸标注等，同时具有三维功能。该软件自 1982 年推出至今，随着版本的不断升级，功能日渐完善，应用于机械、建筑、电子等工程设计领域，已成为重要的计算机辅助绘图与设计软件之一。

1.1 AutoCAD 的主要特点

1. 使用方便

AutoCAD 软件采用交互式绘图，操作者每输入一个指令，系统会在命令行中提示下一步操作，利于初学者学习掌握。

2. 功能强大

AutoCAD 是目前功能最强大的二维绘图软件，可以绘制复杂形状机件的工程图形，并且具有强大的编辑修改和尺寸标注等功能，可以通过各种点的捕捉实现精确绘图。同时还具有三维造型功能。

3. 系统开放

操作者可以根据自己的需要对菜单、工具栏和可固定窗口进行调整，同时可以自定义绘图的线型、填充图案等内容，使其在一个自定义的、面向任务的绘图环境中工作。

系统可以通过 AutoLISP 等程序语言进行二次开发，满足用户的不同需求，还可以通过 DXF 等标准存储格式实现与其他软件之间的数据交换。

1.2 AutoCAD 的主要功能

1. 绘制二维图

AutoCAD 可以绘制各种不同颜色、线型及线宽的图线和图案，通过绘图工具栏中的线、圆、多边形等绘图命令绘制各种形状的平面图形，并可用图层的设置命令为各种线型设置不同的颜色和线宽；可以通过图案填充命令为封闭的图形填充各种图案，如绘制金属剖切面的剖切符号。

2. 图形的编辑和修改

AutoCAD 可以通过修改工具栏中的删除、复制、镜像、移动、修剪、拉伸等命令实现图形的编辑和修改。

3. 文字及尺寸标注

AutoCAD 具有较为完善的尺寸及文字标注功能，标注时不仅能够自动测量图形的尺寸，而且可以方便地编辑尺寸或修改标注样式，以符合行业或项目标准的要求。标注的对象可以是二维图形或三维图形。

AutoCAD 可以插入各种数学符号，实现多种中文字体的书写。AutoCAD 2006 以上的版本还增加了表格的绘制功能，以方便操作者的使用。

4. 通过辅助工具实现精确绘图

AutoCAD 提供了丰富的辅助绘图工具，如极轴、对象捕捉、对象追踪、栅格显示等功能，使绘图过程更加方便和精确。

5. 图形的窗口显示

AutoCAD 通过窗口缩放、实时平移、视口的设置等功能，可以改变图形在窗口的显示情况，也可使用鼠标滚轮调整 CAD 图形的显示。

6. 三维绘图功能

AutoCAD 的主要优势是其强大的二维绘图功能，同时还具有三维造型功能。其布尔运算等三维编辑功能，可使三维复杂实体的生成变得简单易用，生成的三维实体可投影为二维视图，还可运用雾化、光源和材质，将模型渲染为具有真实感的图象。

AutoCAD 的绘图功能还提供轴测图的绘制方法。这和机械制图中轴测图的绘制相似，是在一个平面上绘制具有立体效果的图形，不是真正的三维实体，因而不具备实体的投影、布尔运算等特点。

7. 输出与打印图形

AutoCAD 不仅允许将所绘图形以不同样式通过绘图仪或打印机输出，还能够将不同格式的图形导入 AutoCAD 或将 AutoCAD 图形以其他格式输出。因此，当图形绘制完成之后，可以使用多种方法将其输出。例如，可以将图形打印在图纸上，或创建成文件供其他应用程序使用。

1.3 AutoCAD 文档及界面

1.3.1 打开程序

双击 AutoCAD 2025 图标，或在“开始”→“程序”→“Autodesk”中找到并运行 AutoCAD

2025 程序，即可打开程序，进入如图 1-1 所示 AutoCAD 2025 界面。

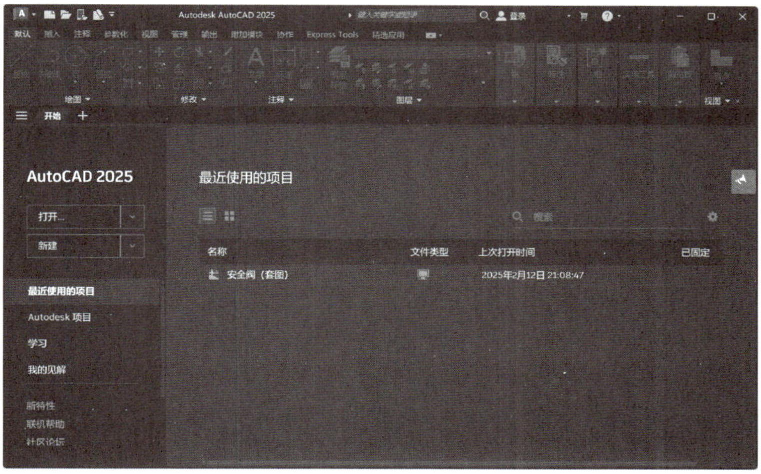

图 1-1　AutoCAD 2025 界面

1.3.2　打开文档

如图 1-2 所示，点击①处所示倒三角符号，可显示④（新建）、⑤（打开）等命令所在下拉菜单。可点选下拉菜单⑤处或顶栏③处按钮打开文档。

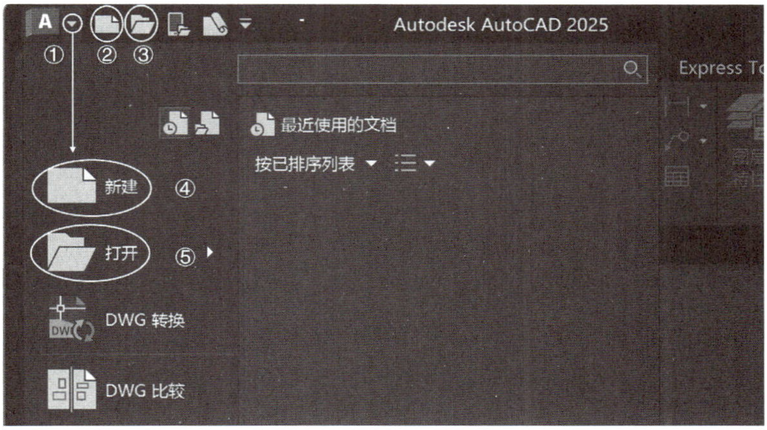

图 1-2　AutoCAD 文档打开与新建

1.3.3　新建文档

如图 1-2 所示，可点选下拉菜单④处或顶栏②处按钮新建文档。之后系统弹出如图 1-3 所示下拉菜单，系统提供了符合不同绘图习惯和标准的样板文件。通常可直接选择图 1-3 中③处，打开样板文件，或者点选①处倒三角符号，点选“无样板打开 - 公制”。

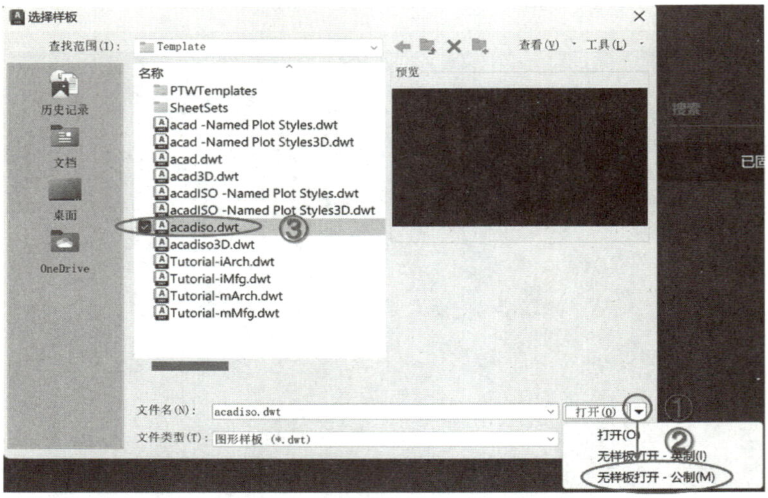

图 1-3 通过样板或无样板新建 AutoCAD 文档

1.3.4 AutoCAD 2025 绘图界面

如图 1-4 所示，AutoCAD 2025 绘图界面主要由标题栏、菜单栏、工具栏、绘图区、命令区、状态栏等组成。

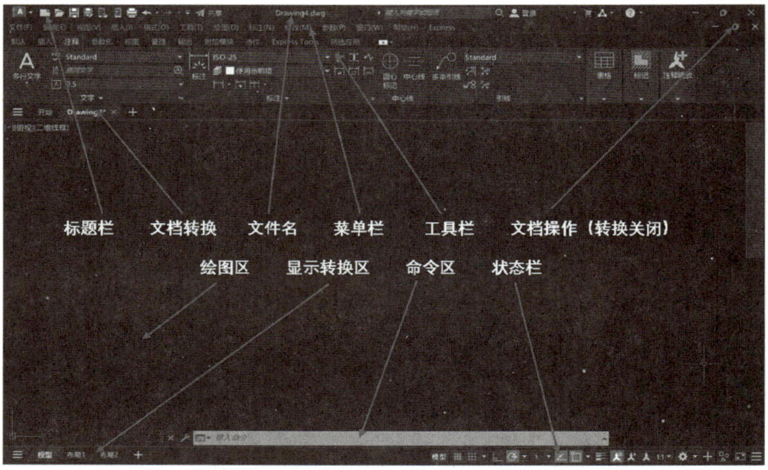

图 1-4 AutoCAD 2025 绘图界面

1. 标题栏

标题栏位于程序窗口的上方，显示程序的名称 AutoCAD 2025 及当前正在绘制的文件名称。标题栏左侧依次是文档新建、打开、保存、网络或手机打开、打印、撤销、重做、共享等命令按钮，最右侧依次可以执行 AutoCAD 程序窗口最小化、最大化及关闭等操作。

2. 菜单栏与工具栏

菜单栏与工具栏几乎包括了 AutoCAD 2025 所有的功能和命令。单击任意一个菜单栏，其下拉菜单将会显示相关命令。单击任意一个工具栏选项，工具栏区域会显示若干相关的常用工具栏，点击其下方的倒三角符号，可显示工具栏中的命令。无论是菜单栏还是工具栏，若显示的命令右边存在倒三角符号，说明该按钮处包含一系列功能相近但方式不同的命令按钮，可按绘图需要选择。

3. 绘图区

绘图区是绘制、编辑图形的区域。一般情况下，在模型空间进行设计，在布局(图纸)空间创建布局输出图形。要进入模型空间或布局空间，可以通过单击绘图窗口左下角状态栏中显示转换区“模型”“布局 1”“布局 2”的选项，在模型空间和布局空间进行切换。

绘图窗口的左下角是坐标系图标，用来显示当前使用的坐标系及坐标方向。绘图窗口内有一个十字光标，随鼠标的移动而移动，它的功能是选择操作对象。

4. 命令区

命令区不但可供用户输入命令，同时会显示下一步的操作提示。初学者应随时观察命令行，按照系统的提示进行操作。

默认情况下，命令区悬浮于绘图窗口与状态栏之间，可点击其左侧“X”按钮关闭，也可通过快捷键“Ctrl + 9”恢复。如需要更换显示位置，可在其左侧两列竖点区按住鼠标左键不松手，拖动其到需要放置的位置即可。

5. 状态栏

界面的最下方是状态栏，用来显示 AutoCAD 当前的状态。状态栏中部是绘图辅助工具的切换按钮，包括栅格、捕捉、正交、极轴追踪、对象捕捉设置等。单击某个按钮，可在系统设置的打开和关闭状态之间切换。状态栏右端包括线宽显示、注释比例选择等按钮，最右端按钮可对状态栏按钮的显示与否进行自由设置。

1.4 AutoCAD 基本操作指令

1.4.1 保存、另存为图形文件

如图 1-5 所示，绘图过程中需及时单击②处“保存”按钮，初次进行“保存”(②、④)或“另存为”(③、⑤)图形文件时，屏幕会弹出“图形另存为”对话框。在该对话框中，可以选择保存路径并为图形文件命名。默认情况下，文件以“图形(* .dwg)”格式保存，也可以在“文件类型”下拉列表框中选择其他格式。

如果想为一个已经命名保存的图形创建新的文件名或者选择其他保存路径，可以选择③处“另存为”命令(或在命令行输入 SAVE AS)，图形将以新的名称另存。此时不影响原命

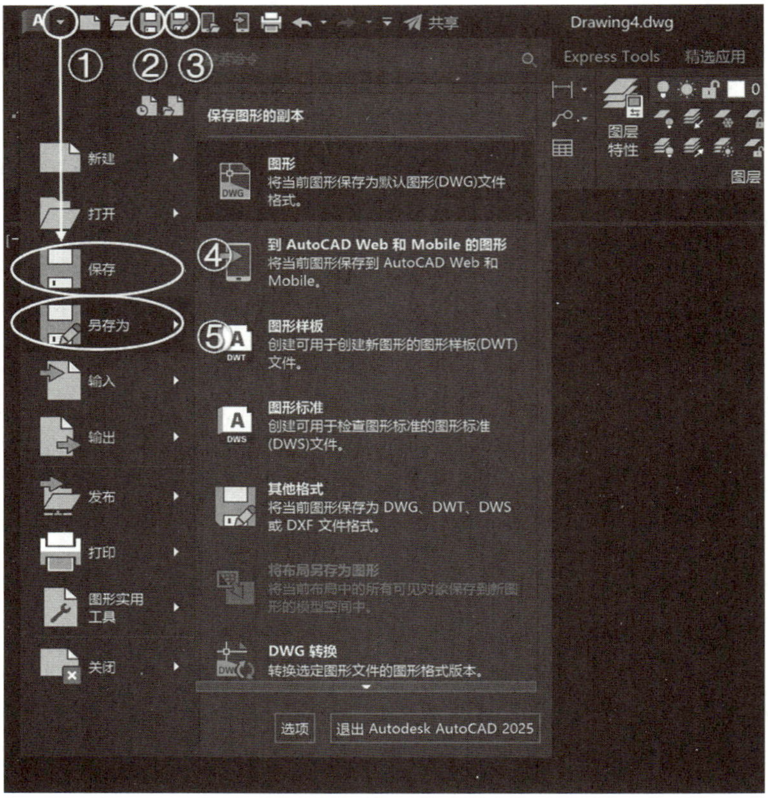

图 1-5　保存、另存为文件

名图形，系统将以新命名的文件作为当前图形文件。

若想输入或输出不同格式的文件，发布、打印 AutoCAD 创建的文档，均可单击图中①处倒三角符号，在下拉菜单中选择相关命令进行操作。

1.4.2　使用鼠标执行命令

在绘图窗口，光标通常显示为“+”字线形式。当光标移至菜单选项、工具或对话框内时，它会变成一个箭头。无论光标是“+”字线形式还是箭头形式，当单击或者按鼠标键时，都会执行相应的命令或动作。在 AutoCAD 中，鼠标键是按照下述规则定义的。

- 拾取键：通常指鼠标左键，用于指定屏幕上的点，也可以用来选择 Windows 对象、AutoCAD 对象、工具栏按钮和菜单命令等。
- 框/套选：按住鼠标左键不松开，可在绘图区自左上向右下拖出矩形框或索套，完全被其框入的图形将被选中，如在绘图区自右下向左上拖出矩形框或索套，接触到选框的图形将被选中。

如需将系统默认的套索转换为框选，可在“选项”工具（具体参见 1.5.1 节）中选择“选择集”，在“选择集模式中”点击“允许按住并拖动套索”即可。

● 取消选择：取消全部选择时，按 ESC 键；取消单个时，按住 Shift 键并点选要取消选择的对象。

● 回车键：鼠标右键相当于 Enter 键，用于结束当前使用的命令，此时系统将根据当前绘图状态弹出不同的快捷菜单。

● 弹出菜单：当使用 Shift 键和鼠标右键的组合时，系统将弹出一个快捷菜单，用于设置捕捉点的方法。对于 3 键鼠标，弹出按钮通常是鼠标的中间按钮。

● 观察缩放：滚动鼠标滚轮，可缩放绘图区的图形大小显示，但并不改变图形真实的大小。

1.4.3　使用命令行

一般地，初学者应该密切观察命令行，按照系统对下一步操作的提示进行操作。下面以画圆为例说明 AutoCAD 命令执行中提示的意义。

画圆的命令输入方式：

命令行：CIRCLE(或 C)↙

指定圆的圆心或［三点(3P)/两点(2P)/相切、相切、半径(T)］：150，150↙

指定圆的半径或［直径(D)］〈577.2932〉：50↙

这时，可完成一个圆心坐标为(150，150)、半径为 50 的圆。

在命令提示窗口中，各项意义如下。

(1) 紧接在"命令行："后面未加括号的提示为正在执行的命令，比如"指定圆的圆心"。

(2) 在[ ]中的内容为选项，当一个命令有多个选项时，各选项用"/"隔开。在选择所需的选项时，需要输入对应选项的字母，如选用三点画圆法，需要输入 3P。AutoCAD 可以通过 5 种方式画圆：输入圆心半径(直径)画圆，输入三点画圆，输入两点画圆，选中两个与圆相切的图形及圆的半径画圆，通过菜单"绘图"→"圆"→"相切、相切、相切"选三个与圆相切的图形画圆。

(3) 在〈 〉中的选项为默认值。如果同意默认数值，只需按 Enter 键或空格键即可；如果不同意默认值，直接输入正确值，然后按 Enter 键或空格键。

1.4.4　命令的重复、撤销与恢复

1. 重复命令

要重复执行上一个命令，可以按 Enter 键或空格键，也可在绘图区域中单击鼠标右键，从弹出的快捷菜单中选择"重复"命令。

2. 撤销命令

如果发现上一步进行的操作有误，可采取以下方式进行撤销。

命令行：undo(或 u)↙

或单击“标准”工具栏中的放弃按钮，再单击放弃按钮右边的黑色小三角符号，弹出近期操作，可选择放弃的命令数目。

有些命令在其命令提示中提供了“放弃”选项，可选择“放弃”选项或按快捷键“Ctrl + Z”进行撤消。

3. 恢复命令

恢复已撤销的命令可采取以下方式。

命令行：mredo↙

或单击“标准”工具栏中的恢复按钮，或按快捷键“Ctrl + Y”。同样地，单击恢复按钮右边的黑色小三角符号，可选择恢复的命令数目。

1.5 设置绘图环境

1.5.1 设置参数选项

如图 1-6 所示，在“工具”菜单栏下拉菜单中选择“选项”，或者在绘图区单击鼠标右键，选择“选项”，或者在命令区输入“options”，均可弹出“选项”对话框，进行相关设置。

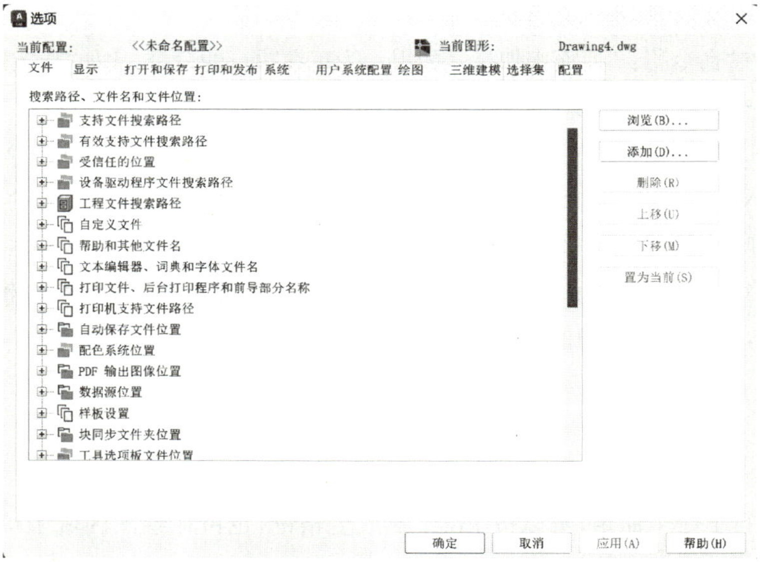

图 1-6 “选项”对话框

例如在设置背景颜色时，在弹出“选项”对话框后，选择①“显示”选项卡，在“窗口元素”设置区中单击②“颜色”按钮，打开如图 1-7 所示“图形窗口颜色”对话框，在“背景”选项中选择③

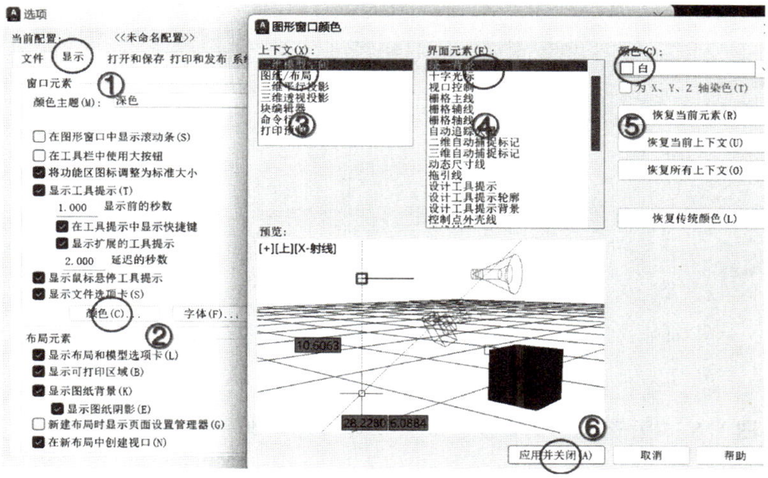

图 1-7　“图形窗口颜色”对话框

“二维模型空间”，然后在“颜色”下拉框中选择⑤“白色”，单击⑥“应用并关闭”按钮，回到如图 1-6 所示“选项”对话框，单击“确定”按钮，这时绘图窗口的背景颜色将显示为白色。

1.5.2　设置图形单位

设置绘图时所使用的长度单位、角度单位以及显示单位的格式和精度。

1. 命令激活方式

命令行：UNITS(或 UN)↙

菜单栏：格式→单位

2. 操作步骤

激活命令后，屏幕弹出如图 1-8 所示“图形单位”对话框，可对该对话框中相应的内容进行设置。

- “长度”选项区：可以设置绘图的长度单位和精度。“类型”列表框提供了“小数”“分数”“工程”“建筑”及“科学”共 5 种长度单位类型。其中“工程”和“建筑”的单位为英制单位，常用的为小数单位。在“精度”列表框中可以设置长度值所采用的小数位数或分数大小。
- “角度”选项区：可以设置绘图的角度格式和精度。“类型”列表框提供了“十进制”“弧度”“度/分/秒”“百分度”及“勘测单位”共 5 种格式。在“精度”列表框中可以设置当前角度显示的精度。
- “插入比例”选项区：可以设置插入当前图形中的块和图形的测量单位，常用毫米单位。
- “输出样例”选项区：显示当前长度单位和角度单位的样例。
- “顺时针”复选框：可以设置角度增加的正方向。默认情况下，逆时针方向为角度增加的正方向。单击“方向”按钮，可以打开如图 1-9 所示“方向控制”对话框，设置起始角度

(0°)的方向。

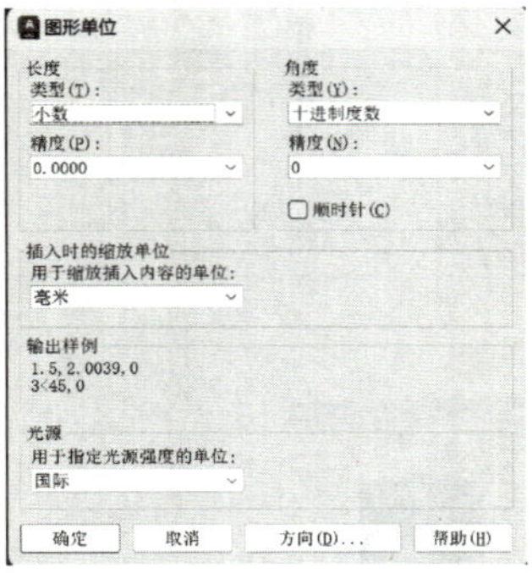

图 1-8 “图形单位”对话框

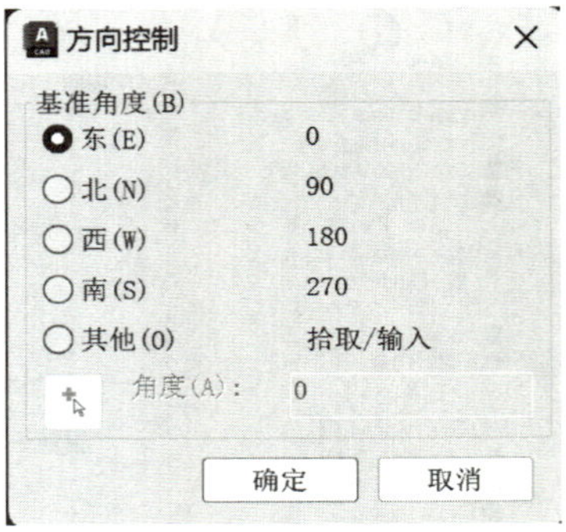

图 1-9 “方向控制”对话框

1.5.3 设置绘图界限

利用图形界限的命令设置一个矩形的绘图界限。使用该功能，可以控制绘图是否在界限内进行。

1. 命令激活方式

命令行：LIMITS↙

菜单栏：格式→图形界限

2. 操作步骤

激活命令后，命令提示行将显示：

重新设置模型空间界限：

指定左下角点或［开(ON)/关(OFF)］〈0.0000,0.0000〉：(输入左下角点的坐标)↙

指定右上角点〈420.0000,297.0000〉：(输入右上角点的坐标)↙

执行结果：设置了一个以左下角点和右上角点为对角点的矩形绘图界限。默认时，设置的是 A3 图幅的绘图界限。

若选择“开(ON)”，则只能在设定的绘图界限内绘图；若选择“关(OFF)”，则绘图没有界限限制。默认状态为关。

1.6 控制图形显示

1.6.1 缩放视图

缩放视图只是改变图形的屏幕显示大小，不改变图形的实际尺寸。

1. 命令激活方式

命令行：ZOOM(或 Z)↙

命令提示行将显示：

指定窗口的角点，输入比例因子(nX 或 nXP)，或者[全部(A)/中心(C)/动态(D)/范围(E)/上一个(P)/比例(S)/窗口(W)/对象(O)]〈实时〉：↙

菜单栏：视图→缩放，可在弹出的下一级菜单中进行选择。

工具栏：视图工具栏→导航栏，按下按钮后，在绘图区右上角弹出样式工具栏，如图 1-10 所示，可进行包括旋转、平移、缩放在内的相关命令操作。

图 1-10　导航栏

2. 各选项的意义

(1) 实时缩放

命令激活后，十字光标变为放大镜形状，按住鼠标左键向上拖动可放大图形，向下拖动可缩小图形。按 Enter 键、Esc 键、空格键或单击鼠标右键退出。

(2) 上一步

命令激活后，将恢复上一次缩放的视图大小，最多可以恢复此前的 10 个视图。

(3) 窗口缩放

命令激活后，框选需要显示的图形，框选图形将充满视口。

(4) 动态缩放

用一个矩形框动态改变所选择区域的大小和位置，其步骤如下。

① 命令激活后，图形窗口出现以><为中心的平移视图框。

② 将平移视图框移动到所需的位置，然后单击鼠标左键，框中的><消失，同时出现一个指向框右边的箭头，视图框变为缩放视图框。

③ 左右移动光标调整视图框的大小，上下移动光标调整视图框的位置。调整完毕后，如果按 Enter 键，可使当前图框中的图形充满视口；如果单击鼠标左键，可继续调整图框的位置和大小。

(5) 比例缩放

命令激活后，在命令行“输入比例因子(nX 或 nXP)：”提示后输入比例值，可按指定的比例因子进行缩放。

“nX”：在输入的比例值后加上“X”，根据当前视图进行缩放。例如输入“0.5X”，将使屏幕上的每个对象显示为原大小的 1/2。

“nXP”：在输入的比例值后再输入一个“XP”，相对图纸空间进行缩放。例如输入“0.5XP”，将以图形真实大小的 1/2 显示图形，在图纸空间布图有实际意义。

(6) 中心点缩放

重设图形的显示中心并缩放由中心点和放大比例(或高度)所定义的窗口。

命令激活后,命令提示行将显示:

指定中心点:(指定新的显示中心点)↙
输入比例或高度〈50.0000〉:(输入新视图的缩放倍数或高度)↙

- "比例":在输入的比例值后再输入一个"X",例如"0.5X"。
- "高度":直接输入高度值,高度值较小时增加放大比例,高度值较大时减小放大比例。"〈 〉"内为默认高度值,直接按 Enter 键,则以默认高度缩放。

(7) 对象缩放

尽可能大地显示一个或多个选择对象,并使其位于绘图区域的中心。

(8) 放大

使图形相对于当前图形放大一倍。

(9) 缩小

使图形相对于当前图形缩小一半。

(10) 全部缩放

缩放显示整个图形。如果图形对象未超出图形界限,则以图形界限显示;如果图形对象超出图形界限,则以当前范围显示。

(11) 范围缩放

缩放显示所有图形对象,使图形充满屏幕,与图形界限无关。

1.6.2 平移视图

移动整个图形以便于更好观察,但不改变图形对象的实际位置。

1. 命令激活方式

命令行:PAN(或 P)↙
菜单栏:视图→平移
工具栏:视图工具栏→导航栏

2. 操作步骤

命令激活后,光标变为手状,按住鼠标左键拖动,可使图形按光标移动方向移动。按 Enter 键、Esc 键、空格键或单击鼠标右键退出。

1.6.3 命名及恢复视图

用户可以在一张工程图纸上创建多个视图,当要查看、修改图纸上的某一部分视图时,将该视图恢复即可。

1. 命名视图

选择“视图”→“命名视图”命令（VIEW），或在“视图”工具栏中的“命名视图”区域，打开“视图管理器”对话框，如图 1-11 所示。

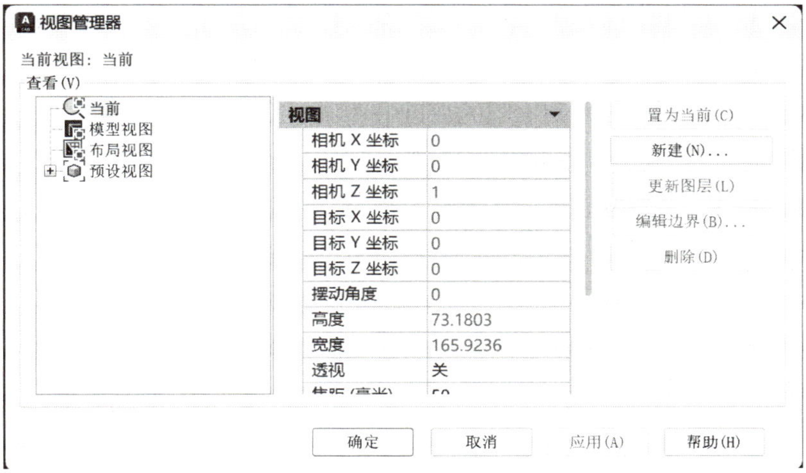

图 1-11　“视图管理器”对话框

在“视图管理器”对话框中，用户可以创建、设置、重命名以及删除命名视图。其中“当前视图”后显示了当前视图的名称。此外，对话框中其他主要选项的功能如下。

- “查看”列表框：列出了已命名的视图和可作为当前视图的类别，例如，可选择正交视图和等轴测视图作为当前视图。
- “视图/信息”选项区域：显示指定命名视图的详细信息，包括视图名称、分类、UCS 及透视模式等。
- “置为当前”按钮：将选中的命名视图设置为当前视图。
- “新建”按钮：创建新的命名视图。单击该按钮，打开“新建视图/快照特性”对话框，如图 1-12 所示。可以在“视图名称”文本框中设置视图名称；在“视图类别”下拉列表框中为命名视图选择或输入一个类别；在“边界”选项区域通过选中“当前显示”或“定义窗口”按钮创建视图的边界区域；在“设置”选项区域中设置是否“将图层快照与视图一起保存”，并通过“UCS”下拉列表框设置命名视图的 UCS；在“背景”选项区域中选择新的背景替代默认的背景，且可以预览效果。

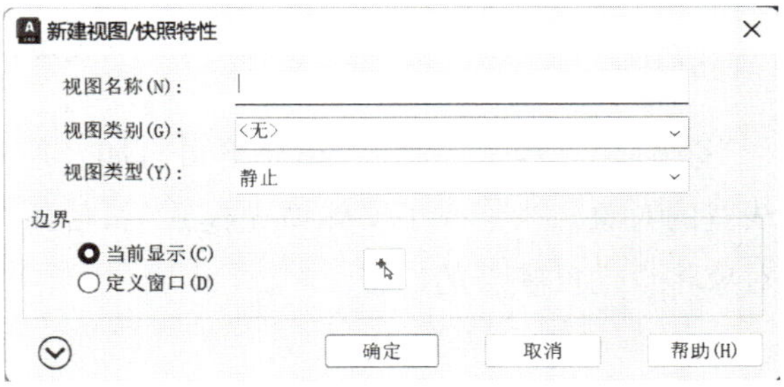

图 1-12　“新建视图/快照特性”对话框

● “更新图层”按钮：可以使用选中的命名视图中保存的图层信息更新当前模型空间或布局视口中的图层信息。

● “编辑边界”按钮：切换到绘图窗口中，可以重新定义视图的边界。

2. 恢复命名视图

在 AutoCAD 中，可以一次命名多个视图，当需要重新使用一个已命名视图时，只需将该视图恢复到当前视口即可。如果绘图窗口中包含多个视口，用户也可以将视图恢复到活动视口中，或将不同的视图恢复到不同的视口中，以同时显示模型的多个视图。

恢复视图时可以恢复视口中的中点、查看方向、缩放比例因子和透视图等设置，如果在命名视图时将当前的 UCS 随视图一起保存，当恢复视图时也可以恢复 UCS。

1.6.4 控制可见元素的显示

在 AutoCAD 中，图形的复杂程度会直接影响系统刷新屏幕或处理命令的速度。为了提高程序的性能，可以关闭文字、线宽或填充显示。

1. 控制填充显示

使用 FILL 变量可以打开或关闭宽线、宽多段线和实体填充。当关闭填充时，可以提高 AutoCAD 的显示处理速度，如图 1-13 所示。

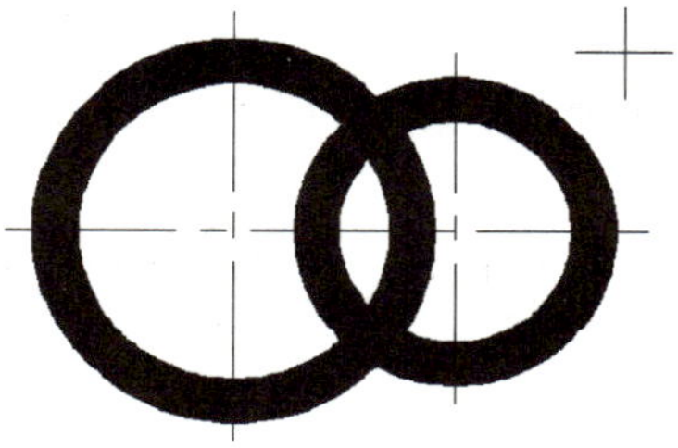

(a) 打开填充模式 FILL = ON

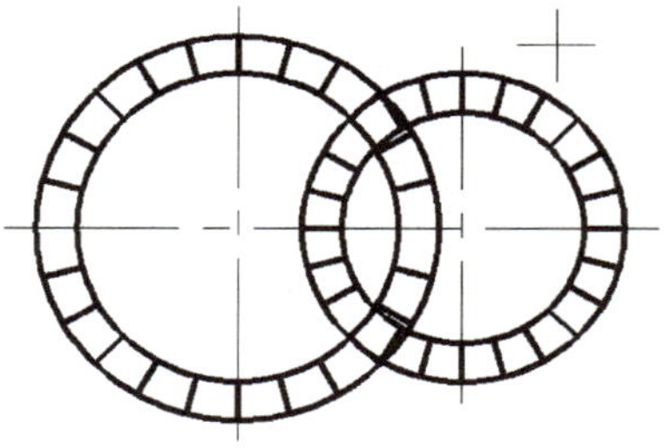

(b) 关闭填充模式 FILL = OFF

图 1-13 控制填充显示实例

当实体填充模式关闭时，填充不可打印。但是，改变填充模式的设置并不影响显示具有线宽的对象。当修改了实体填充模式后，使用“视图”→“重生成”命令可以查看效果，且新对象将自动反映新的设置。

2. 控制线宽显示

当在模型空间或图纸空间中工作时，为了提高 AutoCAD 的显示处理速度，可以关闭线宽显示。单击状态栏上的“线宽”按钮，或使用“线宽设置”对话框，可以切换线宽显示的开和关。线宽以实际尺寸打印，但在模型选项卡中与像素成比例显示，任何线宽的宽度如果超过了一个像素，就有可能降低 AutoCAD 的显示处理速度。如果要使 AutoCAD 的显示性能最优，则在图形中工作时关闭线宽显示，如图 1-14 所示。

3. 控制文字快速显示

在 AutoCAD 中，可以通过设置系统变量 QTEXT 打开或关闭快速文字模式，如图 1-15 所示。快速文字模式打开时，只显示定义文字的框架。

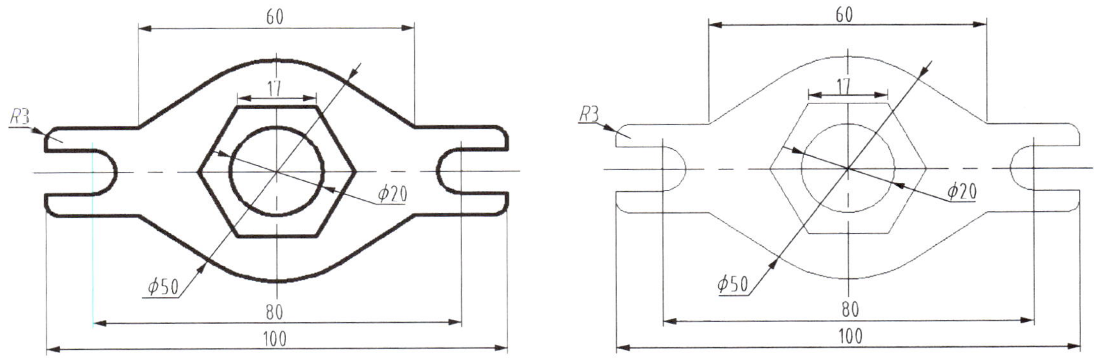

(a) 线宽关闭前　　(b) 线宽关闭后

图 1-14　控制线宽显示实例

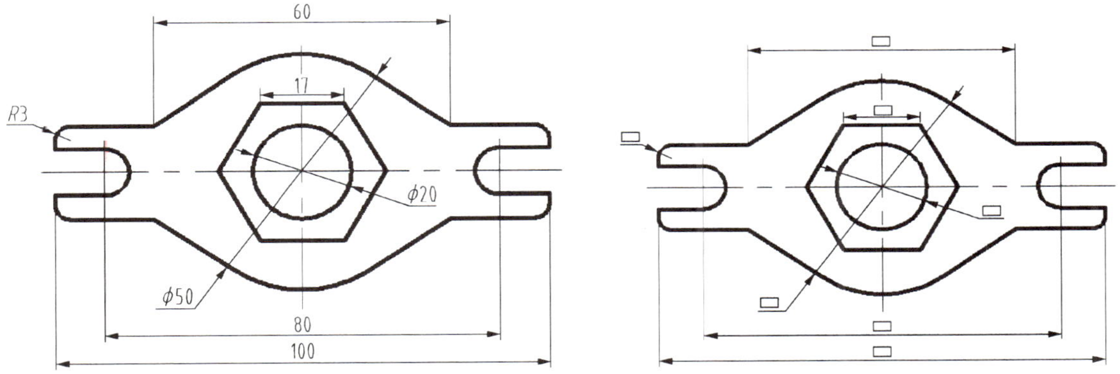

(a) 关闭快速文字模式 QTEXT = OFF　　(b) 打开快速文字模式 QTEXT = ON

图 1-15　控制文字快速显示实例

与填充模式一样，关闭快速文字模式时可以提高 AutoCAD 的显示处理速度。打开快速文字模式时，则只打开文字框而不打开文字。无论何时修改了快速文字模式，都可以选择“视图”→“重生成”命令查看现有文字上的改动效果，且新的文字自动反映新的设置。

思考练习

1. 调用命令的方式有(　　)、(　　)、(　　)。
2. 通过键盘输入命令后，都应按(　　)键或(　　)键，系统才会接受此命令。
3. (　　)命令用于取消绘图中的错误操作。

4. 可以利用(　　)、(　　)等方式重复执行上一个命令。
5. 如何在窗口中添加工具栏?
6. 如何在工具栏中添加命令按钮?
7. 新建文件的方法有哪几种?
8. 保存文件时,如何添加密码?

第2章 绘制与编辑二维图形对象

机械类的零件图通常包括以下内容。

(1) 一组视图：表达零件的结构形状和位置；

(2) 尺寸：确定各部分的大小和位置；

(3) 技术要求：加工、检验达到的技术指标；

(4) 标题栏：对零件名称、数量、材料等进行说明。

如图 2-1 所示为一个泵盖零件图，包含了以上的内容。

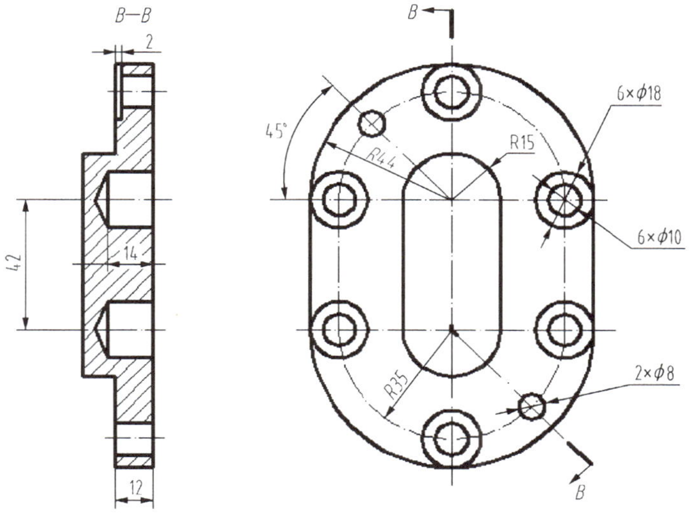

图 2-1　泵盖零件图

制作零件时需要先绘制图形。要绘制泵盖的零件图，需要用到 AutoCAD 的许多绘图和编辑功能。AutoCAD 的二维绘图编辑功能强大，本章将按照通常的绘图习惯，学习常用的绘图及编辑命令，并通过大量的图形绘制实例巩固和复习所学内容。

2.1 绘制二维图形对象

任何复杂的图形都可以分解成简单的点、线、面等基本图形。使用“绘图”工具栏中的命令，可以方便地绘制点、直线、圆弧、多边形、椭圆等简单的二维图形。二维图形的形状简单，易创建，下面介绍绘制二维图形的一般方法。

2.1.1 绘图方法

AutoCAD 2025 提供了多种方法实现相同的功能。通常可使用“绘图”菜单、“绘图”工具栏以及绘图命令三种方法绘制基本图形对象。

1. “绘图”菜单

“绘图”菜单是绘制图形最基本、最常用的方法，包括了 AutoCAD 2025 的大部分绘图命令，如图 2-2 所示。选择该菜单中的命令或子命令，可绘制相应的二维图形。

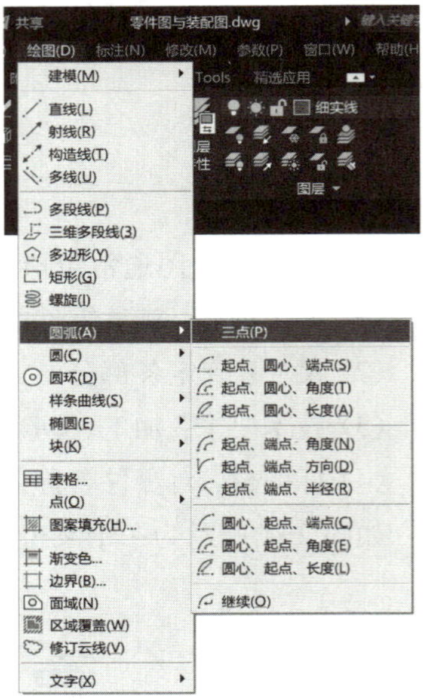

图 2-2 “绘图”菜单

2. “绘图”工具栏

“绘图”工具栏中的每个工具按钮都与绘图菜单中的绘图命令相对应，是图形化的绘图命令，如图 2-3 所示。

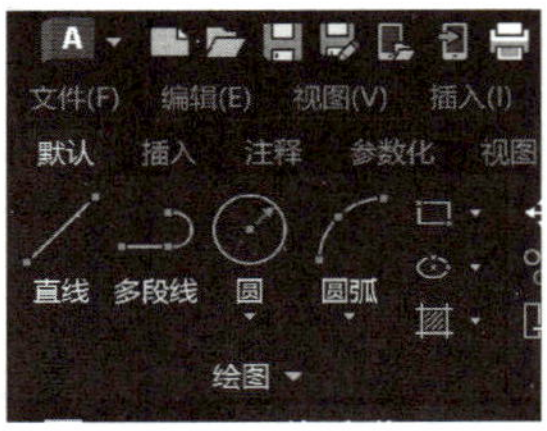

图 2-3 “绘图”工具栏

3. 绘图命令

使用绘图命令也可以绘制图形，在命令提示行中输入绘图命令，按 Enter 键，并根据命令行的提示信息进行绘图操作。这种方法快捷，准确性高，但要求掌握绘图命令及其选择项的具体用法。

2.1.2 绘制点

可以通过单点、多点、定数等分和定距等分 4 种方法创建点对象。

1. 设置点样式

(1) 命令激活方式

命令行：DDPTYPE↙
菜单栏：格式→点样式

(2) 操作步骤

激活命令后，屏幕弹出如图 2-4 所示“点样式”对话框，可以对点样式和点大小进行设置。默认情况下，是小圆点样式。

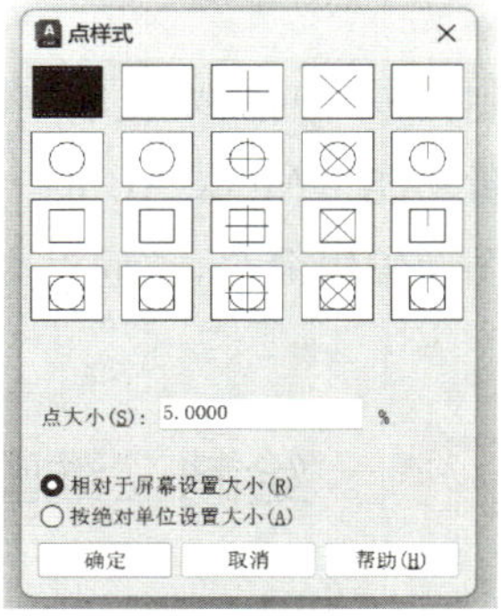

图 2-4 “点样式”对话框

在“点大小”文本框中，如果选择“按绝对单位设置大小”选项，则其值表示的是当前状态下点的绝对大小；如果选择“相对于屏幕设置大小”选项，则其值代表的是当前状态下点的尺寸相对于绘图窗口高度的百分比。

2. 绘制单点

执行一次命令只能绘制一个点。

(1) 命令激活方式

命令行：POINT(或 PO)↙

菜单栏：绘图→点→单点

(2) 操作步骤

命令激活后，命令提示行将显示：

当前点模式：PDMODE = 0　PDSIZE = 5.0000

指定点：30,50↙(也可以通过鼠标指定)

执行结果：在坐标值(30,50)处绘制了一个点，此时命令行将回到 Command 命令状态。

在绘制点时，命令提示行的“PDMODE”和“PDSIZE”两个系统变量将显示当前状态下点的样式和大小。

3. 绘制多点

执行一次命令可以连续绘制多个点。

(1) 命令激活方式

菜单栏：绘图→点→多点

工具栏：绘图→“点”按钮

(2) 操作步骤

操作方法与绘制单点相同，但绘制了一个点后命令行状态保持不变，可以继续绘制多个点，直到按 Esc 键结束命令。

4. 绘制“定数等分”点

在指定的对象上按照指定数目绘制等分点或者在等分点处插入块。

(1) 命令激活方式

命令行：DIVIDE(或 DIV)↙

菜单栏：绘图→点→定数等分

(2) 操作步骤

命令激活后，命令提示行将显示：

选择要定数等分的对象：[选择图 2-5(a)的多段线]

输入线段数目或 [块(B)]：(可输入从 2 到 32767 的值或输入选项)5↙

执行结果：将所选直线分为 5 等份，如图 2-5(b)所示。

(a) 选择多段线　　(b) 等分为 5 等份

图 2-5　用点定数等分对象

各选项的功能如下。

- "线段数目"：沿选定对象等间距放置点对象。
- "块(B)"：如果在等分点上放置图块，输入"B↙"(块的概念参见第 6 章)，将沿选定对象等间距放置图块。

5. 绘制"定距等分"点

在指定的对象上按指定长度绘制等分点或者在等分点处插入块。

(1) 命令激活方式

命令行：MEASURE(或 ME)↙
菜单栏：绘图→点→定距等分

(2) 操作步骤

命令激活后，命令提示行将显示：

选择要定距等分的对象：[选择图 2-6(a)的多段线]
指定线段长度或[块(B)]：(输入线段长度数值)

执行结果如图 2-6(b)所示。

(a) 选择多段线　　(b) 执行结果

图 2-6　定距等分对象

如果对象总长不能被所选长度整除，则选择要定距等分对象时距离较远的一段小于所选长度，如图 2-6 所示。

2.1.3　绘制直线段、射线和构造线

1. 绘制直线段

绘制两点确定的直线段。

(1) 命令激活方式

命令行：LINE(或 L)↙

菜单栏：绘图→直线

工具栏：绘图→

(2) 操作步骤

命令激活后，命令提示行将显示：

line 指定第一点：(指定第一点)↙

指定下一点或[放弃(U)]：(指定下一点)↙

指定下一点或[闭合(C)/放弃(U)]：(指定下一点或输入选项)↙

直到输入终止命令。

执行结果：可连续指定任意多个点绘制连续的直线段。若输入选项“C”，则下一点自动回到起始点，形成封闭图形；若输入选项“U”，则取消上一步操作。

2. 绘制射线

绘制一端固定、另一端无限延伸的直线。射线主要用作辅助线。

(1) 命令激活方式

命令行：RAY↙

菜单栏：绘图→射线

(2) 操作步骤

命令激活后，指定射线的起点和通过点即可绘制一条射线。在指定射线的起点后，可指定多个通过点，绘制以起点为端点的多条射线，直到按 Esc 键或 Enter 键退出为止。

3. 绘制构造线

绘制经过两个点的无限延伸的直线。构造线主要用作辅助线。

(1) 命令激活方式

命令行：XLINE(或 XL)↙

菜单栏：绘图→构造线

工具栏：绘图→

(2) 操作步骤

命令激活后，命令提示行将显示：

指定点或[水平(H)/垂直(V)/角度(A)/二等分(B)/偏移(O)]：

各选项的功能如下。

- “点”：绘制通过两个点的构造线。

- “水平(H)”：绘制通过选定点的水平方向构造线。
- “垂直(V)”：绘制通过选定点的垂直方向构造线。
- “角度(A)”：绘制和水平方向成一定角度的构造线。
- “二等分(B)”：绘制一个角的角平分线。
- “偏移(O)”：绘制平行于另一个直线对象的构造线。

2.1.4 绘制矩形、正多边形

1. 绘制矩形

可绘制带有倒角、圆角、厚度及宽度等的多种矩形，如图 2-7 所示。

(a) 指定两个角点　(b) 倒角　(c) 圆角　(d) 厚度　(e) 宽度

图 2-7　绘制各种矩形

(1) 命令激活方式

命令行：RECTANGLE(或 REC)↙

菜单栏：绘图→矩形

工具栏：绘图→▭

(2) 操作步骤

命令激活后，命令提示行显示：

指定第一个角点或[倒角(C)/标高(E)/圆角(F)/厚度(T)/宽度(W)]：(输入第一角点)↙

指定另一个角点或[面积(A)/尺寸(D)/旋转(R)]：

默认情况下，指定两个点决定矩形对角点的位置，矩形的边平行于当前坐标系的 x 轴和 y 轴，如图 2-7(a)所示。各选项的功能如下。

- “倒角(C)”：绘制一个带倒角的矩形，此时需要指定矩形的两个倒角距离，如图 2-7(b)所示。
- “标高(E)”：指定矩形所在的平面高度。默认情况下，矩形在 xOy 平面内。该选项一般用于三维绘图。
- “圆角(F)”：绘制一个带圆角的矩形，此时需要指定矩形的圆角半径，如图 2-7(c)所示。
- “厚度(T)”：按已设定的厚度绘制矩形，该选项一般用于绘制三维图形，如图 2-7(d)

所示。

- “宽度(W)”：指定矩形的线宽，按设定的线宽绘制矩形，如图 2-7(c)所示。
- “面积(A)”：通过指定矩形的面积和长度(或宽度)绘制矩形。
- “尺寸(D)”：通过指定矩形的长度、宽度和矩形另一角点的方向绘制矩形。
- “旋转(R)”：通过指定旋转的角度和拾取两个参考点绘制矩形。

2. 绘制正多边形

在已知内切圆半径、外接圆半径或边长的情况下绘制正多边形。

(1) 命令激活方式

命令行：POLYGON(或 POL)↙

菜单栏：绘图→正多边形

工具栏：绘图→

(2) 操作步骤

命令激活后，命令提示行显示：

输入边的数目〈当前值〉：(输入一个 3 到 1024 之间的数值)↙

指定正多边形的中心点或[边(E)]：

默认情况下，定义正多边形中心点后，可以使用正多边形的外接圆或内切圆绘制正多边形，此时均需要指定圆的半径。使用内接于圆要指定外接圆的半径，正多边形的所有顶点都在圆周上；使用外切于圆要指定正多边形中心点到各边中点的距离，如图 2-8 所示。

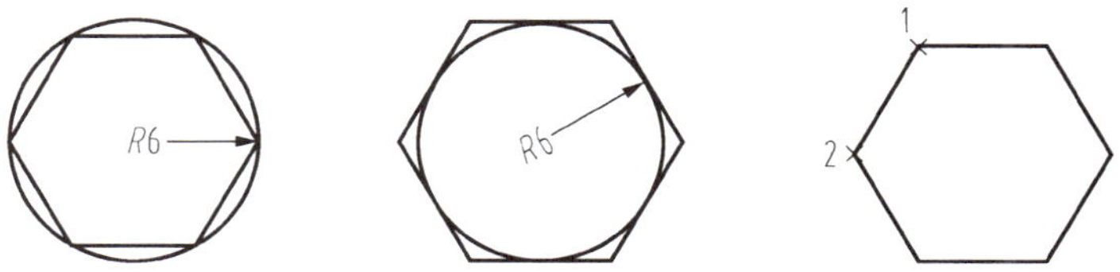

(a) 内接于圆　　(b) 外切于圆　　(c) 边

图 2-8　绘制正多边形

在命令行的提示下选择“边(E)”选项，可以以指定的两个点作为正多边形一条边的两个端点来绘制多边形。

2.1.5　绘制圆、圆弧、椭圆和椭圆弧

1. 绘制圆

(1) 命令激活方式

命令行：CIRCLE(或 C)↙

菜单栏：绘图→圆

工具栏：绘图→

(2) 操作步骤

命令激活后,命令提示行显示:

指定圆的圆心或[三点(3P)/两点(2P)/相切、相切、半径(T)]:

各选项的功能如下。

- “圆的圆心”:指定圆心和直径(或半径)绘制圆。
- “三点(3P)”:指定圆周上的三点绘制圆。
- “两点(2P)”:指定圆直径上的两个端点绘制圆。
- “相切、相切、半径(T)”:指定两个与圆相切的对象和圆的半径绘制圆,相切对象可以是圆、圆弧或直线。使用该选项时应注意,系统总是在距拾取点最近的部位绘制相切的圆,因此,拾取相切对象时,拾取的位置不同,得到的结果可能也不相同,如图 2-9 所示。

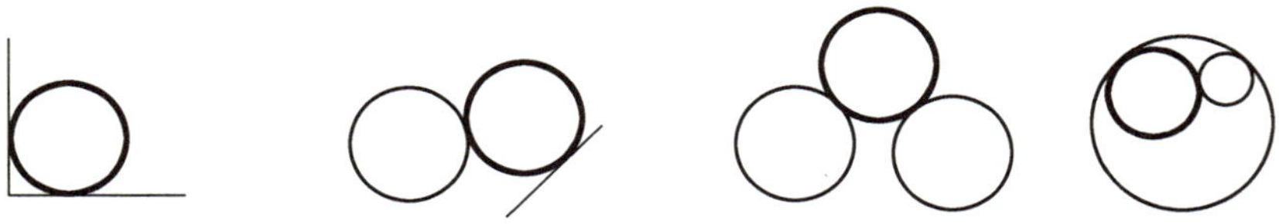

图 2-9 “相切、相切、半径(T)”绘制圆

2. 绘制圆弧

(1) 命令激活方式

命令行:ARC(或 A)↙

菜单栏:绘图→圆弧

工具栏:绘图→

(2) 操作步骤

命令激活后,命令提示行显示:

指定圆弧的起点或[圆心(C)]:(指定圆弧的起点)↙

指定圆弧的第二点或[圆心(C)/端点(E)]:(指定圆弧的第二点)↙

指定圆弧的端点:(指定圆弧的端点):(指定圆弧的第三点)↙

系统默认指定 3 个点绘制圆弧,如图 2-10(a)所示。

若不指定圆弧的第一点,而通过指定圆弧的圆心绘制圆弧,命令激活后,命令提示行显示:

指定圆弧的起点或[圆心(C)]:C↙

指定圆弧的圆心:(指定圆弧的圆心)↙

指定圆弧的起点:(指定圆弧的起点)↙

指定圆弧的端点或 [角度(A)/弦长(L)]:

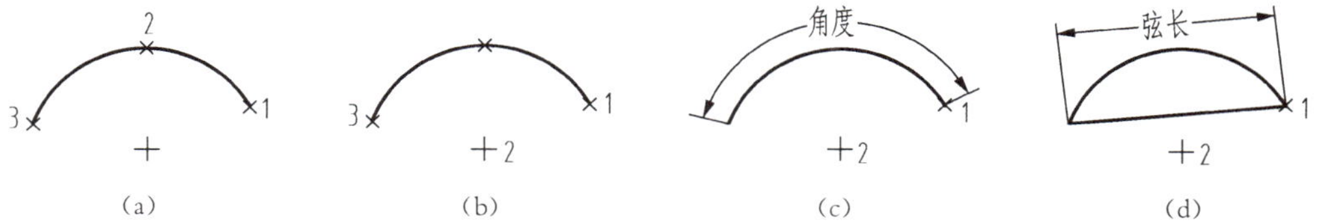

图 2-10　绘制“圆弧”的情况

各选项的功能如下。

● “圆弧的端点”：使用圆心 2，从起点 1 向端点 3 逆时针绘制圆弧，如图 2-10(b)所示。其中的端点将落在圆心到结束点的一条假想辐射线上。

● “角度(A)”：使用圆心 2，从起点 1 按指定包含角逆时针绘制圆弧，如图 2-10(c)所示。如果弧度为负，将顺时针绘制圆弧。

● “弦长(L)”：指定一个长度值。如果弦长为正，AutoCAD 将使用圆心和弦长计算端点角度，并从起点起逆时针绘制一条劣弧，如图 2-10(d)所示；如果弦长为负，将逆时针绘制一条优弧。

3. 绘制椭圆和椭圆弧

(1) 命令激活方式：

命令行：ELLIPSE(或 EL)↙
菜单栏：绘图→椭圆
工具栏：绘图→ 或

AutoCAD 提供了以椭圆(弧)轴的端点、中心点绘制椭圆(弧)的多种方法。

(2) 通过指定椭圆的端点绘制椭圆

命令激活后，命令提示行显示：

指定椭圆轴的端点或[圆弧(A)/中心点(C)]：(指定椭圆轴的端点)↙
指定轴的另一个端点：(指定椭圆轴的另一个端点)↙
指定另一条半轴长度或[旋转(R)]：

各选项的功能如下。

● “另一条半轴长度”：用来定义第二条轴的半径，即从椭圆弧中心点(即第一条轴的中点)到指定点的距离。

● “旋转(R)”：通过绕第一条轴旋转定义椭圆的长轴短轴比例。该值越大，短轴对长轴的缩短就越大。输入 0，则定义了一个圆。

(3) 通过指定椭圆的中心点绘制椭圆

命令激活后，命令提示行显示：

指定椭圆轴的端点或[圆弧(A)/中心点(C)]：C↙

指定椭圆的中心点：(指定椭圆的中心点)↙
指定轴的端点：(指定一个轴的端点)↙
指定另一条半轴长度或［旋转(R)］：

绘制的椭圆如图 2-11(a)所示。

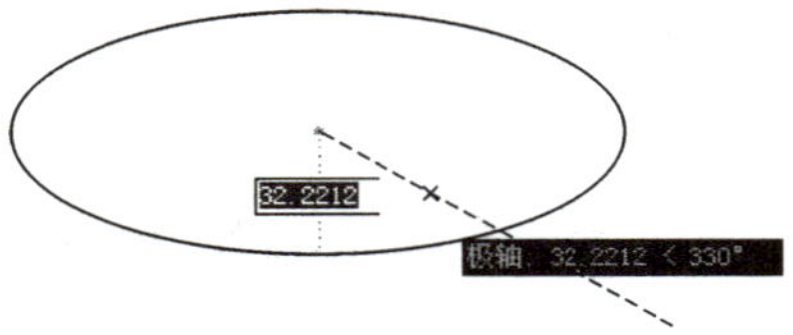

(a) 椭圆

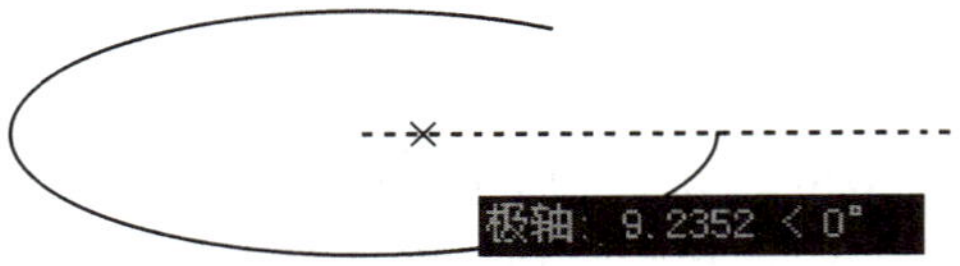

(b) 椭圆弧

图 2-11　椭圆和椭圆弧

两个选项的功能同上。

(4) 绘制椭圆弧

命令激活后，命令提示行显示：

指定椭圆轴的端点或［圆弧(A)/中心点(C)］：A↙
工具栏：绘图→
指定椭圆弧的轴端点或［中心点(C)］：

各选项的功能和操作步骤与绘制椭圆相同，只是增加了以下命令：

指定起始角度或［参数(P)］：(输入一个角度值)↙
指定终止角度或［参数(P)/包含角度(I)］：

各选项的功能如下。

- “终止角度”：指定椭圆弧的终止角度。
- “包含角度(I)”：指定椭圆弧的起始角与终止角之间所夹的角度。
- “参数(P)”：指定椭圆弧的终止参数。AutoCAD 使用以下矢量参数方程式创建椭圆弧：

$$P(u)=c+a\cos(u)+b\sin(u)$$

其中，c 是椭圆的中心点，a 和 b 分别是椭圆的半长轴和半短轴。

2.2 编辑二维图形对象

在绘制工程图样时，经常需要用到对象选择、夹点编辑、复制、删除、修剪、图形显示等图形的编辑功能来提高绘图的效率。

2.2.1　选择对象

在对图形进行编辑操作时，首先要选择被编辑的对象。被选择的对象以虚线的方式显示。

1. 设置选择集模式

选择菜单“工具”→“选项”命令，打开如图 2-12 所示“选项”对话框。单击“选择集”按钮，在“选择集”选项中设置“选项”的模式。

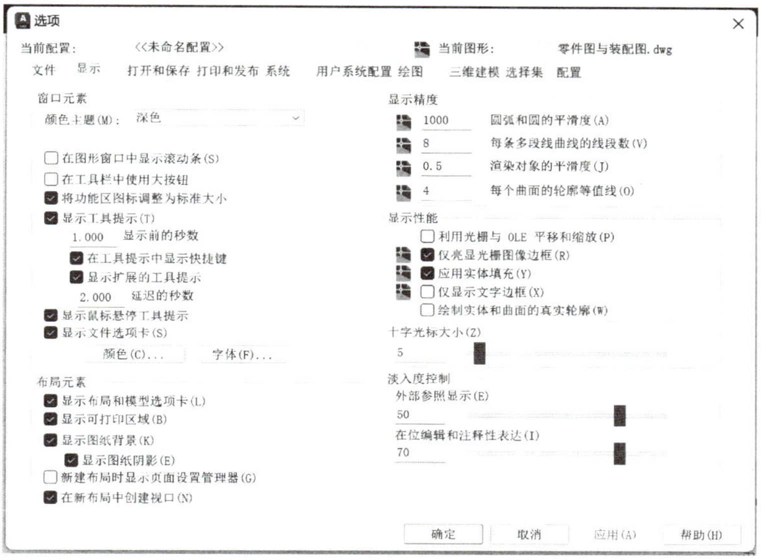

图 2-12　“选项”对话框

- 先选择后执行：允许在启动命令之前选择对象。即可以先选择对象，再选择相应的命令。
- 用 Shift 键添加至选择集：按住 Shift 键并选择对象时，可以向选择集中添加对象或从选择集中删除对象。要快速清除选择集，可在图形的空白区域绘制一个选择窗口。
- 允许按住并拖动对象：通过选择一点后将鼠标拖动至另一点来绘制选择窗口。如果未选择此选项，则可以用鼠标选择两个单独的点绘制选择窗口。
- 隐含选择窗口中的对象：默认情况下，该复选框被选中，表示可利用窗口选择对象。从左向右绘制选择窗口时，将选择完全处于窗口边界内的对象；从右向左绘制选择窗口时，将选择处于窗口边界内和与边界相交的对象。
- 对象编组：该设置决定对象是否可以成组。默认情况下，该复选框被选中，表示选择编组中的一个对象即选择了编组中的所有对象。
- 关联图案填充：该设置决定当选择一关联填充时，原对象（即填充边界）是否也被选定。

2. 常用的两种选择方法

AutoCAD 2025 选择对象的方式有多种，最常用的是单选法和框选法。

（1）单选法

直接单击图形对象，被选中的图形变成虚线，并出现几个蓝色的矩形框表示其关键点。可以连续选择多个图形对象进行编辑。

对于误选的对象，可按住 Shift 键同时再次单击该对象，将其从当前选择集中排除。

（2）框选法

单击矩形框的两个对角点，在矩形框中的对象被选中。根据点的选择顺序不同，形成不同的选择方式。若先选择矩形框的左角点，拖出的矩形框为实线，称为窗口方式，此时只有当图形对象完全处于矩形框内时才能被选中，如图 2-13(a)所示。若先选择右边角点，拖出的矩形框为虚线，称为交叉方式，此时只要图形对象有一部分在矩形框内即被选中，如图 2-13(b)所示。

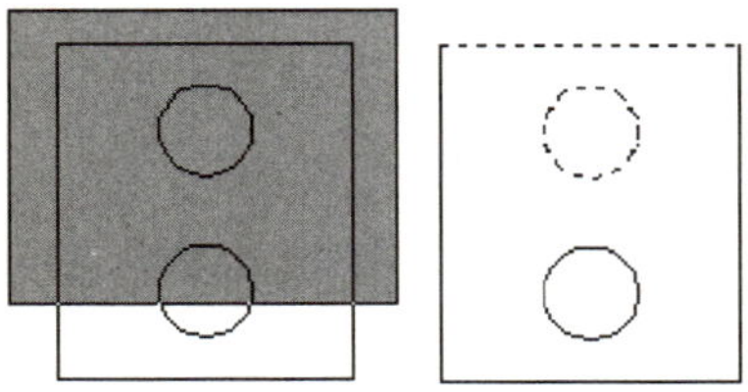

（a）从左向右拖动选择

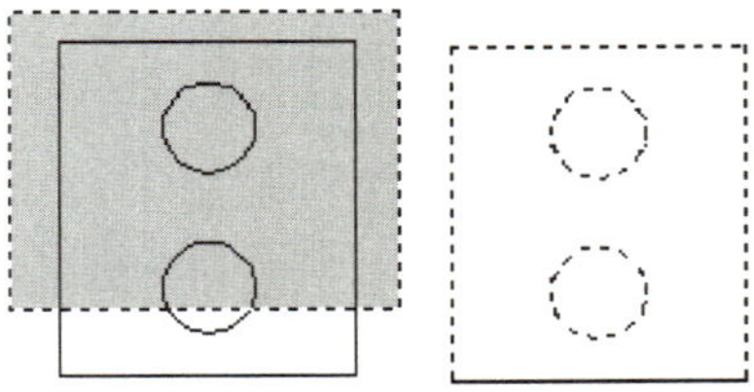

（b）从右向左拖动选择

图 2-13　框选法选择对象

3. 其他选择对象的方法

（1）命令激活方式

命令行：SELECT↙

（2）操作步骤

此时，命令行显示“选择对象”提示，并且十字光标被替换为拾取框。此时可以用上述单选法和框选法选择。当输入“？↙”时，命令提示行显示：

需要点或窗口（W）/上一个（L）/窗交（C）/框（BOX）/全部（ALL）/栏选（F）/圈围（WP）/圈交（CP）/编组（G）/添加（A）/删除（R）/多个（M）/前一个（P）/放弃（U）/自动（AU）/单个（SI）/子对象/对象

各选项的功能如下。

- 窗口（W）：输入“W↙”，并任意指定一个矩形窗口，则只有完全在该窗口中的对象才会被选择。
- 上一个（L）：输入“L↙”，则选取最后一次创建的可见对象。但对象必须在当前的模型空间或图纸空间中，并且该对象所在图层不能处于“冻结”或“关闭”状态。

● 窗交(C)：输入“C↙”，然后任意指定一个矩形窗口，则只要选择对象有部分在该窗口中，该对象就会被选择。

● 框(BOX)：输入“BOX↙”，则从左向右拉选择框，只有完全在该选择框中的对象才会被选择；从右向左拉选择框，只要对象有部分在该窗口中，该对象就会被选择。这种方法与前面提到的默认的框选法类似，不同的是，当指定的选择框的第一个角点正好压在某个对象上时，这种方法不会直接选择该对象，而会继续执行，要求指定对角点。

● 全部(ALL)：输入“ALL↙”，即可选择解冻的图层上的所有对象。

● 栏选(F)：输入“F↙”，然后指定各点，则所有与栏选点连线相交的对象均会被选择，如图 2-14 所示。栏选可以不闭合，并且可以与自己相交。

● 圈围(WP)：输入“WP↙”，然后指定不规则窗口的各顶点，最后按 Enter 键或单击鼠标右键确认，如果给定的多边形不封闭，系统将自动使其封闭。窗口显示为实线，完全在多边形窗口中的对象将会被选取，如图 2-15 所示。

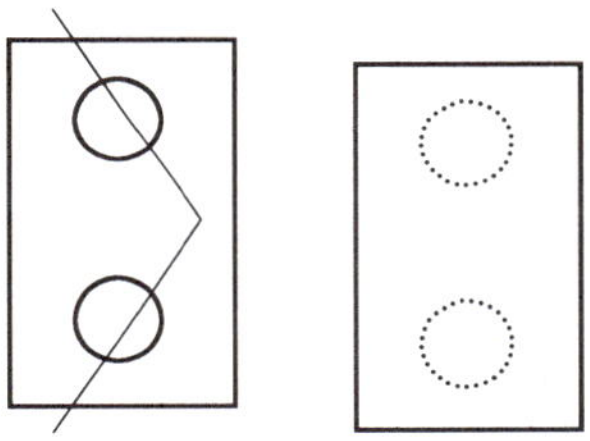
(a) 选择　(b) 结果

图 2-14　“栏选”选择对象

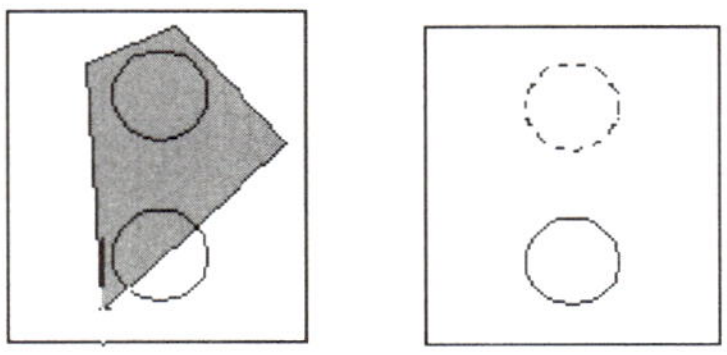
(a) 选择　(b) 结果

图 2-15　“圈围”选择对象

● 圈交(CP)：输入“CP↙”，后续操作与“圈围”方法类似，但执行的结果为不规则窗口显示虚线，只要对象有部分在不规则窗口内，就会被选取。

● 编组(G)：输入“G↙”，然后根据命令行提示输入编组名，并按 Enter 键确认，则会选择指定组中的全部对象。使用该方法的前提是已经对对象进行了编组。

● 添加(A)：输入“A↙”，可以使用任何对象选择方法将选定对象添加到选择集。

● 删除(R)：输入“R↙”，可以使用任何对象选择方法从当前选择集中删除对象。

● 多个(M)：输入“M↙”，则指定多次选择而不以虚线显示对象，从而加快对复杂对象的选择过程。

● 前一个(P)：输入“P↙”，则选取最近创建的选择集。

● 放弃(U)：输入“U↙”，则放弃选择最近加到选择集中的对象。

● 自动(AU)：输入“AU↙”，则切换到自动选择，指向一个对象即可选择该对象。指向对象内部或外部的空白区，将形成框选方法定义的选择框的第一个角点。

● 单个(SI)：输入“SI↙”，则切换到单选模式，选择指定的第一个或第一组对象而不继续提示进一步选择。

2.2.2 编辑对象的方法

在 AutoCAD 中，用户可以使用夹点对图形进行简单编辑，或综合使用“修改”菜单和“修改”工具栏中的多种编辑命令对图形进行编辑。

1. 夹点

选择对象时，在对象上将显示若干个小方框，这些小方框用来标记被选中对象的夹点，夹点就是对象上的控制点，如图 2-16 所示。

默认情况下，夹点始终是打开的。可以通过“选项”对话框的“选择”选项卡设置夹点的显示和大小。对于不同的对象，用来控制夹点的位置和数量也不相同，通过拖动夹点可以对图形进行简单编辑。

2. “修改”菜单

“修改”菜单用于编辑图形，创建复杂的图形对象，如图 2-17 所示。“修改”菜单中包含了 AutoCAD 2025 的大部分图形修改命令，通过选择该菜单中的命令或子命令，可以完成图形的修改操作。

3. “修改”工具栏

“修改”工具栏中的每个工具按钮都与“修改”菜单中的绘图命令相对应，单击即可执行相应的修改操作，如图 2-18 所示。

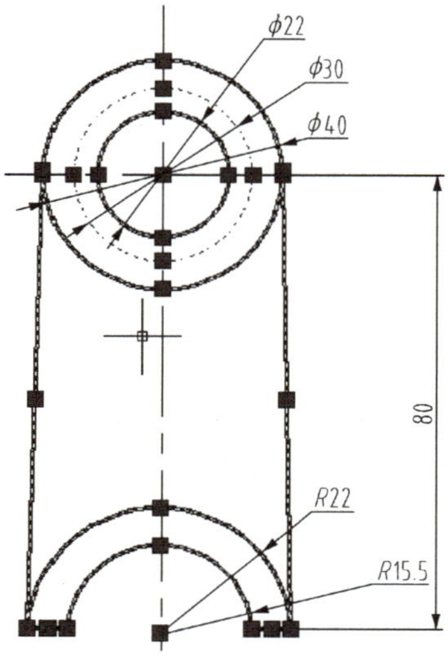

图 2-16　显示对象夹点

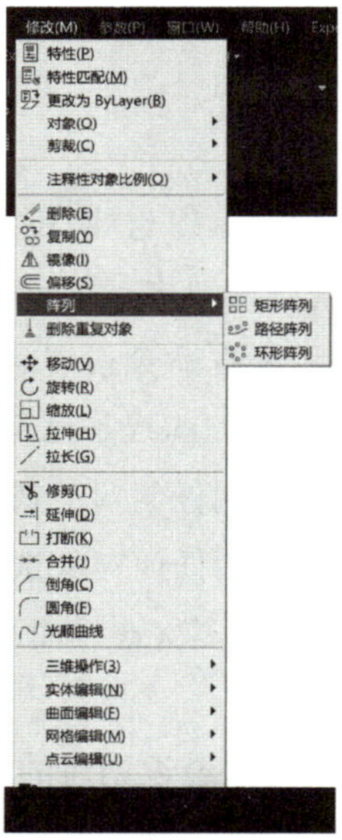

图 2-17　“修改”菜单

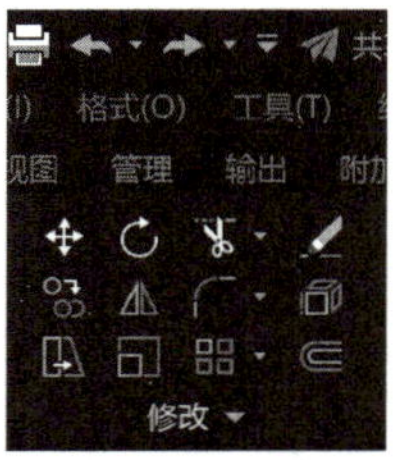

图 2-18　“修改”工具栏

2.2.3 使用夹点编辑对象

夹点编辑是先选取对象，再进行编辑，其夹点功能将常用修改命令集合在一起，使用户能更方便地修改对象。

在不执行命令时，直接选择对象，对象上的某些部位会出现实心小方框（默认显示颜色为蓝色），这些实心小方框就是夹点。夹点是对象上的控制点，可以利用夹点来编辑图形对象，快速实现对象的拉伸、移动、旋转、缩放及镜像操作。使用夹点模式编辑对象，必须在不执行任何命令的情况下，选择要编辑的对象。默认情况下，选择后以"蓝色"显示对象的夹点。单击该夹点（或同时按下 Shift 键选择多个夹点），夹点显示为"红色"（默认情况），此时可编辑该对象。下面分别介绍夹点模式中的各种编辑方法。

1. 拉伸对象

选择对象以显示夹点，单击选取一个夹点作为基夹点，将激活默认的"拉伸"夹点模式，命令提示行显示：

```
** 拉伸 **
指定拉伸点或[基点(B)/复制(C)/放弃(U)/退出(X)]:
```

此时输入点坐标或拾取一个点作为基夹点拉伸后的位置，即可完成拉伸操作。

如图 2-19 所示，图中的垂直中心线向上需要拉伸至右图长度。单击该直线显示三个蓝色夹点，再单击蓝色夹点，使其变为红色，然后向上移动光标至合适位置，单击鼠标左键完成操作。

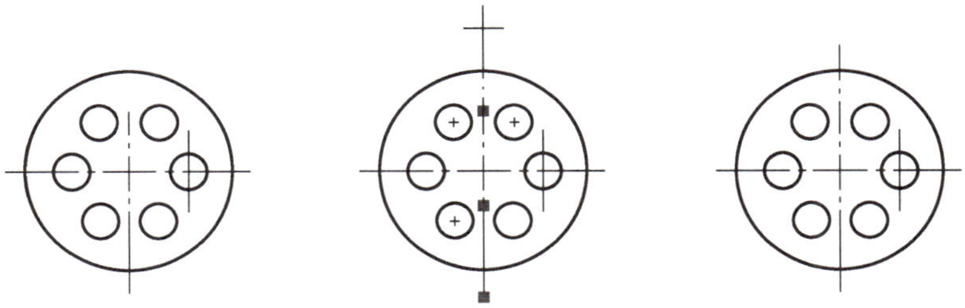

图 2-19　利用夹点功能拉伸对象

各选项的功能如下。

- "指定拉伸点"：默认选项，提示用户输入拉伸的目标点。
- "基点(B)"：提示用户输入一点作为拉伸的基点。
- "复制(C)"：在拉伸实体的同时，可以复制实体。
- "放弃(U)"：取消上一次的操作。
- "退出(X)"：退出当前的操作。

2. 移动对象

选择对象，显示夹点，并选择一个夹点进入默认"拉伸"夹点模式后，按 Enter 键，或在单击鼠标右键弹出的菜单中选择"移动"，或在命令行输入"MO↙"，进入"移动"模式，命令提示行显示：

** 移动 **
指定移动点或[基点(B)/复制(C)/放弃(U)/退出(X)]:

其操作方法与编辑命令“移动”完全相同。

如图 2-20 所示，要将图中的圆移动到四边形对称中心线的交点处。其操作步骤为：单击该圆形，显示四个蓝色夹点，如图 2-21 所示；再单击圆周圆心夹点，使其变为红色，如图 2-22 所示；按 Enter 键(或单击鼠标右键弹出快捷菜单，在快捷菜单中选择“移动”选项)，进入移动方式，如图 2-23 所示。此时，在命令行上提示“指定移动点或[基点(B)/复制(C)/放弃(U)/退出(X)]:”时，拾取四边形对称中心线交点，即完成操作。

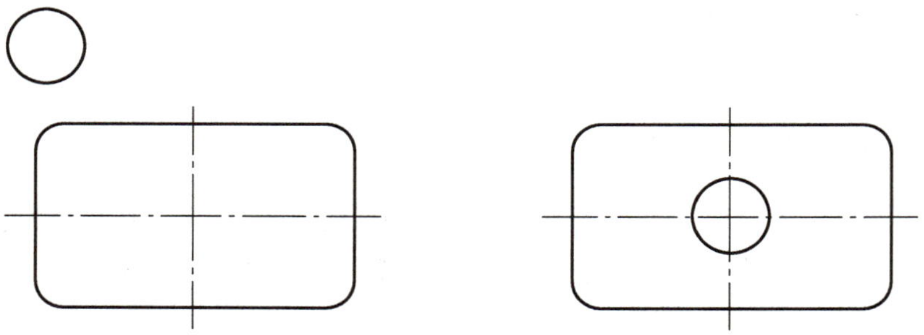

图 2-20　利用夹点功能移动图中的圆形

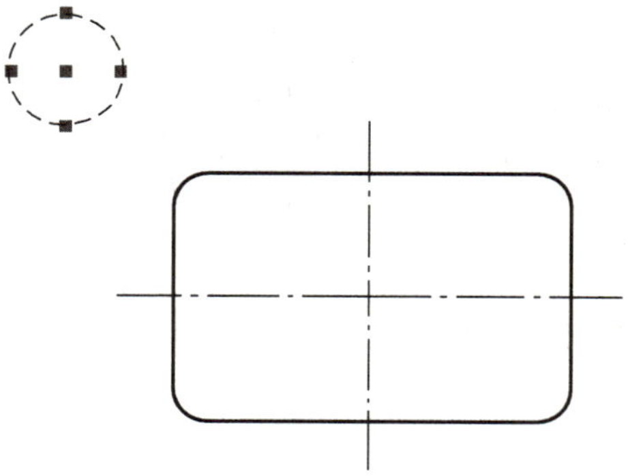

图 2-21　圆形显示四个蓝色夹点

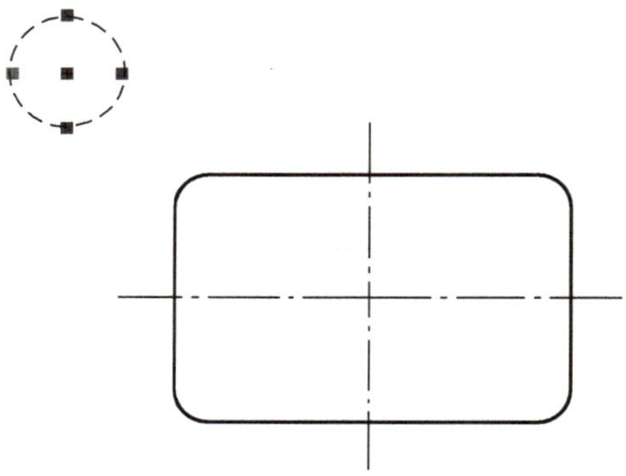

图 2-22　将一处夹点变为红色

本例中，如果将圆心处夹点变为红色可直接进行移动。

注意：在移动对象的同时按住 Ctrl 键，可在移动时复制选择对象。

3. 旋转对象

选择对象显示夹点并选择一个夹点进入默认“拉伸”夹点模式，在单击鼠标右键后弹出的菜单中选择“旋转”，或在命令行输入“RO↙”，进入“旋转”模式，命令提示行显示：

** 旋转 **
指定旋转角度或[基点(B)/复制(C)/放弃(U)/参照(R)/退出(X)]:

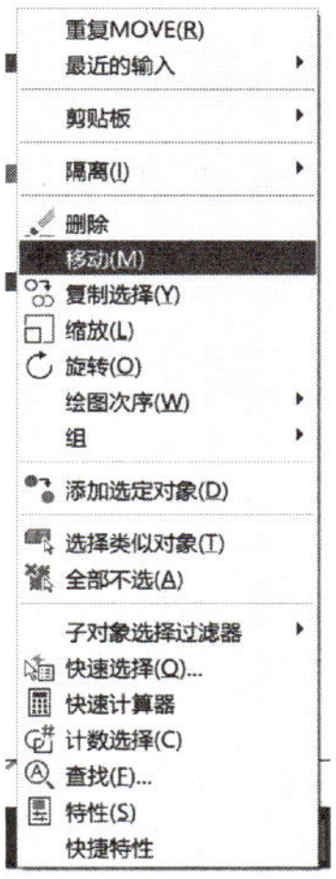

图 2-23　快捷菜单

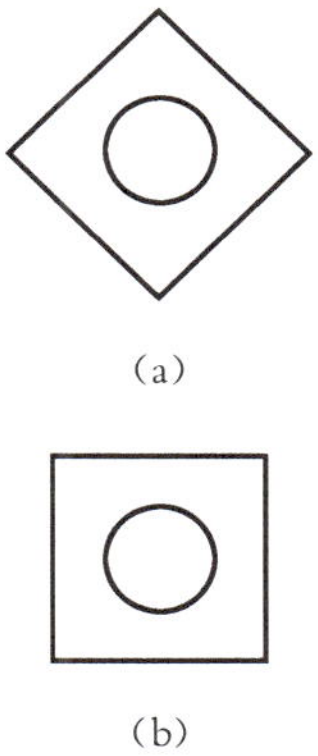

图 2-24　利用夹点功能旋转图形

其操作方法与编辑命令“旋转”完全相同。

利用旋转夹点编辑功能，将图 2-24(a)中的图形以圆心为参考点，旋转 45°，效果如图 2-24(b)所示。其操作步骤为：选择如图 2-25 所示图形，显示蓝色夹点，再单击任一夹点，使其变为红色，如图 2-26 所示；单击鼠标右键后弹出快捷菜单，选择“旋转”选项，进入夹点编辑功能的旋转方式，如图 2-27 所示。此时，在命令行上提示“指定旋转角度或［基点(B)/复制(C)/放弃(U)/参照(R)/退出(X)］：”时，输入“B”，按 Enter 键。命令行上接着提示“指定旋转角度或［基点(B)/复制(C)/放弃(U)/参照(R)/退出(X)］：”时，输入“45”，完成操作。

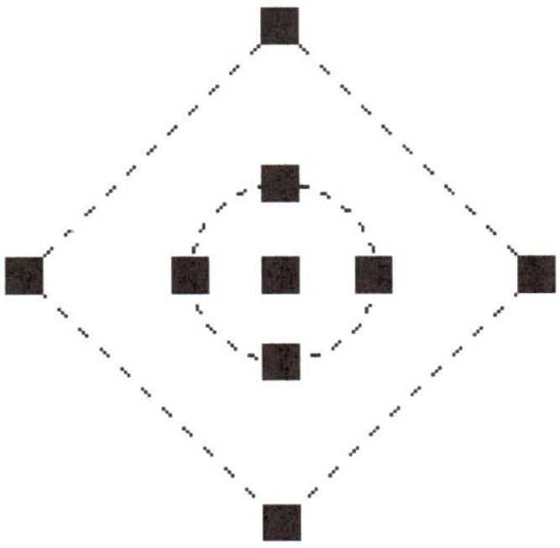

图 2-25　显示蓝色夹点

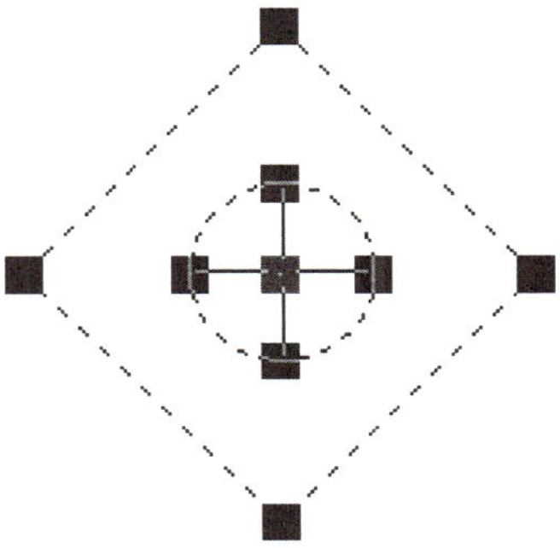

图 2-26　圆心处夹点变为红色

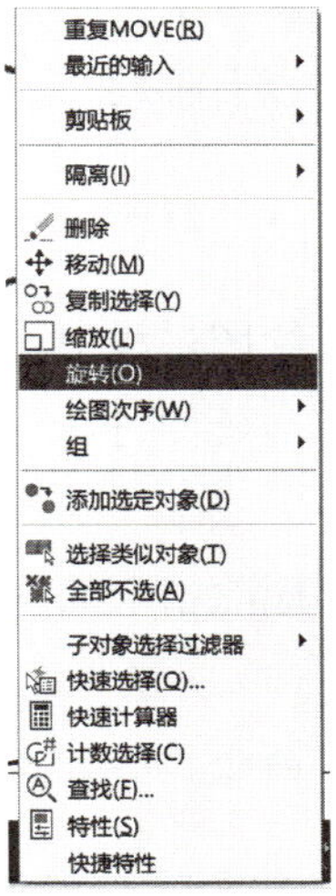

图 2-27　快捷菜单

注意：在旋转对象的同时按住 Ctrl 键，可在旋转时复制选择对象。

4. 缩放对象

选择对象显示夹点并选择一个夹点进入默认“拉伸”夹点模式后，在单击鼠标右键后弹出的菜单中选择“缩放”，或在命令行输入“SC↙”，即可进入“缩放”模式，命令提示行显示：

> ** 比例缩放 **
> 指定比例因子或[基点(B)/复制(C)/放弃(U)/参照(R)/退出(X)]：

其操作方法与编辑命令“缩放”完全相同。

利用夹点编辑功能，将图 2-28(a)中的图形以圆心为参考点，放大两倍，效果如图 2-28(b)所示。其操作步骤为：选择图形，显示蓝色夹点，再单击圆心处夹点，使其变为红色，如图 2-29 所示；单击鼠标右键后弹出快捷菜单，选择“缩放”选项，进入夹点编辑功能的缩放方式。此时，在命令行上提示“指定比例因子或[基点(B)/复制(C)/放弃(U)/参照(R)/退出(X)]：”，输入“2”，完成操作。

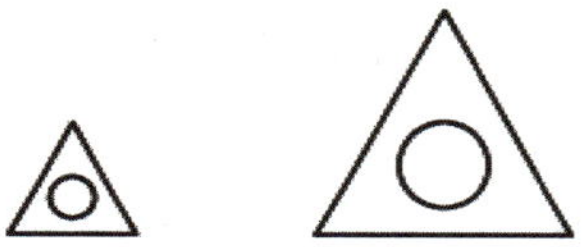

(a)　(b)

图 2-28　利用夹点功能放大图形

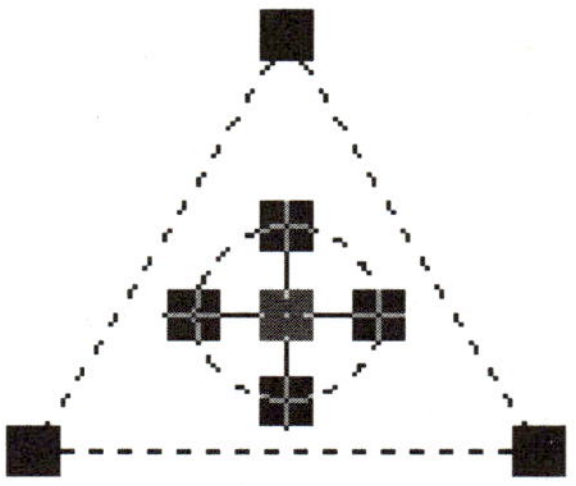

图 2-29　圆心处夹点变为红色

注意：在缩放对象的同时按住 Ctrl 键，可在缩放时复制选择对象。

从以上可见，夹点编辑可以减少重复选择命令，在 AutoCAD 中经常用它来进行定位、标注以及移动、复制等复杂操作，从而提高工作效率。

2.2.4　修改工具

绘图过程中，可使用删除、恢复、重做、复制、镜像、偏移、阵列、移动、旋转、缩放、拉伸、修剪与延伸、打断、合并、分解、倒角与圆角等修改工具。

1. 删除

删除指定的图形。

(1) 方法一：

命令激活方式：

> 命令行：ERASE(或 E)↙
> 菜单栏：修改→删除
> 工具栏：修改→“删除”按扭

命令激活后，选择对象，然后按 Enter 键（或空格键）或单击鼠标右键确认，即可删除。

（2）方法二：

如果在图 2-12 所示“选项”对话框中已勾选“先选择后执行”模式（默认模式），当系统未执行其他命令时，直接选中要删除的对象，单击绘图工具栏中的“删除”按钮，或直接按 Delete 键，即可完成删除。

2. 恢复

（1）恢复误删除操作

在命令行输入“OOPS”，可恢复最后一次用“删除”命令删除的对象。

（2）放弃其他误操作

命令激活方式：

工具栏：标准→“放弃”按钮

命令行：UNDO（或 U）↙

菜单栏：编辑→放弃

命令激活后，均可放弃前面的误操作。

在“标准”工具栏“放弃”按钮的右边有一个黑色倒三角，如图 2-30 所示，单击可选择放弃命令的数目。

图 2-30　“放弃”按钮

3. 重做

可恢复用“放弃”命令放弃的结果。

命令激活方式：

工具栏：标准→“重做”按钮

命令行：MREDO↙

同样，在“标准”工具栏“重做”按钮的右边有一个黑色倒三角，单击可选择重做命令的数目。

4. 复制

（1）命令激活方式

命令行：COPY（或 CO）↙

菜单栏：修改→复制

工具栏：修改→

（2）操作步骤

命令激活后，命令行提示行显示：

选择对象：[选取图 2-31（a）要复制的圆及中心线]↙

当前设置：复制模式 = 多个

指定基点或［位移(D)/模式(O)］〈位移〉:(选取圆心作为基准点)
指定第二个点或〈使用第一个点作为位移〉:60,0↙

执行结果如图 2-31(b)所示。

当系统提示"指定第二个点"时,也可以通过移动光标来确定第二个点。

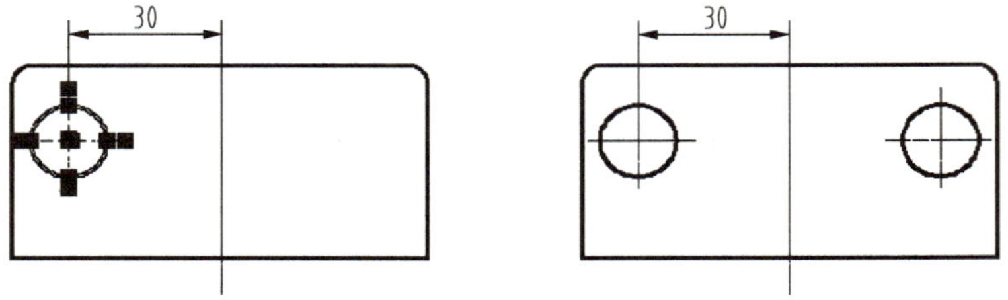

(a)　　(b)

图 2-31　复制对象

复制对象也可以通过快捷菜单实现:选择要复制的对象,在绘图区域中单击鼠标右键后单击"复制",再通过快捷菜单进行"粘贴"即可。

各选项的功能如下。

- 位移(D):使用坐标指定相对距离和方向。
- 模式(O):控制是否自动重复该命令。该设置由 COPYMODE 系统变量控制,当 COPYMODE 变量为 0 时,可多次重复复制图形;当 COPYMODE 变量为 1 时,只能复制一次。

5. 镜像

使对象相对于镜像线进行镜像复制,便于绘制对称图形。

(1) 命令激活方式

命令行:MIRROR(或 MI)↙
菜单栏:修改→缩放
工具栏:修改→

(2) 操作步骤

命令激活后,命令提示行显示:

选择对象:［选定图 2-32(a)需要镜像的对象］↙
指定镜像线的第一点:(捕捉轴线上 P1 点)
指定镜像线的第二点:(捕捉轴线上 P2 点)
要删除源对象吗?［是(Y)/否(N)］〈N〉:↙

执行结果如图 2-32(b)所示。

需要注意以下几点。

- 镜像线由输入的两个点确定,但镜像线不一定要真实存在。

(a) 镜像前　　(b) 镜像后

图 2-32　镜像对象

● 镜像文字时，系统变量 MIRRTEXT 可以控制文字对象的镜像方向。当 MIRRTEXT 的值为 0 时，文字只是位置发生镜像，顺序不发生镜像，文本仍可读，如图 2-33(a) 所示；当 MIRRTEXT 的值为 1 时，文字完全镜像，变得不可读，如图 2-33(b) 所示。

(a) MIRRTEXT = 0　　(b) MIRRTEXT = 1

图 2-33　文字镜像

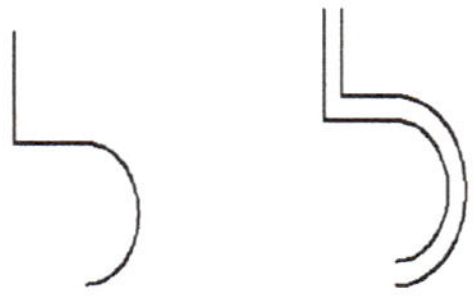

(a) 偏移前　　(b) 偏移后

图 2-34　偏移对象

6. 偏移

用于创建同心圆、平行线或等距曲线。

(1) 命令激活方式

命令行：OFFSET(或 O)↙

菜单栏：修改→偏移

工具栏：修改→

(2) 操作步骤

命令激活后，命令提示行显示：

指定偏移距离或 [通过(T)/删除(E)/图层(L)] 〈通过〉：20↙

选择要偏移的对象，或 [退出(E)/放弃(U)] 〈退出〉：[选择图 2-34(a) 中的多段线]

指定要偏移的那一侧上的点，或 [退出(E)/多个(M)/放弃(U)] 〈退出〉：(单击多段线右侧)

执行结果如图 2-34(b) 所示。

为了使用方便，偏移命令可重复偏移多个对象。要退出该命令，可按 Enter 键。

各选项的功能如下。

● "偏移距离"：生成对象距离偏移源对象的距离。

● "通过(T)"：偏移对象通过选定点。

● "删除(E)"：确定是否删除源对象。

- “图层(L)”：确定将偏移对象创建在当前图层上，还是源对象所在的图层上。
- “多个(M)”：使用当前偏移距离将对象偏移多次。
- “退出(E)”：退出偏移命令。
- “放弃(U)”：恢复前一个偏移。

7. 阵列

用于绘制呈矩形、环形或沿路径规律分布的相同结构。阵列有矩形阵列、环形阵列和路径阵列 3 种方式。

命令激活方式：

命令行：ARRAY(或 AR)↙
菜单栏：修改→阵列
工具栏：修改→

调用 ARRAY 命令时，命令行会提示用户设置阵列类型和相关参数。

```
命令：ARRAY                //调用阵列命令
选择对象：                 //选择阵列对象并回车
选择对象：输入阵列类型[矩形(R)/路径(PA)/极轴(PO)]〈矩形〉：
                           //选择阵列类型
```

(1) 矩形阵列

在 ARRAY 命令提示行中选择“矩形(R)”选项，单击“矩形阵列”按钮，或直接输入 ARRAYRECT 命令，即可进行矩形阵列，如图 2-35 所示。

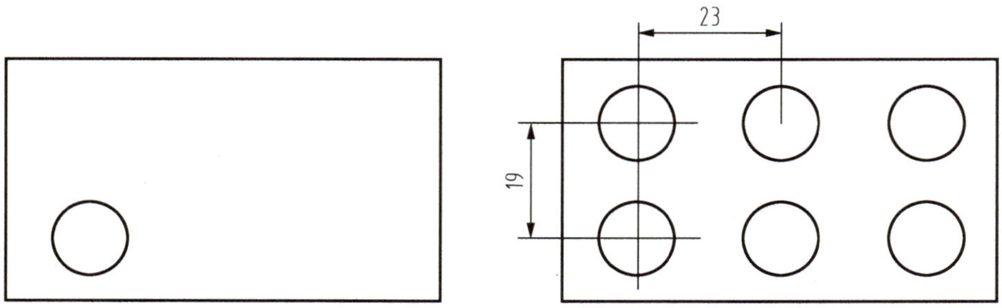

(a) 矩形阵列前　　(b) 矩形阵列后

图 2-35　矩形阵列

命令激活后，命令提示行显示：

```
命令：ARRAY↙
选择对象：找到 1 个
选择对象：输入阵列类型[矩形(R)/路径(PA)/极轴(PO)]〈矩形〉：R↙
类型 = 矩形　关联 = 是
```

为项目指定对角点或[基点(B)/角度(A)计数(C))〈计数〉：C↙
输入行数或[表达式(E)[〈4〉：2 ↙
输入列数或[表达式(E)[〈4〉：3 ↙
指定对角点以间隔项目或 [间距(S)]〈间距〉：s↙
指定行之间的距离或 [表达式(E)]〈18.9434〉：19↙
指定列之间的距离或 [表达式(E)]〈18.9434〉：23↙
按 Enter 键接受或[关联(AS)|基点(B)|行(R)/列(C)/层(L)/退出(X)]〈退出〉：↙

完成后的阵列效果如图 2-35(b)所示。

(2) 环形阵列

环形阵列是将图形对象以一个圆形进行阵列复制。

在 ARRAY 命令提示行中选择“极轴(PO)”选项，单击“环形阵列”按钮，或直接输入 ARRAYPOLAR 命令，即可进行环形阵列，如图 2-36 所示。

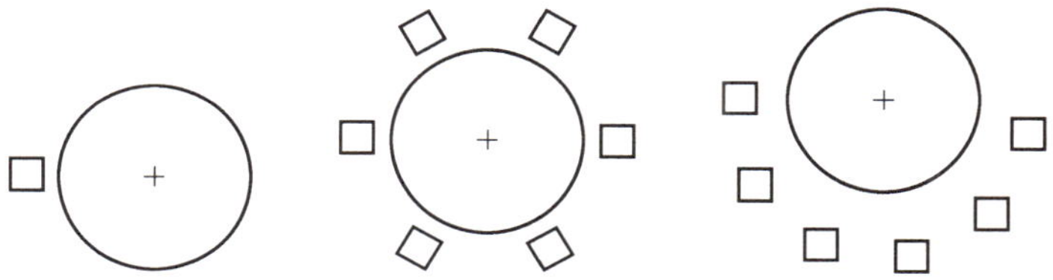

(a)　(b)　(c)

图 2-36　环形阵列样例

命令激活后，命令提示行显示：

命令：ARRAYPOLAR↙
选择对象：找到 1 个
选择对象：输入阵列类型[矩形(R)/路径(PA)/极轴(PO)]〈矩形〉：PA↙
类型 = 极轴　关联 = 是
指定阵列的中心点或[基点(B)/旋转轴(A)]：用鼠标单击中间圆的圆心↙
输入项目数或[项目间角度(A)/表达式(E)]〈4〉：6↙
指定填充角度(+ = 逆时针、- = 顺时针)或[表达式(EX)]〈360〉：↙
按 Enter 键接受或[关联(AS)/基点(B)/项目(I)/项目间角度(A)/填充角度(F)/行(ROW)/层(L)/旋转项目(ROT)/退出(X)]↙

完成后的阵列效果如图 2-36(b)所示。如果填充角度是 180°，则环形阵列效果如图 2-36(c)所示。

(3) 路径阵列

路径阵列方式沿路径或部分路径分布对象副本，在 ARRAY 命令提示行中选择“路径

(PA)”选项，单击“路径阵列”按钮，或直接输入 ARRAYPATH 命令，即可进行路径阵列，如图 2-37 所示。

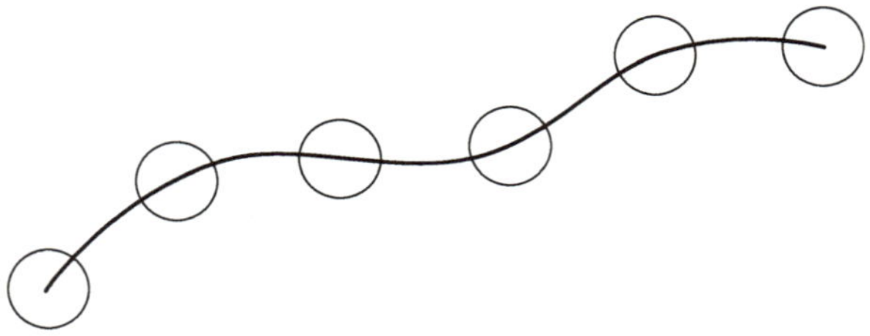

图 2-37 路径阵列

命令激活后，命令提示行显示：

命令：ARRAYPATH↙

选择对象：找到 1 个

选择对象：

类型 = 路径 关联 = 是

选择路径曲线：

输入沿路径的项数或[方向(O)/表达式(E)]〈方向〉：6↙

指定沿路径的项目之间的距离或[定数等分(D)/总距离(T)/表达式(E)]〈沿路径平均定数等分(D)〉：选择曲线右上角的端点↙

按 Enter 键接受或[关联(AS)/基点(B)/项目(I)/行(R)/层(L)/对齐项目(A)/方向(Z)/退出(X)]〈退出〉：↙

完成后的阵列效果如图 2-37 所示。

8. 移动

将选定的对象从一个位置移到另一位置。

(1) 命令激活方式

命令行：MOVE(或 M)↙

菜单栏：修改→移动

工具栏：修改→

(2) 操作步骤

命令激活后，命令提示行显示：

选择对象：[选取图 2-38(a)中要移动的圆和中心线]↙

指定基点或 [位移(D)]〈位移〉：(选取圆心作为基准点)

指定第二个点或〈使用第一个点作为位移〉：(移动光标到目标点，并单击鼠标左键确认)

完成后的移动效果如图 2-38(b)所示。

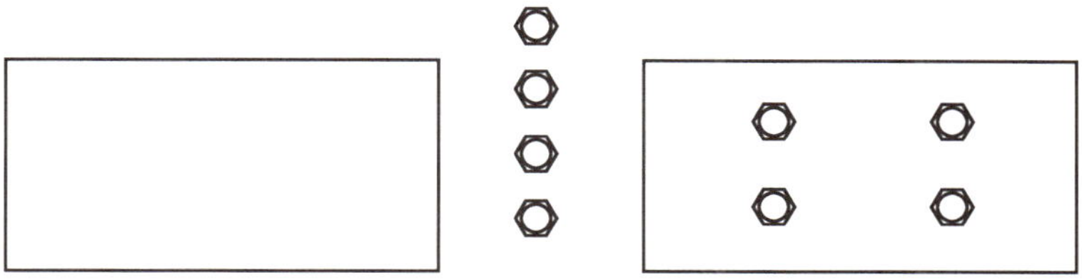

(a) 移动前　　(b) 移动后

图 2-38　移动对象

当系统提示“指定第二个点”时，也可以通过输入第二个点的绝对或相对坐标确定第二个点。

9. 旋转

使对象绕某一指定点旋转指定的角度。

(1) 命令激活方式

命令行：ROTATE(或 RO)↙
菜单栏：修改→旋转
工具栏：修改→

(2) 操作步骤

命令激活后，命令提示行显示：

选择对象：[选定图 2-39(a)的图形对象]↙
指定基点：(选定圆心作为旋转中心)
指定旋转角度，或 [复制(C)/参照(R)]：60↙

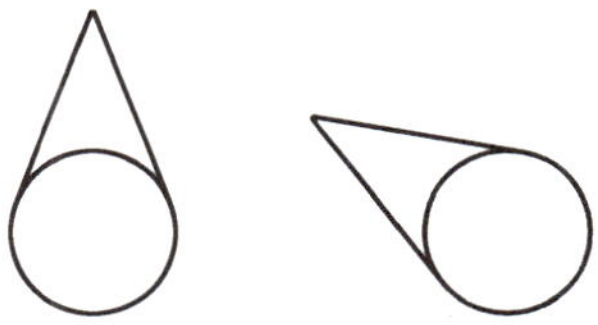

(a) 旋转前　　(b) 旋转后

图 2-39　旋转对象

完成后的旋转效果如图 2-39(b)所示。

各选项的功能如下。

- “复制(C)”：旋转并复制源对象。
- “参照(R)”：将对象从指定的角度旋转到新的绝对角度，即选择对象旋转的角度为“新角度—参照角”。

10. 缩放

使对象按指定比例进行缩放。该命令仅仅缩放所选择的对象，而不影响其他图形对象的比例，如图 2-40 所示。

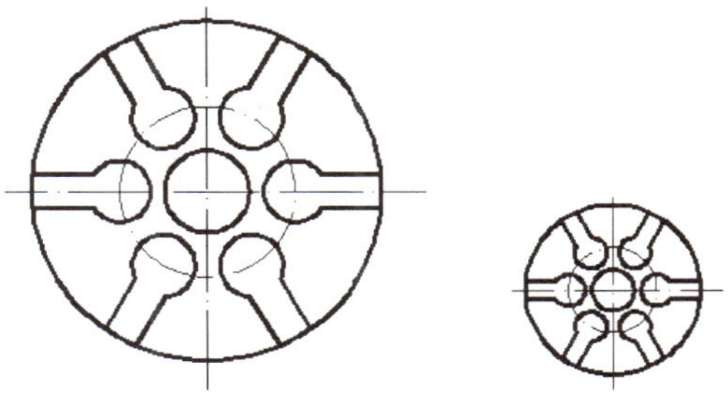

(a) 缩放前　　(b) 缩放后

图 2-40　缩放对象

(1) 命令激活方式

命令行：SCALE(或 SC)↙

菜单栏：修改→缩放

工具栏：修改→

（2）操作步骤

命令激活后，命令提示行显示：

选择对象：（选定需要缩放的对象）↙

指定基点：（选定需要缩放图形的中心点）

指定比例因子或［复制(C)/参照(R)］〈默认值〉：（输入比例值或输入选项）↙

各选项的功能如下。

- “复制(C)”：创建要缩放对象的副本，即进行缩放的同时保留源对象。
- “参照(R)”：按参照长度和指定的新长度缩放对象，即缩放的比例因子为“新长度值—参照长度值”。

11. 拉伸

重新定义对象各端点的位置，从而移动或拉伸（压缩）对象。

（1）命令激活方式

命令行：STRETCH(或 S)↙

菜单栏：修改→拉伸

工具栏：修改→

（2）操作步骤

命令激活后，命令提示行显示：

选择对象：［从右向左用窗口框选图 2-41(a)的小圆］↙

指定基点或［位移(D)］〈位移〉：（选择小圆圆心 A）↙

指定第二个点或〈使用第一个点作为位移［拖动小圆圆心到图 2-41(b)的 B 点］↙

完成后的拉伸效果如图 2-41 所示。

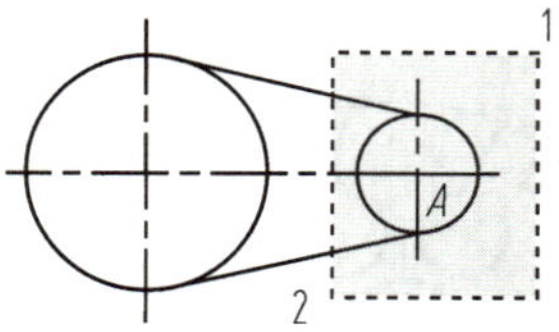

（a）拉伸前

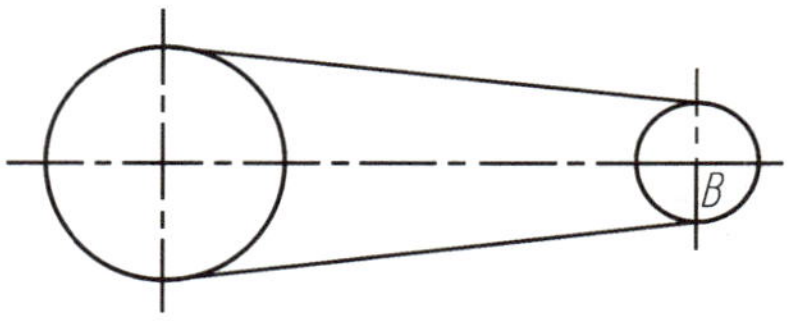

（b）拉伸后

图 2-41　拉伸对象

还可通过在命令行输入 x、y、z 值确定对象拉伸的位移量。

12. 修剪与延伸

利用指定边界，使对象缩短或延长使其与边界相平齐。

（1）修剪

① 命令激活方式

命令行：TRIM(或 TR)↙

菜单栏：修改→修剪

工具栏：修改→

② 操作步骤

命令激活后，命令提示行显示：

选择剪切边...

选择对象或〈全部选择〉：[选定图 2-42(a)五角星各边作为修剪边界]↙

选择要修剪的对象，或按住 Shift 键选择要延伸的对象，或［栏选(F)/窗交(C)/投影(P)/边(E)/删除(R)/放弃(U)］：(依次选择 AB、BC、CD、DE、EA 线)↙

完成后的修剪效果如图 2-42(b)所示。

各选项的功能如下。

- “栏选(F)”：依次指定各个栏选点，与栏选点连接线相交的对象将被修剪。
- “窗交(C)”：指定两个角点，矩形窗口内部或与之相交的对象将被修剪。
- “投影(P)”：指定修剪对象时使用的投影方法。主要用于三维空间绘图。
- “边(E)”：设定剪切边的隐含延伸模式。如果在此命令下选择“延伸”模式，即如果剪切边没有与被修剪的对象相交，系统会自动将剪切边延长(只是隐含延伸，剪切边的实际长度不变)，然后进行修剪，如图 2-43 所示；如果选择“不延伸”模式，即如果剪切边没有与被修剪的对象相交，就不进行修剪，只有真正相交才进行修剪。

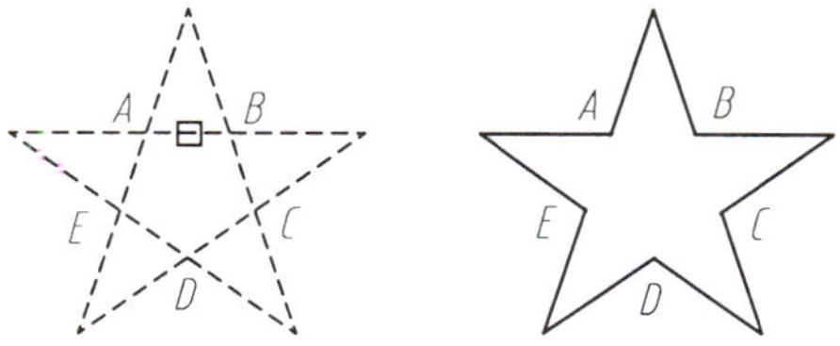

(a) 修剪前　　(b) 修剪后

图 2-42　修剪对象

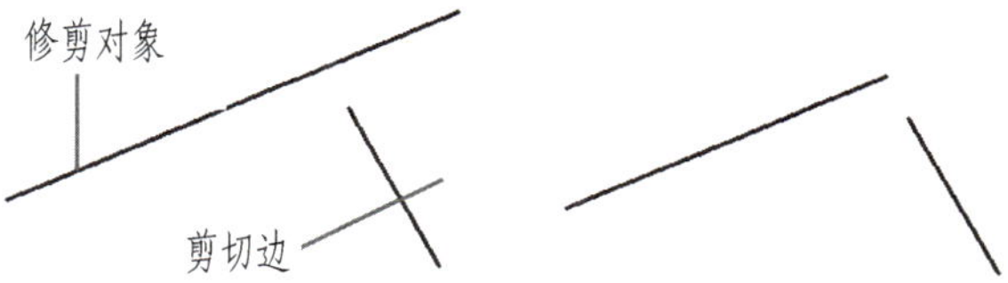

(a) 修剪前　　(b) 修剪后

图 2-43　修剪命令的延伸模式

- “删除(R)”：将选定的对象删除。此选项提供了一种用来删除不需要的对象的简便方式，而无须退出 TRIM 命令。
- “放弃(U)”：取消上一次的操作。

（2）延伸

① 命令激活方式

命令行：EXTEND(或 EX)↙

菜单栏：修改→延伸

工具栏：修改→[图标]

② 操作步骤

命令激活后，命令提示行显示：

选择对象或〈全部选择〉：[指定图 2-44(a)中的线 1 作为延伸边界]↙
选择要延伸的对象，或按住 Shift 键选择要修剪的对象，或［栏选(F)/窗交(C)/投影(P)/边(E)/删除(R)/放弃(U)］：(选定线 2 为要延伸的对象)↙

完成后的延伸效果如图 2-44(b)所示。

13. 打断

(1) 打断对象

打断对象可以删除两点之间的部分对象，也可以将对象在某点处打断，一分为二。

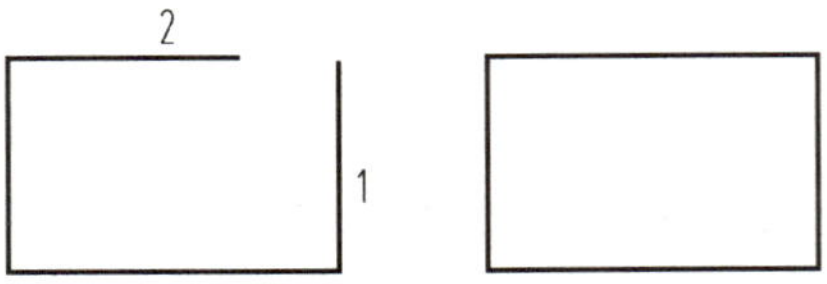

(a) 延伸前　　(b) 延伸后

图 2-44　延伸对象

① 命令激活方式

命令行：BREAK(或 BR)↙
菜单栏：修改→打断
工具栏：修改→[图标](打断)

② 操作步骤

命令激活后，命令提示行显示：

命令：_break 选择对象：(选择一个对象或点)↙
指定第二个打断点，或［第一点(F)］：↙

此时，可选择不同的操作方法。

- 直接选取同一对象上的另一点作为第二个打断点，删除位于两个打断点之间的那部分对象。对于圆、矩形等封闭对象，沿逆时针方向删除从第一个打断点到第二个打断点之间的圆弧或直线。
- 在命令行输入“@↙”，使第二个打断点与第一个打断点重合，从而将对象一分为二，变为两个对象。
- 在命令行输入“F↙”，此时命令行提示“指定第一个打断点”，用指定的新点替换原来的第一个打断点。

(2) 打断于点

“打断于点”是“打断”的一种特殊情况，对象将从打断点处分为两个对象。

① 命令激活方式

工具栏：修改→[图标](打断于点)

② 操作步骤

命令激活后，拾取打断对象，接着再选取打断点。对象从打断点处一分为二，变为两个对象。

例 2-1 利用打断点将如图 2-45(a)所示图形变成如图 2-45(b)所示图形。

步骤 1 单击“修改”工具栏上的“打断于点”按钮，命令行提示：

命令：_break 选择对象：(选择需打断对象，直线 AB)↙

指定第二个打断点或 [第一点(F)]：_f↙

指定第一个打断点：(指定 A 点)↙

指定第二个打断点：(指定 B 点)↙

重复[打断于点]命令，将需要修改的直线一一打断

步骤 2 更改线条的线型。

完成后的打断效果如图 2-45(b)所示。

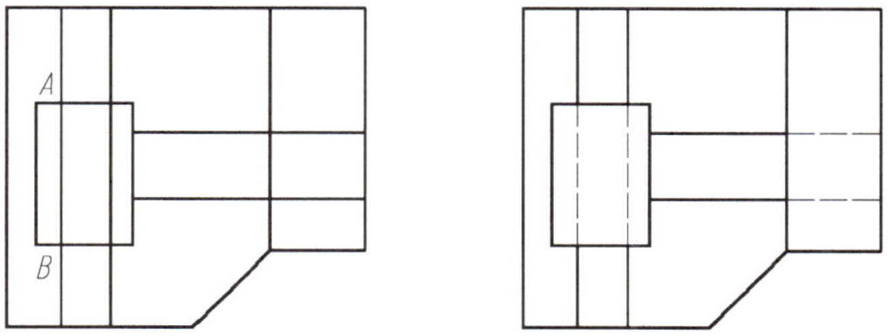

(a) 打断前　　(b) 打断后

图 2-45　打断点

14. 合并

将多个对象合成一个对象。

(1) 命令激活方式

命令行：JOIN(或 J)↙

菜单栏：修改→合并

工具栏：修改→

(2) 操作步骤

命令激活后，命令提示行显示：

选择源对象：[选择图 2-46(a)中图线 1]↙

选择要合并到源的直线：[选择图 2-46(a)中图线 2]↙

选择要合并到源的直线：[选择图 2-46(a)中图线 3]↙

已将 2 条直线合并到源

完成后的合并效果如图 2-46(b)所示，合并的直线必须共线。

利用此命令也可以将几段圆弧合并，但圆弧必须在一个圆上，如图 2-47 所示。

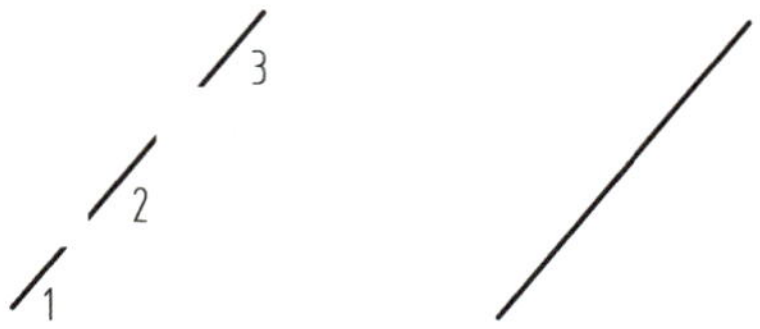

(a) 合并前　　(b) 合并后

图 2-46　合并直线

(a) 合并前　　(b) 合并后

图 2-47　合并圆弧

注意：当合并圆弧时，将从源对象的圆弧开始沿逆时针方向进行合并。

15. 分解

将正多边形、多段线、标注等合成对象转换为单个的元素，以便进行修改。

(1) 命令激活方式

命令行：EXPLODE(或 X)↙

菜单栏：修改→分解

工具栏：修改→

(2) 操作步骤

命令激活后，按命令行提示选择欲分解的对象，按 Enter 键，或单击鼠标右键结束。

16. 倒角与圆角

(1) 倒角

用指定的斜线段连接两条直线。

① 命令激活方式

命令行：CHAMFER(或 CHA)↙

菜单栏：修改→倒角

工具栏：修改→

② 操作步骤

命令激活后，命令提示行显示：

("修剪"模式)当前倒角距离 1 = 0.0000，距离 2 = 0.0000

选择第一条直线或[放弃(U)/多段线(P)/距离(D)/角度(A)/修剪(T)/方式(E)/多个(M)]：D↙

指定第一个倒角距离〈0.0000〉：5↙

指定第二个倒角距离〈5.0000〉：10↙

选择第一条直线或[放弃(U)/多段线(P)/距离(D)/角度(A)/修剪(T)/方式(E)/多

个(M)]：[选择图 2-48(a)的第一条直角边]

选择第二条直线，或按住 Shift 键选择要应用角点的直线：[选择图 2-48(a)的第二条直角边]

完成后的倒角效果如图 2-48(b)所示。

各选项的功能如下。

- "放弃(U)"：恢复上一次的操作。
- "多段线"(P)：在被选择的多段线的各顶点处按当前倒角设置创建倒角。
- "距离(D)"：分别指定第一个和第二个倒角距离。如图 2-48(b)中的 5 和 10 分别为第一个和第二个倒角距离。
- "角度(A)"：根据第一条直线的倒角长度及倒角角度设置倒角尺寸，如图 2-49 所示。

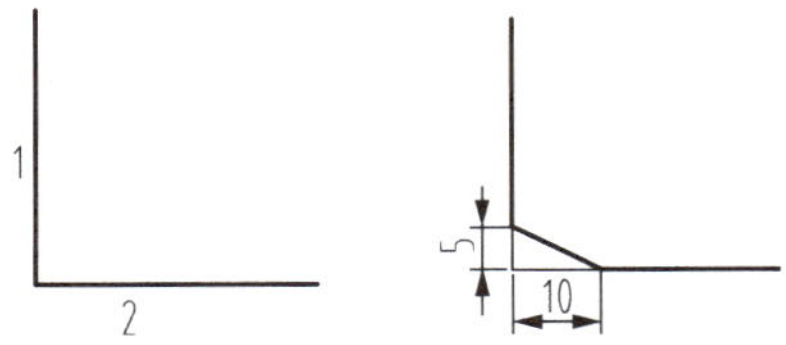

(a) (b)

图 2-48 倒角

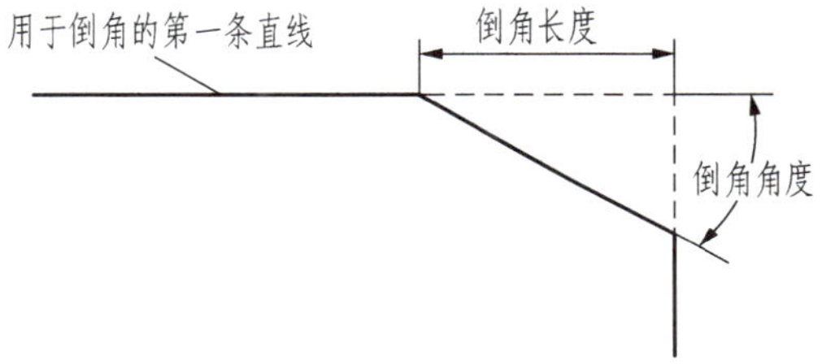

图 2-49 倒角角度的含义

- "修剪(T)"：设置倒角修剪模式，即设置是否对倒角边进行修剪，如图 2-50 所示。
- "方式(E)"：设置倒角方式。控制倒角命令是使用"两个距离"还是使用"一个距离和一个角度"来创建倒角。
- "多个(M)"：可在命令中进行多次倒角操作。

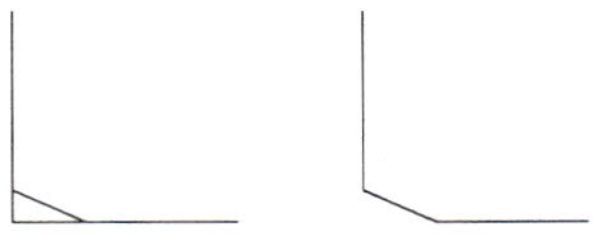

(a) 不修剪 (b) 修剪

图 2-50 修剪模式

(2) 圆角

用指定半径的圆弧光滑地连接两个选定对象。

① 命令激活方式

命令行：FILLET(或 F)↙

菜单栏：修改→圆角

工具栏：修改→◻

② 操作步骤

命令激活后，命令提示行显示：

当前设置：模式 = 修剪，半径 = 0.0000

选择第一个对象或[放弃(U)/多段线(P)/半径(R)/修剪(T)/多个(M)]：

一般情况下，应首先输入圆角“半径 R”值，其他的操作及选项功能与“倒角”命令相同。

2.2.5 图案填充的使用和编辑

图案填充是使用一种图案来填充某一区域。在机械图样中，常用剖面符号表达一个剖切的区域，如图 2-51 所示。也可使用不同的填充图案表达不同的零件或材料。

图案填充是在一个封闭的区域内进行的，围成填充区域的边界称为填充边界。

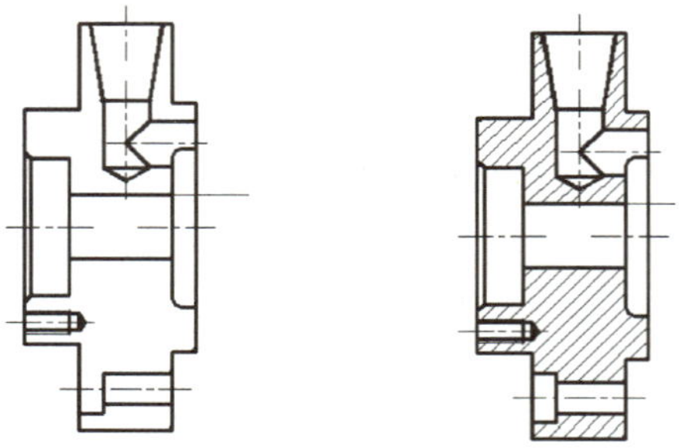

图 2-51 图案填充样例

1. 创建图案填充

（1）命令激活方式

命令行：BHATCH（或 BH）↙

菜单栏：绘图→图案填充

工具栏：绘图→

（2）图案填充的设置

命令激活后，显示“图案填充创建”工具框，如图 2-52 所示。在“图案”选项区内，选择机械图样常用的剖面线图案“ANSI31”，在“特性”选项区内设置角度和比例数值。

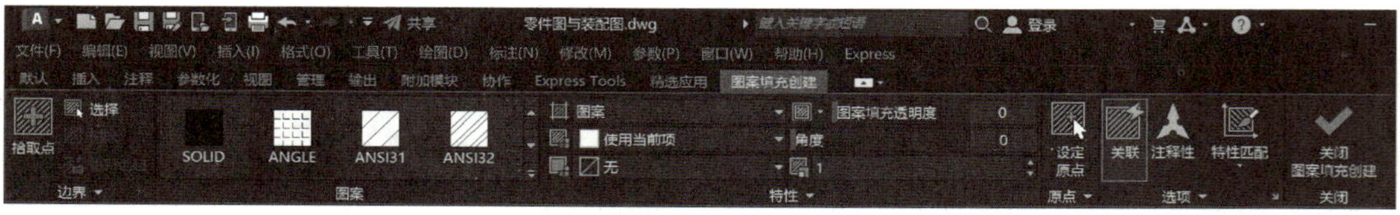

图 2-52 “图案填充创建”工具框

“特性”选项区各项功能如下。

● “图案”：提供预定义、用户定义、自定义三种图案类型。预定义是用 AutoCAD 标准图案文件（ACAD.pat 和 ACADISO.pat 文件）中的图案填充；用户定义是用户临时定义简单的填充图案；自定义是使用用户定制的图案文件中的图案。

● “图案填充颜色”：选择填充图案的颜色，可随层“Bylayer”/随块“Byblock”字自行选择颜色。

● “背景色”：指定填充图案的背景色。

● “图案填空透明度”：设定填充图案的透明度值。

● “角度”：设置图案填充的倾斜角度，该角度值是填充图案相对于当前坐标系的 x 轴的转角。

● “比例”：设置填充图案的比例值，它表示填充图案线形之间的疏密程度，如图 2-53(b)的比例值大于图 2-54(b)。

(3) 添加边界

在如图 2-52 所示“边界”选项区，可通过“拾取点”和“选择对象”两种方式添加边界。

① 用“拾取点”添加边界：单击“边界”选项区中的“拾取点”按钮，返回绘图区域，单击填充区域内任意一点，如图 2-53(a)所示，按 Enter 键。返回“图案填充和渐变色”对话框，单击“确定”按钮，返回绘图区，剖面线绘制如图 2-53(b)所示。用选点的方式定义填充边界，一般要求边界是封闭的。

② 用“选择对象”添加边界：单击“边界”选项区中的“选择对象”按钮，返回绘图区域，选择对象，如图 2-54(a)所示，按 Enter 键。返回“图案填充创建”对话框，单击“确定”按钮，返回绘图区，剖面线绘制如图 2-54(b)所示。使用该方式时，要填充的对象不必构成闭合边界。

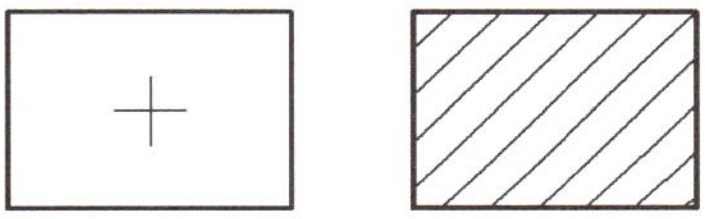

(a)　(b)

图 2-53　以拾取点方式填充图案

(a)　(b)

图 2-54　以拾取对象方式填充图案

“边界”选项区各项功能如下。

● “删除边界”：从边界定义中删除以前添加的任何对象。如图 2-55(a)所示，先用“拾取点”添加边界的方式选定内部点，根据命令行提示选择“删除边界”，拾取如图 2-55(b)所示的小圆，填充结果如图 2-55(c)所示。

● “重新创建边界”：选择图案填充或填充的临时边界对象添加时使用。

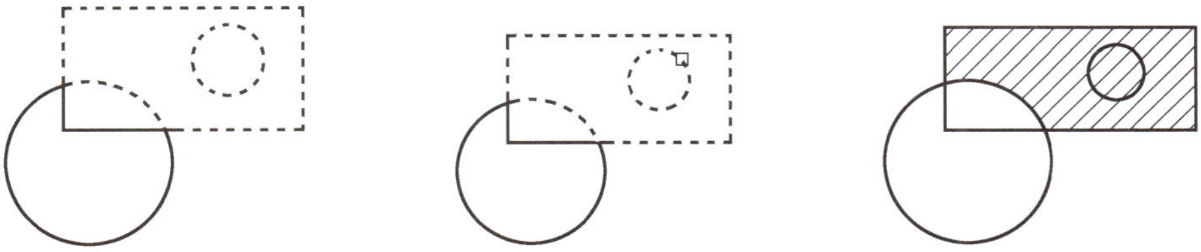

(a) 选定内部点　(b) 删除的对象　(c) 结果

图 2-55　删除边界

“选项”选项区各项功能如下。

● “注释性”：图案填充比例是按照图纸尺寸进行定义的。

● “关联”：用于控制填充图案与边界是否具有关联性。若不选定关联，当边界发生变化时，填充图案将不随新的边界发生变化，如图 2-56(b)所示；若选定关联，当边界发生变化时，填充图案将随新的边界发生变化，如图 2-56(c)所示。默认情况下，图案填充区域是关联的。

（a）填充的对象　　（b）非关联　　（c）关联

图 2-56　关联和非关联填充

2. 编辑图案填充

“编辑图案填充”命令可修改已填充图案的类型、图案、角度、比例等特性。

（1）命令激活方式

命令行：HATCHEDIT（或 HE）↙

菜单栏：修改→对象→图案填充

工具栏：修改（三角符号拓展区）

（2）操作步骤

命令激活后，命令提示行显示：

选择图案填充对象：（选择要编辑的剖面线）

弹出如图 2-57 所示“图案填充编辑”对话框，修改该对话框中的参数设置。

图 2-57　“图案填充编辑”对话框

注意：①在要修改的填充图案上单击右键，弹出“图案填充编辑器”对话框，同样可对填充的图案进行修改；②在要修改的填充图案上双击左键，工具栏显示如图 2-58 所示“图案填充编辑器”，同样可对填充的图案进行修改。

图 2-58　“图案填充编辑器”工具框

思考练习

运用各种绘图与修改命令，绘制如图 2-59—图 2-64 所示图形（不标注尺寸及文字）。

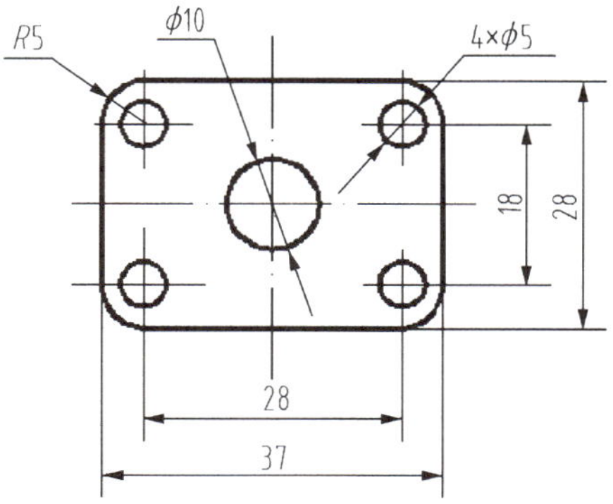

图 2-59

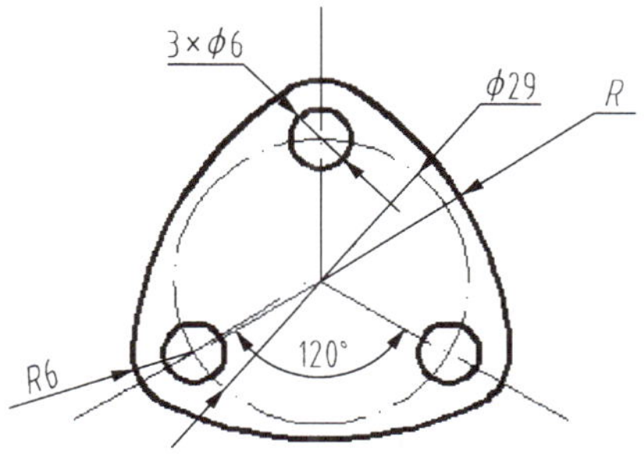

图 2-60

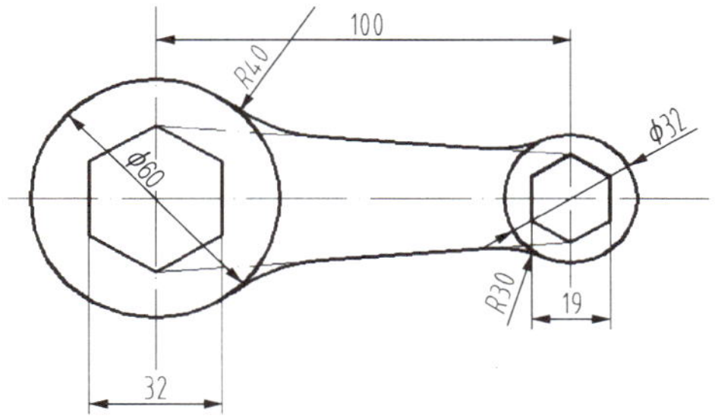

图 2-61

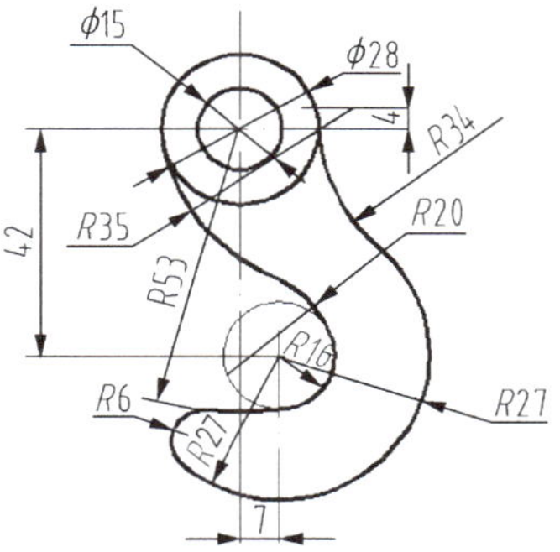

图 2-62

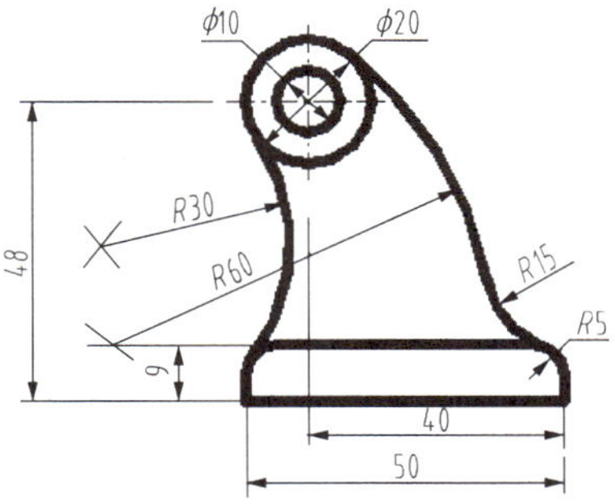

图 2-63

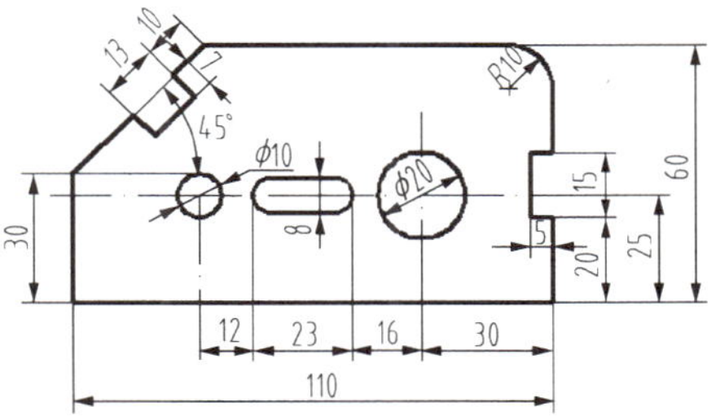

图 2-64

第3章 图层与对象特性管理

绘制机械图样时，可采用粗实线、细实线、虚线等不同线型、不同线宽、不同颜色的图线，如果用图层来管理，不仅能使图形的各种信息清晰有序，而且能为图形的修改、输出带来很大的方便。

可以将图层想象为没有厚度的透明薄片，一张图纸可以看成是由多层透明薄片重叠而成，每张透明薄片是一个图层。一张图纸中的不同内容可以分别绘制在不同的图层上，再将所有的图层重叠，组成一张完整的图纸。

3.1 设置与管理图层

3.1.1 创建新图层

当打开 AutoCAD 2025 时，系统已自动创建一个名为“0”的图层，图层 0 不能被删除。

打开图层特性管理器创建新图层：

(1) 命令激活方式

命令行：LAYER(或 LA)↙

菜单栏：格式→图层

工具栏：图层

(2) 操作步骤

命令激活后，将打开“图层特性管理器”对话框，此时对话框中只有默认的图层 0。单击“新建图层”按钮，列表框中出现名为“图层 1”的新图层，如图 3-1 所示，AutoCAD 为图层 1 分配了默认的颜色、线型和线宽。

3.1.2 设置图层颜色

颜色在图形中具有非常重要的作用，可以用来表示不同的组件、功能和区域。图层的颜色实际上是图层中图形对象的颜色。每个图层都有自己的颜色，不同的图层可以设置相同的颜色，也可以设置不同的颜色，绘制复杂图形时就可以很容易区分图形的各部分。

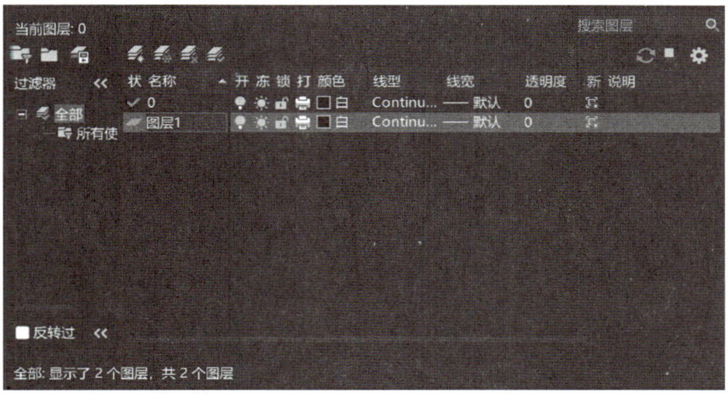

图 3-1　用“图层特性管理器”创建新图层

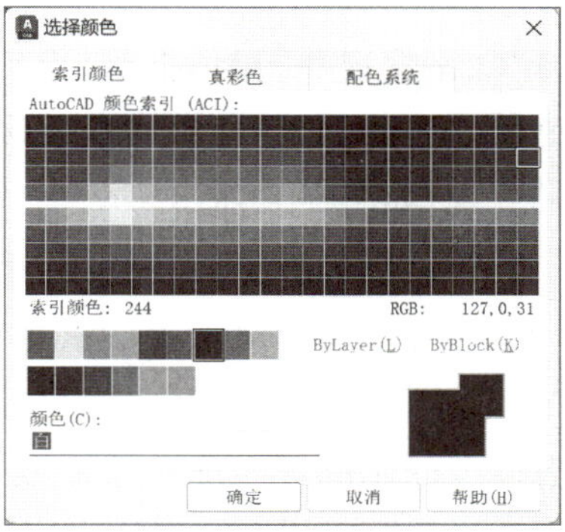

图 3-2　“选择颜色”对话框

新建图层后，要改变图层的颜色，可在“图层特性管理器”对话框中单击图层的“颜色”图标，此时弹出“选择颜色”对话框，可为图层选择新的颜色，如图 3-2 所示。

在“选择颜色”对话框中，可使用“索引颜色”“真彩色”和“配色系统”3 个选项卡为图层选择颜色。

3.1.3　线型的使用与管理

1. 设置图层线型

在绘制图形时要使用线型来区分图形元素，这就需要对线型进行设置。默认情况下，新创建图层的线型均为实线(Continuous)。需要改变线型时，单击“图层特性管理器”对话框中“线型”列中的“Continuous”，弹出如图 3-3 所示“选择线型”对话框，在“已加载的线型”列表框中选择需要的线型，单击“确定”按钮即可。

2. 加载线型

默认情况下，在“选择线型”对话框的“已加载的线型”列表框中只有 Continuous 一种线型。如果需要使用其他线型，可单击“加载”按钮，打开“加载或重载线型”对话框，如图 3-4 所示，从可用线型库中选择需要加载的线型，单击“确定”按钮。

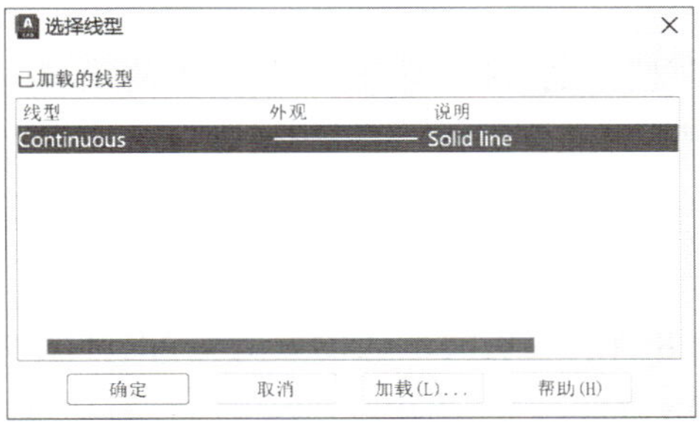

图 3-3　“选择线型”对话框

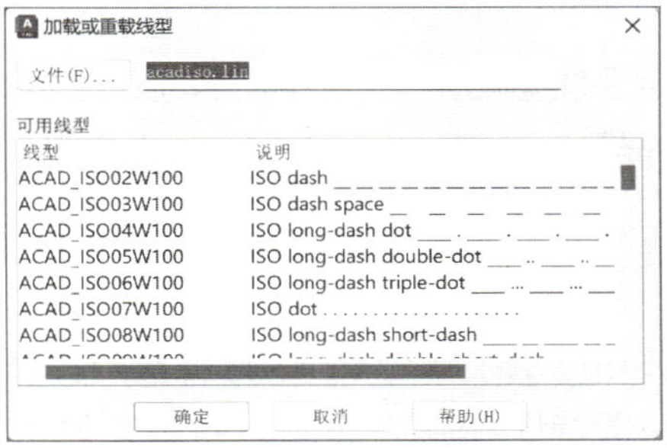

图 3-4　“加载或重载线型”对话框

3. 设置线型比例

选择“格式”→“线型”命令，或打开“线型管理器”对话框，可设置图形中的线型比例，从而改变非连续线型的外观，如图 3-5 所示。

“线型管理器”对话框显示了当前使用的线型和可选择的其他线型。“全局比例因子”用于设置图形中所有线型的比例，“当前对象缩放比例”用于设置当前选中线型的比例。

另外，在命令窗口执行“ltscale”命令，可以修改全局比例因子。

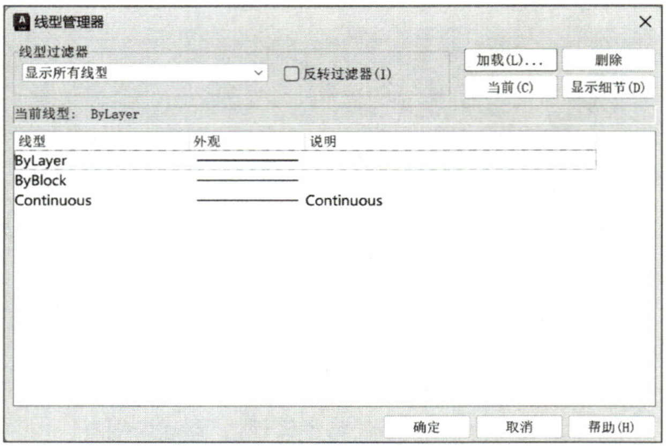

图 3-5 “线型管理器”对话框

3.1.4 设置图层线宽

设置线宽可改变线条的宽度。在 AutoCAD 中，不同宽度的线条表现不同类型的对象，可以提高图形的表达能力和可读性。

单击“图层特性管理器”对话框的“线宽”列表中需修改线宽的图层所对应的线宽“－－－－默认”，如图 3-6 所示，可在其中为图层选择新的线宽。也可选择“格式”→“线宽”命令，弹出“线宽设置”对话框，通过调整显示比例，改变线型的宽度，如图 3-7 所示。

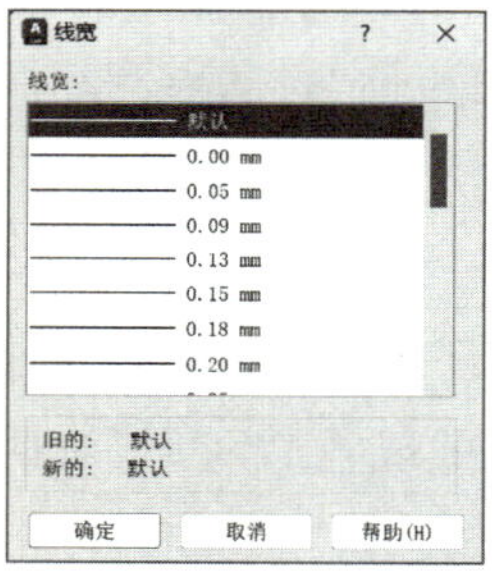

图 3-6 “线宽”对话框

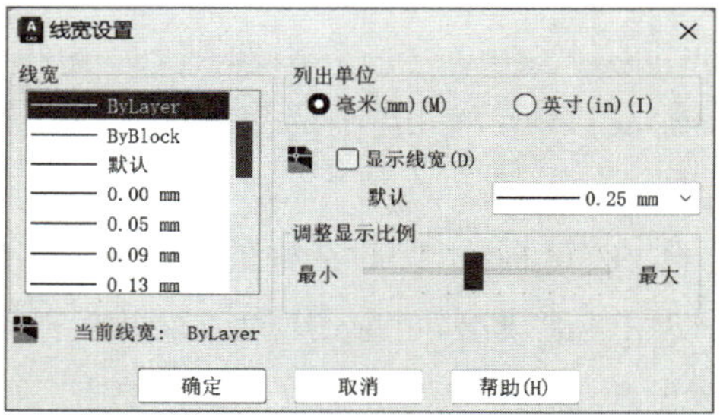

图 3-7 “线宽设置”对话框

需要注意的是，只有单击状态栏上的“线宽”按钮，将线宽开启，新设置的线宽才能显示。在按钮上单击右键，选择“设置”也可打开“线宽设置”对话框，修改默认线宽。

3.1.5 设置图层特性

使用图层绘制图形时，新对象的各种特性由当前图层的默认设置决定，也可以单独设置对象的特性，新设置的特性将覆盖原来图层的特性。在“图层特性管理器”对话框中，每个图层都包含状态、名称、打开/关闭，冻结/解冻、锁定/解锁、线型、颜色、线宽和打印样式等特性，如图 3-8 所示。

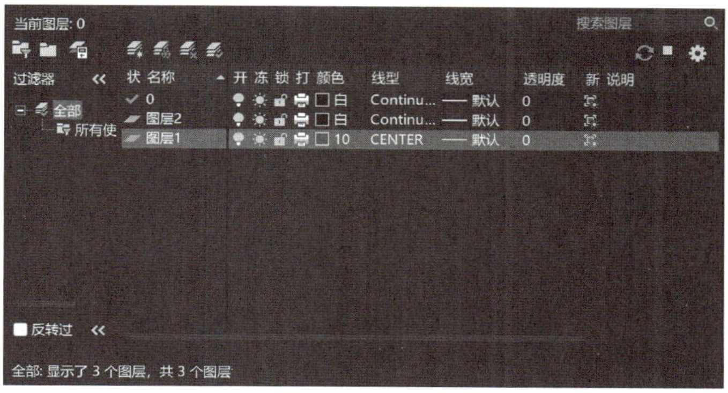

图 3-8　“图层特性管理器”对话框

各特性的功能如下。

● 名称：显示图层名。单击名称后，可更改图层名。为方便绘图，可以将“图层 1”改为“粗实线”或“中心线”等。需要注意的是，如果名称输入的是汉字，输入完毕后需要按 Enter 键或空格键确定。

● 打开：打开或关闭图层。图标是一盏灯泡，用灯泡的亮或灭表示图层的打开或关闭。单击图标可切换开/关状态。当图层关闭时，该图层上的对象不可见，也不能被编辑和打印，但该图层仍参与处理过程的运算。

● 冻结：冻结或解冻图层。解冻状态的图标是太阳，冻结状态的图标是雪花。单击图标可在解冻与冻结之间进行切换。当图层冻结时，该图层上的对象不可见，也不能编辑和打印，重新生成图形等操作在该图层也不生效，图层也不参与处理过程的运算。当前图层不能被冻结。

● 锁定：锁定或解锁图层。图标是一把锁，未锁定时为，锁定时为。单击图标可在解锁与锁定之间进行切换。当图层锁定时，该图层上的对象既能在显示器上显示，也能打印，但不能被选择和编辑修改。当用户在当前图层上进行编辑操作时，可以对其他图层进行锁定，以免误操作。

● 线型：显示图层的线型。默认情况下，新创建图层的线型延续上一个图层的线型。当需要改变图层的线型时，单击线型将弹出如图 3-3 所示“选择线型”对话框，单击“加载”按钮，将出现“加载或重载线型”对话框，有各种可用线型供选择，如图 3-4 所示。选择所需要的线型后，单击“确定”，回到如图 3-3 所示“选择线型”对话框，再单击选中所需要的线型，单击“确定”即可。

● 打印：打印或不可打印。图标是一台打印机，打印是，不可打印是。单击图标可在打印与不可打印之间进行切换。

3.1.6　删除图层

先从“图层特性管理器”对话框中选择不使用的图层，单击对话框上部的按钮，再单击“确定”按钮，即可删除所选图层。

3.1.7 切换当前层

在创建的许多图层中，总有一个图层为当前图层。如图 3-9 所示“图层”工具栏和“特性”工具栏，此时图层 0 设定为当前层。如果在“特性”工具栏中将颜色控制、线型控制、线宽控制都设置成“ByLayer”(随层)，那么所绘制图形的颜色、线型、线宽都符合该图层的特性。

(a) “图层”工具栏　　(b) “特性”工具栏

图 3-9 “图层”和对象“特性”工具栏

要将某个图层切换为当前图层，可通过下面方法之一进行。

- 通过“图层”工具栏的下拉列表，单击想要使之成为当前的图层名称即可。
- 在“图层特性管理器”对话框的图层列表中选择某一图层后，单击“状态”对应的按钮，即可将该图层设置为当前图层。
- 如果要把某个具体对象所在图层设为当前层，可单击“图层”工具栏的“将对象的图层置为当前”按钮，用鼠标选择一个已绘制的图形线条，该图线所对应的图层即成为当前层。

使用图层时应注意以下几点。

- 当前层不能被冻结，或者被冻结的图层不能作为当前层。
- 编辑已存在的图形不受当前层的限制。
- 同一文件的所有图层处于同一个坐标系和绘图界限中。

3.1.8 改变对象所在图层

在实际绘图时，如果绘制完某一图形元素后，发现该元素并没有绘制在预先设置的图层上，可选中该元素，并在“图层”工具栏的下拉列表中选择元素应在的图层，即可改变对象所在的图层。

3.1.9 使用图层工具管理图层

选择“格式”→“图层工具”命令中的子命令，就可以通过图层工具管理图层，如图 3-10 所示。

图 3-10 “图层工具”子命令

3.2 管理对象特性

3.2.1 通过图层管理对象

每个对象都有特性，有些特性是对象共有的，如图层、颜色、线型等；有些特性是对象独有的，如圆的直径、半径等。对象的特性不仅可以查看，而且可以修改。对象之间可以复制特性。

为了使绘制、修改图形更简便、快捷，AutoCAD 提供了“特性”工具栏，可以设置图形的颜色、线型和线宽。在如图 3-11 所示“特性”工具栏中，图层的颜色、线型和线宽的设置都默认为随层（ByLayer），也可以不随当前图层单独设置。

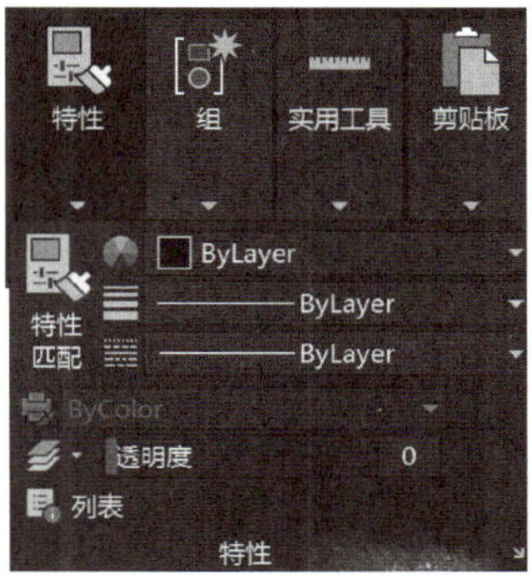

图 3-11　“特性”工具栏

1. 设置当前实体的颜色

在“特性”工具栏的“颜色控制”下拉列表中，选择某种颜色，可改变其后要绘制实体（即当前实体）的颜色，但并不改变当前图层的颜色。

“颜色控制”下拉列表中的“随层”（ByLayer）选项，表示图线的颜色是按图层本身的颜色来确定。“随块”（ByBlock）选项表示图线的颜色是按图块本身的颜色来确定。如果选择二者之外的颜色，随后所绘制实体的颜色将是独立的，不会随图层的变化而变化。

选择“颜色控制”下拉列表中“选择颜色…”选项，弹出“选择颜色”对话框，可从中选择一种颜色作为当前实体的颜色。

2. 设置当前实体的线型

在“特性”工具栏的“线型控制”下拉列表中，选择某种线型，可改变其后要绘制实体（即当前实体）的线型，但并不改变当前图层的线型。

3. 设置当前实体的线宽

在“特性”工具栏的“线宽控制”下拉列表中，选择某种线宽，可改变其后要绘制实体（即当前实体）的线宽，但并不改变当前图层的线宽，最大线宽值为 2.11 毫米。

注意：利用上述方法设置颜色、线型和线宽时，无论选择任何图层，所绘制图线的颜色、线型和线宽都不会改变。因此，应避免用该方法绘制复杂图形。

3.2.2 通过特性选项板管理对象

可以利用“特性”对话框查看被选择对象的相关特性，并对其特性进行修改。

1. 命令激活方式

命令行：PROPERTIES（或 PR）↙

菜单栏：修改→特性

工具栏：默认→特性（右下角↘）

2. 操作步骤

（1）在绘图窗口中选择一个或多个要修改的图素，按上述命令或单击鼠标右键，在弹出的下拉列表中选择“特性”项，打开“特性”选项板。

（2）在“特性”选项板中，使用选项板中的滚动条，在特性列表中滚动查看选择对象的特性内容，单击每个类别上侧的符号▼或▲，展开或折叠列表，可对表中的每一项内容进行修改。

思考练习

1. 用 AuTocAD 绘制图形时，如果没有建立图层，是否就没有图层？
2. 设置图层的原因是什么？
3. 什么特性可使图层不可见？有哪些特性可以做到这一点？
4. 新建一个图形文件，并创建如下各图层。

序号	图层名称	颜色	线型	线宽
1	粗实线	白色	Continous	0.5
2	细实线	红色	Continous	默认(0.25)
3	中心线	洋红色	CENTER	默认(0.25)
4	虚线	青色	HIDDen	默认(0.25)
5	双点画线	绿色	PHANTOM	默认(0.25)

5. 以圆为例，说明特性选项板可以管理对象的哪些属性。

第4章

精 确 绘 图

在 AutoCAD 中设计和绘制图形时，对于没有图形尺寸比例要求的图例，可用鼠标在图形区域直接拾取和输入数值，大致确定图形尺寸。但是工程图必须按照给定的尺寸绘图，这时可以通过指定点的坐标来绘制图形，也可以使用系统提供的“捕捉”“对象捕捉”“对象追踪”等功能，在不输入坐标的情况下快速、精确地绘制图形。利用精确绘图可以进行图形处理和数据分析，数据结果的精度能够达到工程应用所需的程度，降低工作量，提高设计效率。

本章主要介绍 AutoCAD 2025 的快速精确绘图功能，包括捕捉、网格、正交、对象捕捉、自动追踪和动态输入功能。这些功能在绘制图形中不但可以提高作图的准确性，而且也可以提高作图效率，因此应当熟练掌握。

4.1 捕捉、网格和正交功能

在绘制图形时，尽管可以通过移动光标来指定点的位置，但难以精确指定点的某一位置，这时可以使用系统提供的捕捉、网格和正交功能来精确定位点。

4.1.1 捕捉

“捕捉”控制光标，使其按照用户定义的间距进行移动，从而精确定位点。设定固定步长，如 5 或 10，从而使绘图区的光标在 x 轴、y 轴方向的移动量为步长的整数倍，以提高绘图精度。

执行“捕捉”功能方法：

状态栏：单击状态栏上的▦按钮(或在此按钮上单击鼠标右键，选择快捷菜单上的“启用”选项)，如图 4-1 所示。

菜单栏：单击菜单“工具”→“绘图设置”命令，或右键单击状态栏上的“捕捉”按钮，再单击“设置”，可打开“草图设置”对话框中的“捕捉和栅格”选项卡，勾选“启用捕捉”复选框，如图 4-2 所示，可以设置捕捉参数，包括捕捉间距、极轴间距、捕捉类型。

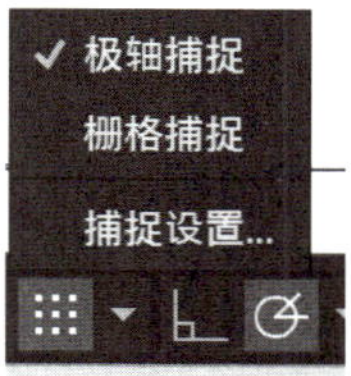

图 4-1 “捕捉”快捷菜单

注意：“捕捉类型”选项组，用于设定捕捉的类型及样式。

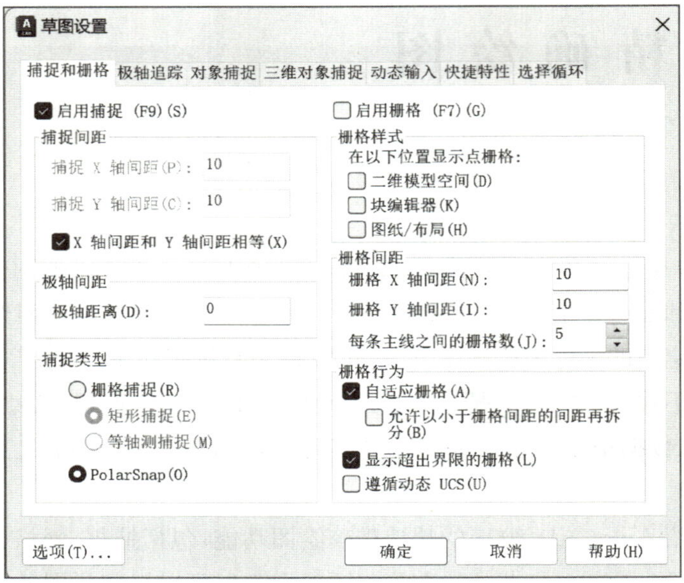

图 4-2 “草图设置”中的“捕捉和栅格”选项卡 1

4.1.2 网格

“网格”控制是否在绘图区域内显示网格点，以便给用户提供直观的距离和位置参照，打开“网格”命令后，绘图区域中出现均匀分布的点的矩阵，如图 4-3 所示。

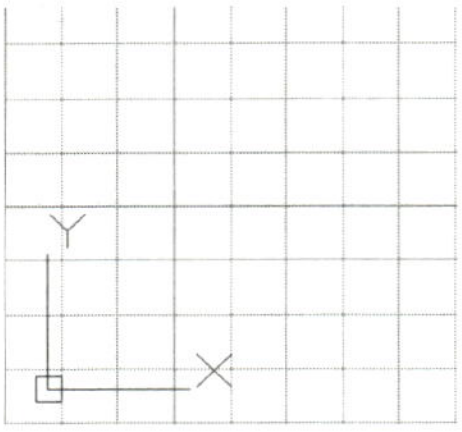

图 4-3 网格

执行“网格”功能方法：

功能键：F7。

组合键：Ctrl + G。

状态栏：单击状态栏上的▦按钮（或在此按钮上单击鼠标右键，选择快捷菜单上的“启用”选项），如图 4-4 所示。

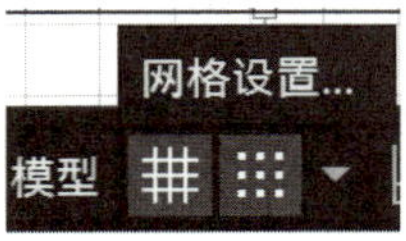

图 4-4 “网格”快捷菜单

菜单栏：单击菜单“工具”→“绘图设置”命令，或右键单击状态栏上的“网格”按钮，再单击“设置”，可打开“草图设置”对话框中的“捕捉和栅格”选项卡，勾选“启用栅格”复选框，如图 4-5 所示，可以设置栅格参数，包括栅格样式（确定栅格点显示位置）、栅格间距、栅格行为。

4.1.3 正交

正交功能可以方便地绘制与当前坐标系统 x 轴或 y 轴平行的线段（对于二维绘图而

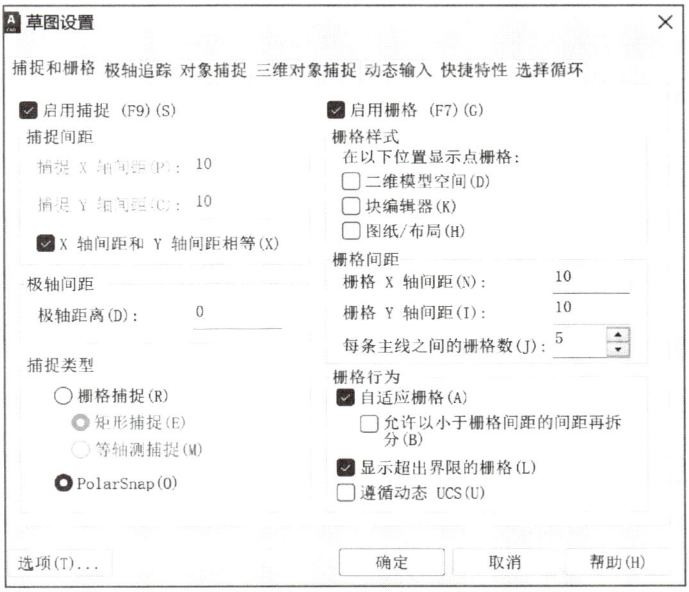

图 4-5　“草图设置”中的“捕捉和栅格”选项卡 2

言,就是水平线或垂直线)。

执行“正交”功能方法:

状态栏:单击状态栏上的按钮。

说明:正交模式下,鼠标指针只能沿水平或者竖直方向移动,画线时,若同时打开该模式,只需输入线段长度值,AutoCAD 就会自动画出水平或竖直线段。当调整线段长度时,可利用正交模式限制鼠标指针移动方向,选中线段,线段上出现夹点(实心矩形点),选中断点处夹点,移动鼠标指针或者输入数值,即可改变线段长度。

4.2　对象捕捉功能

对象捕捉是 AutoCAD 精确定位于对象上某点的一种极为重要的方法。利用对象捕捉功能,在绘图过程中可以快速、准确地确定一些特征点,如圆心、端点、中点、切点、交点、垂足等。

4.2.1　自动对象捕捉

“自动对象捕捉”即事先设置好一些捕捉模式,当光标移动到符合捕捉模式的对象时显示捕捉标记,可自动捕捉,方便快捷。

执行“自动对象捕捉”功能方法:

状态栏：单击状态栏上的按钮(或在此按钮上单击鼠标右键，选择快捷菜单上的“启用”选项)。

菜单栏：单击菜单“工具”→“绘图设置”命令，或右键单击状态栏上的“对象捕捉”按钮，再单击“设置”，可打开“草图设置”对话框中的“对象捕捉”选项卡，勾选“启用对象捕捉”复选框，如图 4-6 所示。

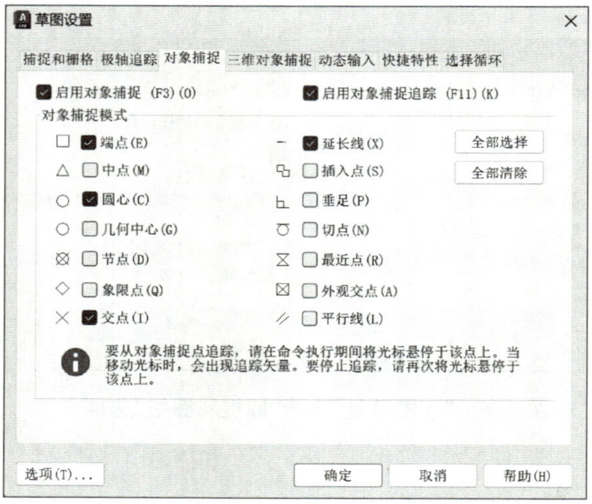

图 4-6 “草图设置”中的“对象捕捉”选项卡

“自动对象捕捉”启用之后，系统将一直保持着这种捕捉模式，直到用户取消为止。

4.2.2 临时对象捕捉

“临时对象捕捉”是一次性的捕捉功能，即激活一次捕捉模式之后，系统仅允许使用一次，如果用户需要连续使用该捕捉功能，需要重复激活临时捕捉模式。

执行“临时对象捕捉”功能方法：

工具栏：单击“对象捕捉”工具栏中的“各捕捉”按钮。

菜单栏：在命令要求输入点时，同时按下 Shift 键和鼠标右键，或 Ctrl 键和鼠标右键，弹出对象捕捉快捷菜单。

命令行：在命令行输入各种捕捉功能的简写，如_mid 中点、_tan 切点、_per 垂足等。

说明：对象捕捉只捕捉屏幕上可见的对象，包括锁定图层、布局视口边界和多段线上的对象，不能捕捉不可见对象、未显示对象、关闭或冻结图层上的对象或虚线的空白部分。对象捕捉不是命令，只是一种状态，它必须在某个命令执行过程中系统提示指定一个点时使用。如果在某个图元附近有多种特殊点，要捕捉某个特殊点不方便，可以使用 Tab 键来遍历这些特殊点。

13 种对象捕捉模式的含义见表 4-1。

表 4-1　对象捕捉模式的含义

图　标	捕　捉　点	说　明
	端点(END)	捕捉到圆弧、椭圆弧、直线、多线、多段线、样条曲线、面域或射线的最近端点，以及宽线、实体或三维面域的最近角点
	中点(MID)	捕捉到圆弧、椭圆、椭圆弧、直线、多线、多段线、面域、实体、样条曲线或参照线的中点
	圆心(CEN)	捕捉到圆弧、圆、椭圆、或图圆弧的圆心
	节点(NOD)	捕捉到点对象、标注定义点或标注文字起点
	象限点(QUA)	相当于当前 UCS，捕捉到圆弧、圆、椭圆或图圆弧的最左、最右、最上、最下点
	交点(INT)	捕捉到圆弧、圆、椭圆、椭圆弧、直线、多线、多段线、射线、面域、样条曲线或参照线的交点
	延长线(EXT)	当鼠标光标经过对象端点时，显示临时延长线或圆弧，以便用户在延长线或圆弧上指定点
	插入点(INS)	捕捉到属性、块、形或文字的插入点
	垂足(PER)	捕捉到圆弧、圆、椭圆、椭圆弧、直线、多线、多段线、射线、面域、实体、样条曲线或参照线的垂足
	切点(TAN)	捕捉到圆弧、圆、椭圆、椭圆弧或样条曲线的切点
	最近点(NEA)	捕捉到圆弧、圆、椭圆、椭圆弧、直线、多线、点、多段线、射线、样条曲线或参照线的最近点
	外观交点(APP)	捕捉到不在同一平面但是可能看起来在当前视图中相交的两个对象的外观交点
	平行(PAR)	捕捉图形对象的平行线

4.3　自动追踪功能

在 AutoCAD 中，相对图形中已有点来定位点的方法称为追踪。使用追踪功能可按指定角度绘制对象，或绘制与其他对象有相对位置定位关系的对象。当追踪打开时，可利用屏幕上出现的追踪线在精确的位置和角度上创建对象。自动追踪主要包含极轴追踪和对象捕捉追踪两种形式。

4.3.1　极轴追踪

“极轴追踪”能够使用户在特定的角度和位置绘制图形，它按照预先设置的增量角及其倍数，引出相应的极轴追踪虚线，使用户可在追踪虚线所定位的方向矢量上精确定位追踪点。

执行"极轴追踪"功能方法：

状态栏：单击状态栏上的按钮(或在此按钮上单击鼠标右键，选择快捷菜单上的"启用"选项)。

菜单栏：单击菜单"工具"→"绘图设置"命令，或右键单击状态栏上的"极轴追踪"按钮，再单击"设置"，可打开"草图设置"对话框中的"极轴追踪"选项卡，勾选"启用极轴追踪"复选框，如图 4-7 所示，可以进行相关参数设置。

在"增量角"下拉列表框中，系统提供了多种增量角供选择，如 90°、45°、30°、22.5°、18°、15°、10°、5°等。

若需要选择预设值之外的增量角，需勾选"附加角"复选框，激活附加角功能，然后单击"新建"按钮，系统会出现如图 4-8 所示文本框。在文本框内输入所需值，即可创建一个附加角，系统会以用户所设置的附加角进行追踪。若要删除一个附加角，在选取该角度值后单击"删除"按钮即可，但只能删除用户自定义的附加角，不能删除系统预设的增量角。

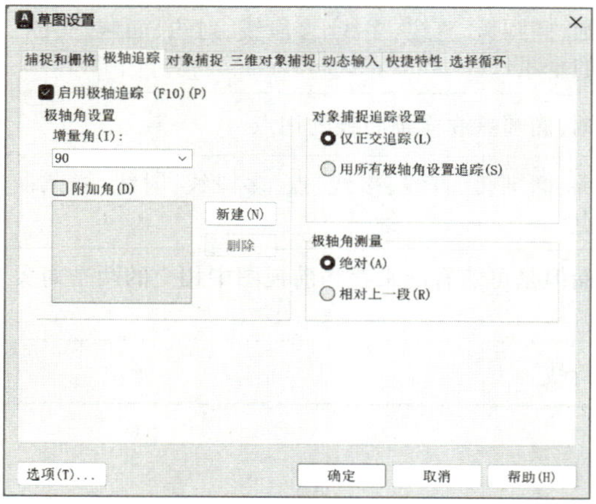

图 4-7 "草图设置"中的"极轴追踪"选项卡

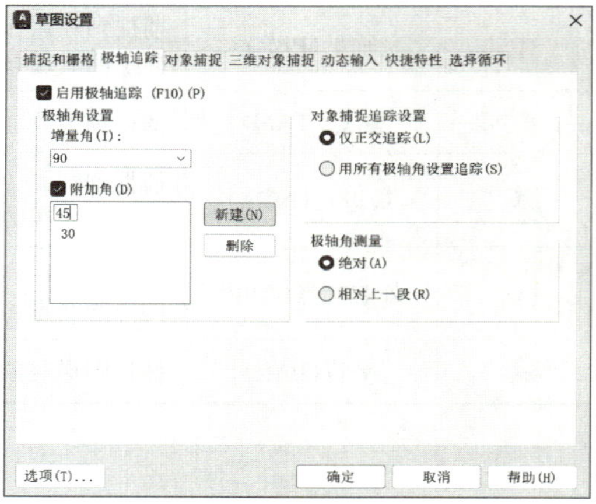

图 4-8 设置"附加角"

"极轴角测量"选项组包括两个单选按钮"绝对"和"相对上一段"，分别表示极轴角是绝对极角(与 x 轴正向的夹角)，还是相对于前一段线段的角度。

说明： 用户启用极轴追踪功能并设置极轴角之后，在绘图时，系统将在极轴角处及其整数倍角度处出现临时追踪虚线。例如，如果用户设置的极轴角为 30°，则将光标移动到 30°、60°、90°、120°等位置附近时均会出现临时追踪虚线。

4.3.2 对象捕捉追踪

"对象捕捉追踪"能够以图形对象上的某些特征点作为参照点追踪其他位置的点。对象捕捉追踪可以产生基于对象捕捉点的临时追踪线，因此该功能与对象捕捉功能相关，二者需同时打开才可使用，而且对象追踪只能追踪对象捕捉类型里设置的自动对象捕捉点。

执行“对象捕捉追踪”功能方法：

状态栏：单击状态栏上的∠按钮（或在此按钮上单击鼠标右键，选择快捷菜单上的“启用”选项）。

菜单栏：单击菜单“工具”→“绘图设置”命令，或右键单击状态栏上的“对象追踪”按钮，再单击“设置”，可打开“草图设置”对话框中的“对象捕捉”选项卡，勾选“启用对象捕捉追踪”复选框，如图 4-6 所示。

4.3.3　自动追踪实例

使用极轴追踪、对象捕捉追踪命令绘制如图 4-9 所示平面图形。

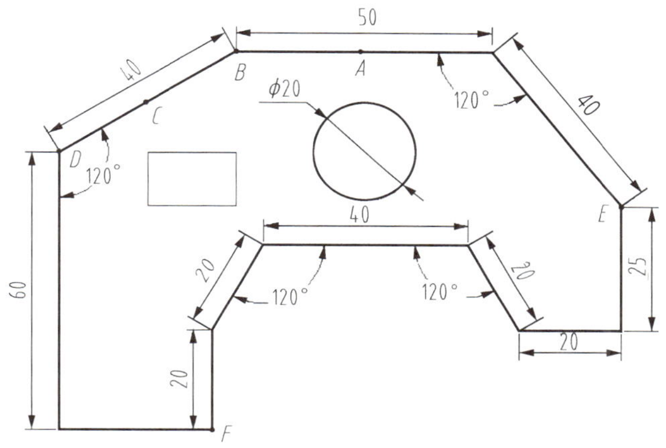

图 4-9　平面图形

步骤 1　新建空白文档，打开“草图设置”对话框。

步骤 2　勾选对话框中的“启用对象捕捉”和“启用对象捕捉追踪”复选框。

步骤 3　设置极轴追踪角。在“草图设置”对话框的“极轴追踪”选项卡中，设置极轴角增量 30°，将“对象捕捉追踪设置”设置为“用所有极轴角设置追踪”；同时，在状态栏上，打开“极轴”“对象捕捉”和“对象追踪”。

步骤 4　用直线命令绘制外部轮廓。

命令：_line

指定第一点：（在绘图区域拾取一点作为起点）

指定下一点或[放弃(U)]：（在 90°方向上引出如图 4-10 所示极轴追踪虚线，输入 60 后按 Enter 键）

指定下一点或[放弃(U)]：（在 30°方向上引出如图 4-11 所示极轴追踪虚线，输入 40 后按 Enter 键）

用上述同样方法完成轮廓直线的绘制，在确定 F 点时，用对象追踪，选取起始点形成水平追踪线和垂直追踪线相交即为 F 点，如图 4-12 所示。最后输入“C”（即“闭合”直线）封闭图形，完成外部轮廓的绘制。

步骤 5　绘制直径 $\phi20$ 的圆。

调用“绘制圆”命令，用对象追踪过 A 点作垂直追踪线，过 D 点作水平追踪线，两条追踪线交点为直径 $\phi20$ 的圆的圆心，如图 4-13 所示。输入直径，完成圆的绘制如图 4-14 所示。

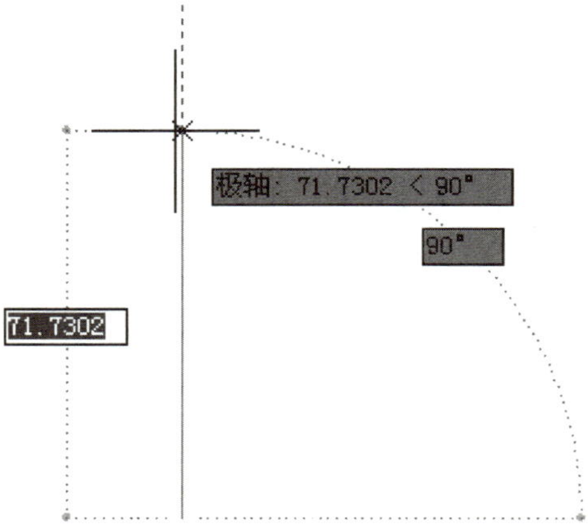

图 4-10　“极轴追踪”1

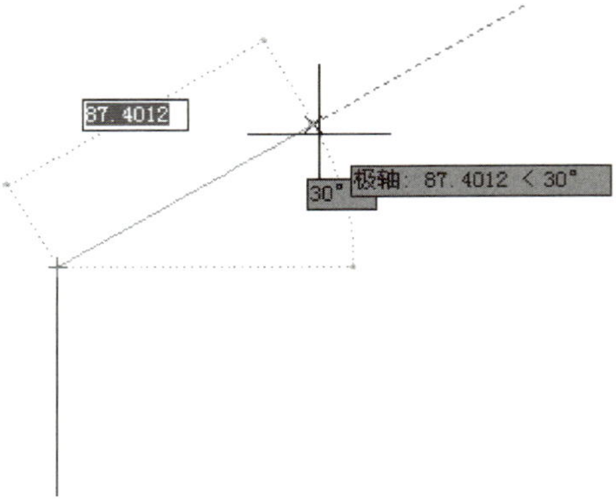

图 4-11　“极轴追踪”2

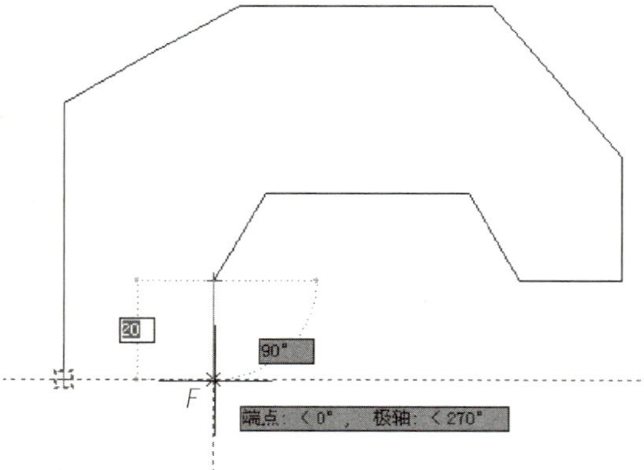

图 4-12　确定 F 点的作图过程

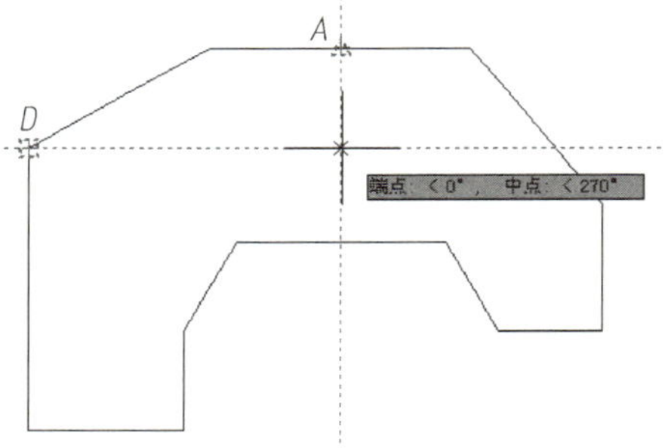

图 4-13　确定圆心

步骤 6　绘制矩形。

调用“矩形”命令，用对象追踪过 B 点作垂直追踪线，过 D 点作水平追踪线，两条追踪线交点为矩形的第 1 个顶点，如图 4-15 所示。过 C 点作垂直追踪线，过 D 点作水平追踪线，两条追踪线交点为矩形的第 2 个顶点，完成矩形的绘制如图 4-16 所示。过 B 点作垂直追踪线，过 E 点作水平追踪线，两条追踪线交点为矩形的第 3 个顶点，完成矩形的绘制如图 4-17 所示。

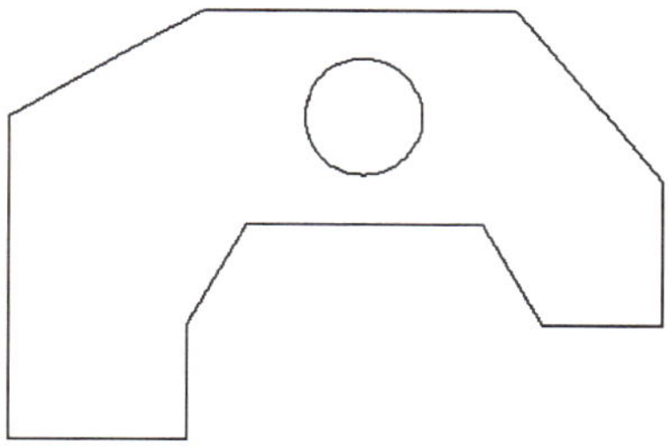

图 4-14　绘制圆

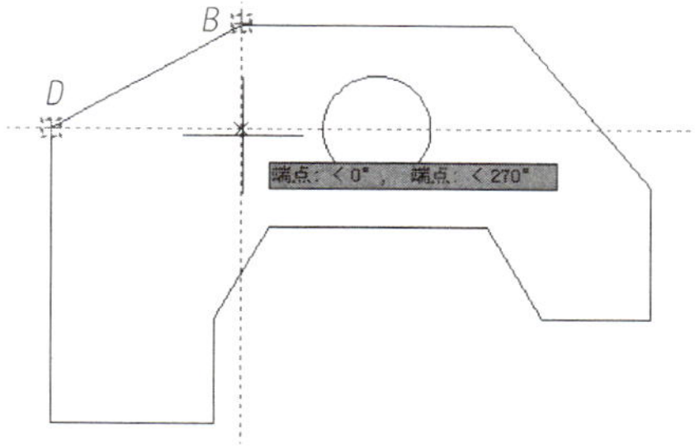

图 4-15　确定矩形的第 1 个顶点

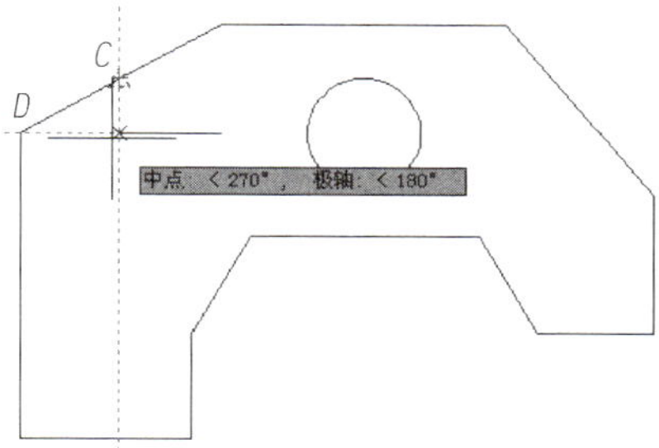

图 4-16　确定矩形的第 2 个顶点

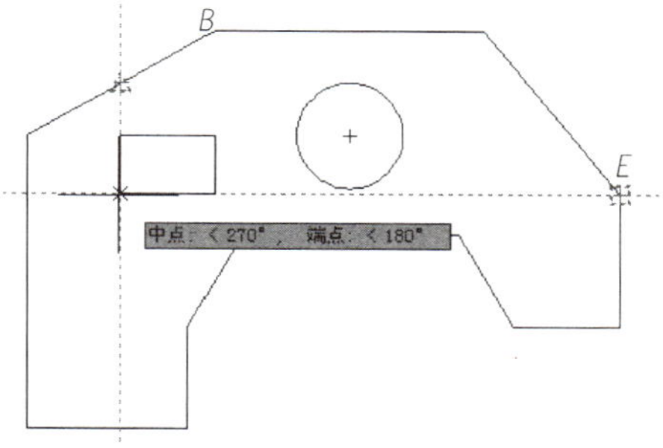

图 4-17　确定矩形的第 3 个顶点

最终完成如图 4-9 所示平面图形。

4.4　动态输入功能

“动态输入”控制指针输入、标注输入、动态提示以及绘图工具提示的外观。该功能打开时，在鼠标光标附近会出现一个命令界面，帮助用户专注于绘图区域。工具栏提示将在鼠标光标附近显示信息，该信息会随着鼠标光标移动而动态更新。当某条命令为活动时，工具栏提示将为用户提供输入的位置。用户根据提示即可完成相关的操作。

执行“动态输入”功能方法：

状态栏：单击状态栏上的按钮（或在此按钮上单击鼠标右键，选择快捷菜单上的“启用”选项）。

菜单栏：单击菜单“工具”→“绘图设置”命令，或右键单击状态栏上的“动态输入”按钮，再单击“设置”，可打开“草图设置”对话框中的“动态输入”选项卡，勾选“启用指针输入”和“可能时启用标注输入”复选框，如图 4-18 所示。同时可以单击相应“设置”按钮，对输入方式进行设置，如图 4-19 和图 4-20 所示。

指针输入：当启用指针输入且有命令在执行时，用于设置指针动态输入的格式和可见性。十字光标的位置将在光标附近的工具栏提示中显示为坐标。此时可以在工具栏提示

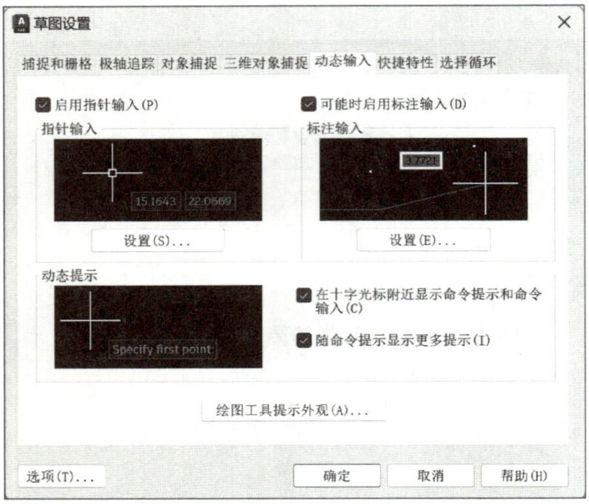

图 4-18 “草图设置”中的“动态输入”选项卡

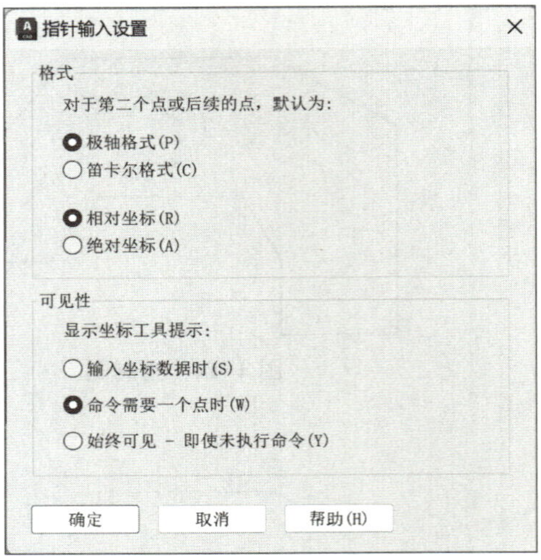

图 4-19 “指针输入设置”对话框

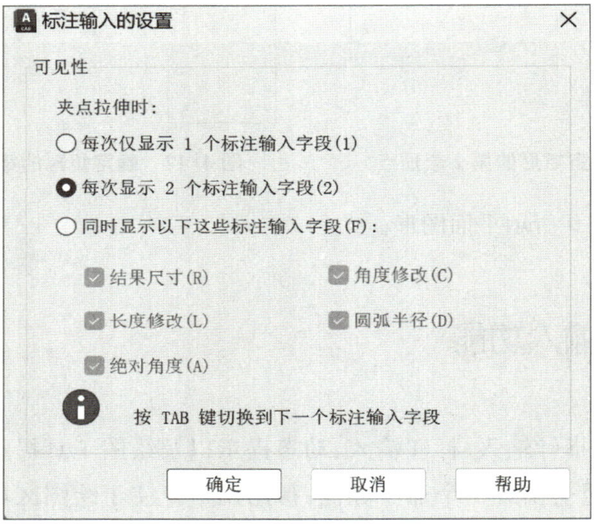

图 4-20 “标注输入的设置”对话框

中输入坐标值，而不用在命令中输入。第二个点和后续点的默认设置为相对极坐标，不需要输入“@”符号。如果需要使用绝对坐标，应加前缀“＃”。例如，希望将对象移到原点，则在提示输入第二个点时输入“＃0,0”。

标注输入：用于设置指针动态输入的可见性。启用标注输入后，当命令提示输入第二点时，工具栏提示将显示距离和角度值。在工具栏中的值将随光标移动而改变。按 Tab 键可以移动到要更改的值。

动态提示：启用动态提示时，提示会显示在光标附近的工具栏提示中。可用于在工具栏提示（而不是在命令行）中输入响应。按↓键可以查看和选择选项；按↑键可以显示最近的输入；按 Tab 键可在各个值之间进行切换，实现更直观的绘图功能。

思考练习

1. 捕捉、网格各有什么作用?
2. 对象捕捉的功能是什么? 如何设置?
3. 如何打开对象捕捉快捷菜单?
4. 如果没有打开自动捕捉功能,也可以使用自动追踪吗?
5. 利用正交功能,通过输入线段长度绘制如图 4-21 所示图形。

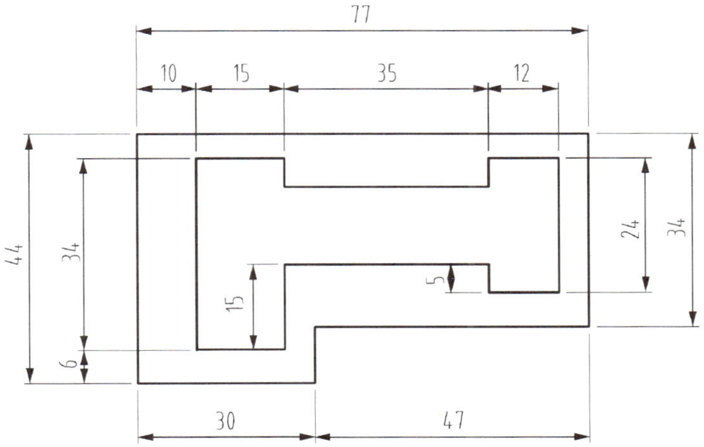

图 4-21

6. 利用极轴追踪、对象捕捉追踪绘制如图 4-22 所示图形。

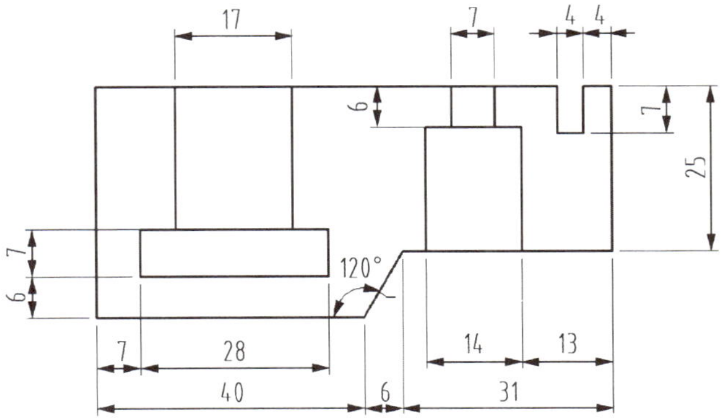

图 4-22

第5章 文字、表格及尺寸标注

完整的工程图样中，图形只能表达物体的形状结构，而物体的真实大小和各部分的相对位置则需要通过尺寸标注确定。精确的尺寸标注是将图形参数化的直接表现，也是构图的一个重要环节。图样中还要有必要的文字注解，以便能更好地诠释和表达几何图形无法表达传递的信息，使图纸能更准确地体现设计者的设计思想和设计意图，使其更直观、更容易交流。另外，表格是一种按照行和列包含文字数据的对象，如工程图样中的标题栏、明细表等，它和文字一样同属于非图形数据，是工程图纸中不可缺少的部分。

本章主要介绍 AutoCAD 2025 的文字、表格的创建及尺寸的标注和编辑。

5.1 文字

文字是完整工程图纸中不可缺少的元素，用于表达工程图中的技术要求、装配说明、施工要求等。使用文字样式控制与文本连接的字体文件、字符宽度、文字倾斜角度及高度等项目，用户可以针对不同风格的文字创建对应的文字样式，这样在输入文本时就可以用相应的文字样式来控制文本外观。AutoCAD 提供两种创建文字的方式：创建单行文字命令和创建多行文字命令，本节将进行具体介绍。

5.1.1 创建文字样式

"文字样式"可以理解为定义了一定的字体、字号、倾斜角度、方向和其他特征的文字。图形中的所有文字，包括表格、尺寸文本中的文字都具有与之相关联的文字样式。

执行"文字样式"功能方法：

菜单栏：单击菜单"格式"→"文字样式"

工具栏：单击"注释"工具区"▼"符号，展开后选择A按钮，弹出如图 5-1 所示对话框

命令行：在命令行输入 Style↙

快捷键：在命令行输入 ST↙

执行"文字样式"功能之后可打开如图 5-1 所示"文字样式"对话框，进行文字效果参数的设置，其具体步骤如下所述。

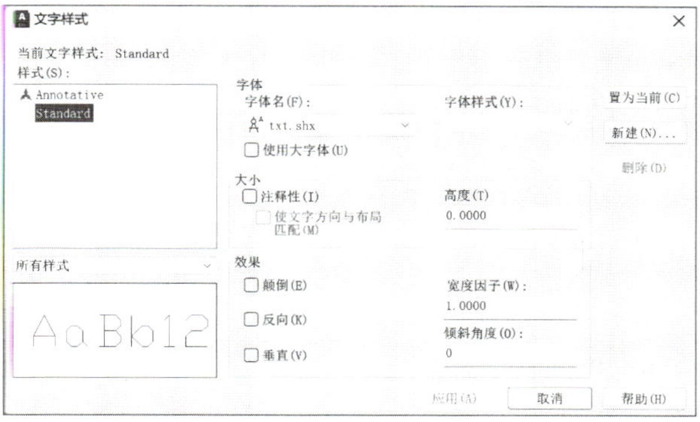

图 5-1　“文字样式”对话框

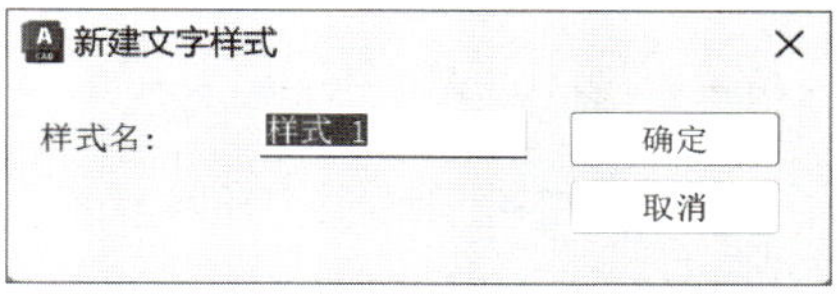

图 5-2　“新建文字样式”对话框

步骤 1　打开“文字样式”对话框。

步骤 2　设置文字样式名。

“样式”选项组用于文字样式的建立、命名和删除操作。在“样式”选项组中单击“新建”按钮，弹出如图 5-2 所示“新建文字样式”对话框，用于为新建的文字样式进行命名。

在此使用系统默认名称，单击“确定”按钮，即可创建名称为“样式 1”的文字样式，如需重新命名，可在“样式名”文本框中输入自定义的文字样式名称。

图 5-1 中，左侧“样式”文本框内排列出了当前文件中的所有文字样式（初始时，“样式”文本框列表内只有默认的 Standard 文字样式），如果需要设置某样式为当前样式，可以在该样式上快速单击两次鼠标左键，也可选择该样式后，单击“置为当前”按钮，如想要删除列表内的文字样式，在选择该样式后，单击“删除”按钮即可。

说明：在删除文字样式时需要注意，系统默认的“标准样式”和当前正在使用的文字样式不能删除，也不能重新命名。

步骤 3　设置文字字体。

“字体”选项组用于字体的选择。在“字体名”下拉列表中的字体为默认字体，打开下拉列表，用户可以选择其中任何一种字体，包括 SHX 类型的矢量字体和 TrueType 字体，分别用和加以区别。

选用 TrucTypc 字体时，允许在“字体样式”下拉列表中选择常规、粗体、粗斜体、斜体等样式；选用矢量字体时，可勾选“使用大字体”，之后可以在“字体样式”下拉列表中选择大字体的样式。

步骤 4　设置文字大小。

“大小”选项组用于字体高度的设置。在“高度”文本框中设置文字的高度，勾选“注释性”可用于为样式添加文字注释。

步骤 5　设置文字效果。

“效果”选项组中的“颠倒”“反向”“垂直”复选框用于确定文字特殊的放置效果。“宽度因子”文本框用于设置文字的高宽比，当输入值大于 1 时，文字宽度放大，否则缩小。“倾斜角度”文本框用于设置文字的倾斜角度，默认值为 0(不倾斜)，向右倾斜时角度为正，反之为负。

说明：我国国标规定，工程图样中的汉字一般采用长仿宋体，故其高宽比应设置为 0.7。

步骤 6 单击“应用”按钮，可将所设置的文字样式设置为当前样式，应用于当前图形中。

5.1.2 创建与编辑单行文字

图 5-3 “文字”工具栏

“单行文字”命令用于创建单行或多行的文字对象，无论创建多少行，系统都会将每一行默认为一个独立对象。

执行“单行文字”功能方法：

菜单栏：单击菜单“绘图”→“文字”→“单行文字”
工具栏：单击“注释”工具区(图 5-3)“文字”按钮下倒三角符号，选择“单行文字”
命令行：在命令行输入 Dtext↙
快捷键：在命令行输入 DT↙

工程图中用到的许多特殊字符不能通过标准键盘直接输入，AutoCAD 提供了相应的控制码进行输入，常用特殊字符的控制码及其输入实例和输出效果见表 5-1。

表 5-1 常用特殊字符的控制码

控制码	意义	输入实例	输出效果
%%o	文字上划线开关	%%oAB%%oC	$\overline{AB}C$
%%u	文字下划线开关	%%uAB%%uC	$\underline{AB}C$
%%d	度数符号	45%%d	45°
%%p	正负号符号	50%%p0.3	50±0.3
%%c	直径符号	%%c10	ϕ10

使用系统默认样式创建单行文字，具体步骤如下。

步骤 1 激活“单行文字”输入命令。

步骤 2 在命令行“指定文字的起点或[对正(J)/样式(S)]：”提示下，在绘图区域拾取一点作为文字的插入点。

步骤 3 在命令行“指定高度〈2.5000〉：”提示下，输入字高值后按 Enter 键，设置文字高度。

步骤 4 在“指定文字的旋转角度〈0〉：”提示下，输入角度值(无需要可不输入)后按 Enter 键，采用当前设置。

步骤 5 此时绘图区域出现单行文字输入框，在输入框内输入内容。

步骤 6 按 Enter 键，结束“单行文字”输入命令。

5.1.3　创建与编辑多行文字

“多行文字”命令用于创建包含一个或多个文字段落的对象，可将其作为单一对象处理。

执行“多行文字”功能方法：

菜单栏：单击菜单“绘图”→“文字”→“多行文字”

工具栏：单击“注释”工具区(图 5-3)上的“多行文字”

命令行：在命令行输入 Mtext↙

快捷键：在命令行输入 T 或 MT↙

多行文字在如图 5-4 所示“文字格式”编辑器中创建。用户激活“多行文字”命令后，需要拾取两个角点，拉出一个矩形边界框，系统才会弹出此文字编辑器。该编辑器由“文字格式”工具栏和顶部带标尺的文字输入框组成。

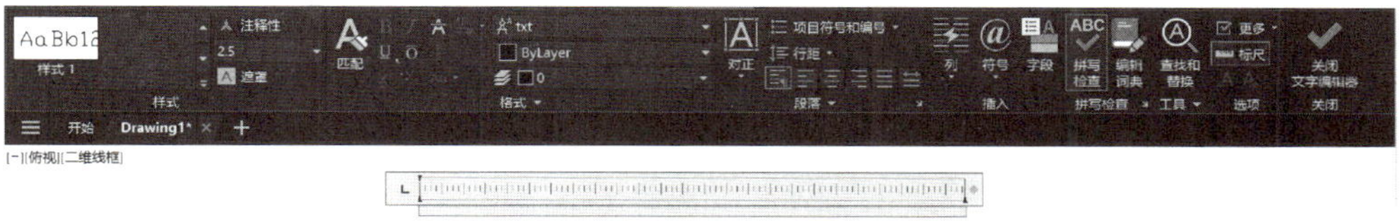

图 5-4　“文字格式”编辑器

1. 工具栏

文字格式编辑器的各部分主要功能如下。

(1) 样式。

样式：设置多行文字的文字样式。

文字高度：设置新字符高度或更改选定文字的高度。

(2) 格式。

字体：设置或修改文字的字体。

颜色：设置文字的颜色或更改选定文字的颜色。

粗体：设置输入文字或选定文字为粗体格式。

斜体：设置输入文字或选定文字为斜体格式。

下划线：为输入文字或选定文字设置下划线。

上划线：为输入文字或选定文字设置上划线。

堆叠：为输入文字或选定文字设置堆叠格式。

全部大写：修改英文字符为大写。

全部小写：修改英文字符为小写。

堆叠文字：是一种垂直对齐的文字或分数。使用方法为分别输入分子和分母，中间使用“/”“#”“^”进行分隔，然后选中需要堆叠的内容，单击“堆叠”按钮即可。

(3) 段落。

多行文字对正，设置多行文字对正方式。

编号：为段落文字进行编号。

行距：设置段落文字的行间距。

对正：设置段落文字为对正方式。

左对齐：设置段落文字为左对齐方式。

居中：设置段落文字为居中方式。

右对齐：设置段落文字为右对齐方式。

(4) 插入。

列：为段落文字分栏。

符号：插入特殊符号。

(5) 选项。

标尺：打开或关闭标尺。

(6) 拼写检查、工具、关闭文字编辑器等。

2. 文字输入框

文字输入框位于工具栏下方，如图 5-4 所示，主要用于输入和编辑文字对象，由标尺和文本框两部分组成。

标尺：设置首行文字及段落文字的缩进，还可以设置制表位。

文本框：在文本框内单击鼠标右键，弹出快捷菜单，其大部分选项功能与工具栏上各按钮的功能相对应。

创建多行文字的具体步骤如下。

步骤 1 激活“多行文字”输入命令。

步骤 2 在文字输入框内输入所需内容。

步骤 3 在“文字格式”工具栏设置文字字体、高度等属性。

步骤 4 单击“确定”按钮，完成“多行文字”命令，输入结果。

5.1.4 多行文字编辑

“编辑”命令用于编辑文字、标注文字和属性定义。

执行“编辑”功能方法：

菜单栏：单击菜单“修改”→“对象”→“文字”→“编辑”

命令行：在命令行输入 DDedit↙

快捷菜单：选择需编辑的文字对象，在绘图区域中单击鼠标右键，在弹出的快捷菜单中选择“编辑”命令命令行输入“DDedit”之后，提示“选择注视对象或[放弃(U)]：”要求选择想要修改的文字，同时光标变为拾取框。用拾取框拾取对象，如果选取的是单行文字，则可以对其直接进行修改；如果选取的是多行文字，则选取后将打开多行文字编辑器，对各项设置或者内容进行修改。

5.2 表格

表格是一种按照行和列包含文字数据的对象，用于展示与图形相关的标准、数据信息、材料信息等内容，常用于图纸的技术参数、明细表等，它和文字一样同属于非图形数据，是工程图纸中不可缺少的部分。使用绘制表格功能，不仅可以直接使用软件默认的格式制作表格，还可以根据自己的需要定制表格，同时也可以从 Microsoft Excel 中直接复制表格，还可以输出来自 AutoCAD 的表格数据，供其在其他程序中使用。

5.2.1 创建表格样式

“表格样式”控制表格对象的外观。表格样式包括背景颜色、页边距、边界、文字和其他表格特征的设置。绘制表格时，首先要创建表格样式，然后再创建表格。

执行“表格样式”功能方法：

菜单栏：单击菜单“格式”→“表格样式”

工具栏：单击“注释”工具区“▼”符号，展开后选择按钮，弹出如图 5-5 所示对话框

命令行：在命令行输入 TableStyle↙

快捷键：在命令行输入 TS↙

执行“表格样式”功能后可打开如图 5-5 所示“表格样式”对话框，在此对话框中进行表格参数的设置，具体步骤如下。

步骤 1　打开“表格样式”对话框。

步骤 2　设置表格样式名。

“样式”选项组，用于表格样式的建立、修改和删除操作。

在“样式”选项组中，单击“新建”按钮，弹出“创建新的表格样式”对话框，用于为新建的表格样式进行命名。

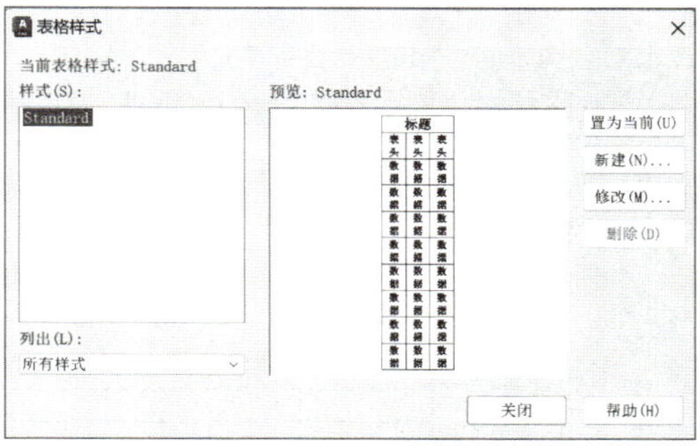

图 5-5　“表格样式“对话框

在“新样式名”文本框中输入新的表格样式名称，如“表格样式 - 1”；在“基础样式”下拉列表中，选择新的原始样式“Standard”，该原始样式为新样式提供默认设置。单击“继

续”按钮，打开“新建表格样式”对话框，如图 5-6 所示。

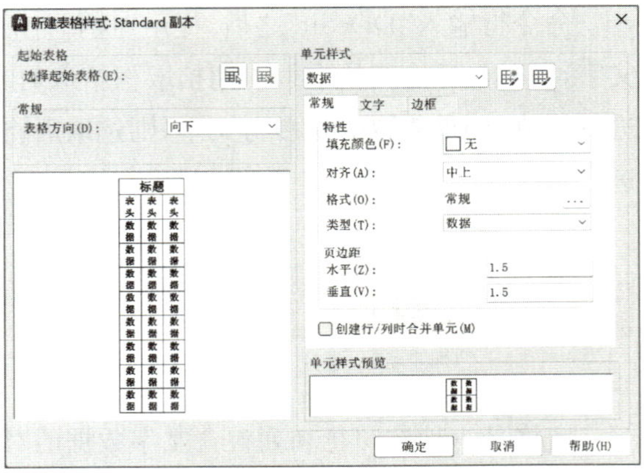

图 5-6 “新建表格样式”对话框

步骤 3 设置起始表格。

“起始表格”选项组，可以在图形中指定一个表格作为样例来设置此表格样式的格式，选择表格后可以指定要从该表格复制到表格样式的结构和内容。

步骤 4 设置表格方向。

“常规”选项组，用于设置表格的方向。向下，可创建从上向下读取的表格对象，标题行和表头行位于表格的顶部；向上，可创建从下向上读取的表格对象，标题行和表头行位于表格的底部。

步骤 5 设置单元样式。

在“单元样式”下拉列表中，可以选择“数据”“标题”“表头”，同时可以根据需要创建新单元样式，单击右侧图标，弹出“创建新单元样式”对话框，用于指定新单元样式名称，并指定单元样式所基于的现有单元样式。单击右侧图标，弹出“管理单元样式”对话框，用于显示当前表格样式中的所有单元样式，并使用户可以创建删除单元样式。

在“常规”选项卡中，可以设置表格填充颜色、对齐方式、格式、类型以及页边距；在“文字”选项卡中，可以设置表格文字样式、高度、颜色、角度；在“边框”选项卡中，可以设置表格线宽、线性、颜色等特性。

步骤 6 单击“确定”按钮，可将所设置的表格样式设置为当前样式，应用于当前图形中。

5.2.2 管理表格样式

表格样式控制表格对象的外观，表格样式默认为“Standard”，也可以根据需要创建新的表格样式。“Standard”表格的外观如图 5-7 所示，第一行是标题行，第二行是表头行，其他行是数据行。

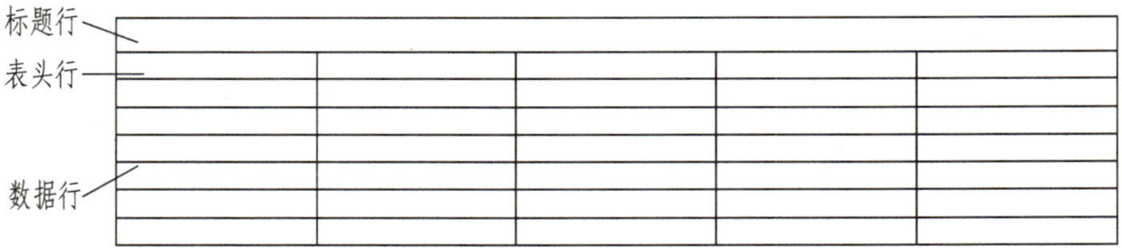

图 5-7 “Standard”表格样式外观

在 AutoCAD 2025 中，可以使用“表格样式”对话框（图 5-5）管理图形中的表格样式。

在“表格样式”对话框的“当前表格样式”后面，显示当前使用的表格样式；在“样式”列表中显示了当前图形所包含的表格样式；在“预览”窗口中显示了选中表格的样式；在“列出”下拉列表中，可以选择“样式”列表是显示图形中的所有样式还是正在使用的样式。

此外，在“表格样式”对话框中，还可以单击“置为当前”按钮，将选中的表格样式设置为当前；单击“修改”按钮，弹出“修改表格样式”对话框，用于修改已有表格的参数；单击“删除”按钮，删除选中的表格样式。

5.2.3 创建表格

“表格”命令用于为当前图形插入表格对象，表格插入后可以为表格填充表格文字。

执行“表格”功能方法：

菜单栏：单击菜单“绘图”→“表格”

工具栏：单击“注释”工具栏上的▦按钮，弹出如图 5-8 所示对话框

命令行：在命令行输入 Table↙

快捷键：在命令行输入 TB↙

执行“表格”功能后，打开如图 5-8 所示“插入表格”对话框，可进行表格的设置，具体步骤如下。

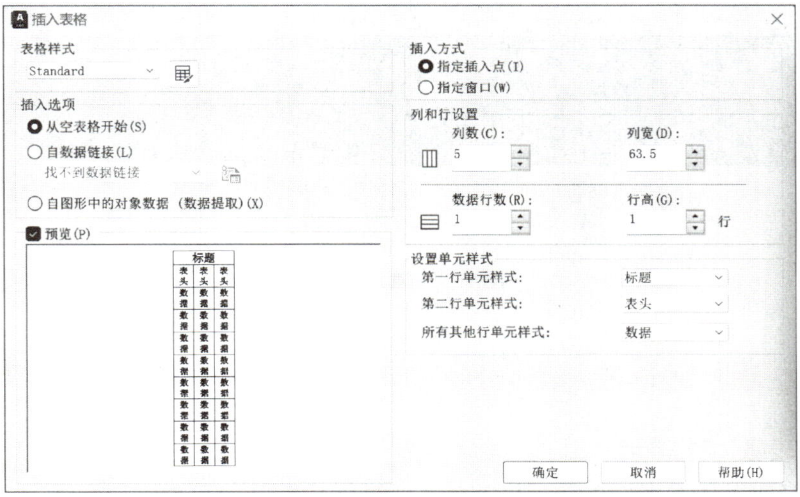

图 5-8 “插入表格”对话框

步骤 1 打开“插入表格”对话框。

步骤 2 设置表格样式。

“表格样式”下拉列表框用于选择系统提供的或者用户已经创建好的表格样式，默认样式为“Standard”。可以通过下拉列表右侧的▦按钮修改所选择的表格样式。

步骤 3 设置插入选项。

“插入选项”选项组用于确定表格插入方式。“从空表格开始”可创建可以手动填充数据的空表格；“自数据连接”可从外部电子表格中的数据创建表格；“自图形中的对象数据”可启动“数据提取”向导。

步骤 4 设置插入方式。

“插入方式”选项组用于指定表格的位置。其中的“指定插入点”单选按钮，可以在绘图区域中的某点插入固定大小的表格，当拖动表格到合适的位置后，单击鼠标左键，即可完成表格的创建。“指定窗口”单选按钮，可以在绘图区域中通过拖动表格边框来创建任意大小的表格。

步骤 5 设置列和行。

“列和行”选项组用于设置表格的“列数”“列宽”“数据行数”“行高”四个单元，设置完成后可通过“预览”窗口查看设置效果。

步骤 6 设置单元样式。

“设置单元样式”选项组用于设置每一行是“标题”“表头”还是“数据”样式，包括“第一行单元样式”“第二行单元样式”“所有其他行单元样式”。

步骤 7 单击“确定”按钮，即可在绘图区域插入一个表格，此时表格最上一行处于文字编辑状态，如图 5-9 所示。

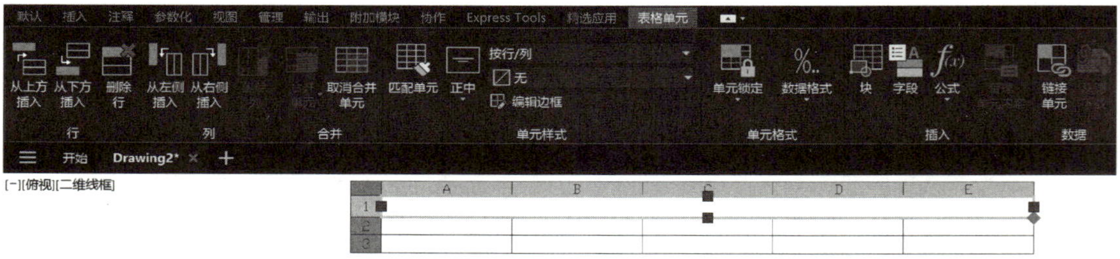

图 5-9 插入的表格

5.2.4 编辑表格、表格单元和文字

1. 编辑表格、表格单元

选中表格或者任意表格单元，单击右键，通过弹出的快捷可对其进行剪切、复制、移动、缩放和旋转等简单操作，还可以均匀调整表格的行列大小。还可通过“表格单元”工具栏中的相关命令进行操作。选中整个表格后，在表格的四周、标题行上将显示许多夹点，也可以通过拖动这些夹点来编辑表格。

2. 编辑表格和文字

使用表格特性修改窗口（图 5-10），可完成单元格的宽度、高度、文字对齐方式、背景填充颜色、边界线宽和边界颜色等修改，也可以对文字内容、文字样式、文字高度、文字旋转及文字颜色等内容进行修改。

对表格中文字样式的某些修改不能直接应用在表格中，这时可以单独对表格中的文字进行编辑。表格中文字的大小会决定表格单元格的大小，如果表格中某一行中的一个单元格发生变化，它所在的行也会发生变化。

双击要修改的单元格的文字，弹出“文字格式”工具栏，此时可对单元格的文字进行编辑。

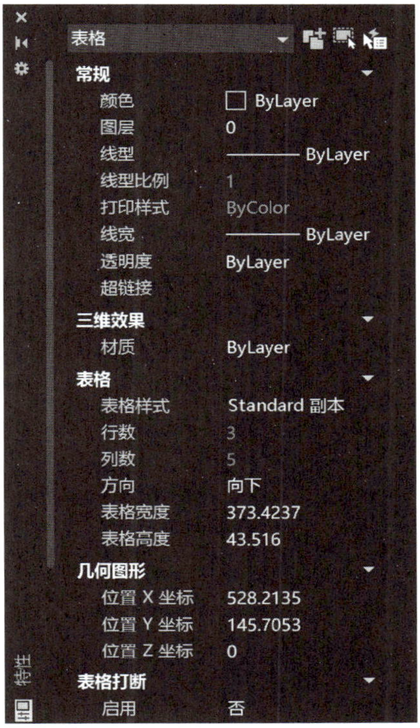

图 5-10　表格特性修改窗口

5.2.5　表格创建与编辑实例

下面以机械制图中的标题栏为例，学习表格创建及编辑的方法和具体的编辑技巧。

标题栏结构由于分割线不齐，所以可以先绘制一个列数为 28、行数为 5(每个单元格的尺寸为 5×8)的标准表格，然后在此基础上编辑合并单元格，形成如图 5-11 所示标题栏形式。

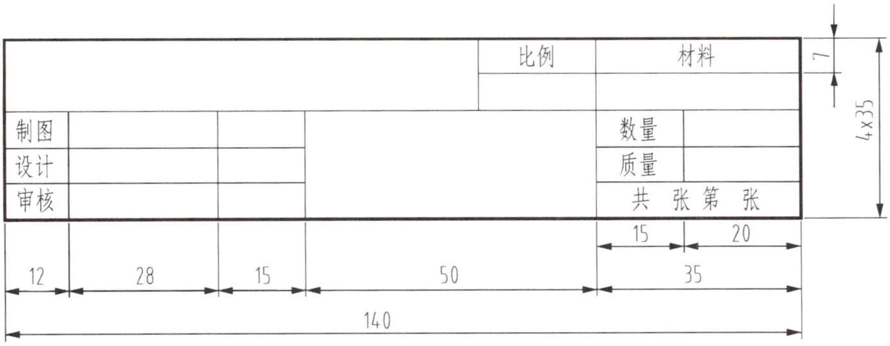

图 5-11　标题栏

步骤 1　创建表格样式。

单击菜单栏中的“格式”→“表格样式”命令，打开“表格样式”对话框，单击“新建”按钮，创建新的表格样式“标题栏”。单击“继续”按钮，弹出“新建表格样式：标题栏”对话框，在“单元样式”下拉列表中分别选择“标题”“表头”“数据”选项，在“文字”选项卡中设置“文字高度”为 2.5。单击“常规”选项卡，将“页边距”选项组中的“水平”和“垂直”都设置为 1。单击“确定”按钮，返回“表格样式”对话框，单击“关闭”按钮退出，完成表格样式的创建。

步骤 2　插入表格，设置表格样式。

单击“绘图”工具栏中的“表格”按钮，打开“插入表格”对话框，在“行和列设置”选项组中将“列数”设置为 28，将“列宽”设置为 5，将“数据行数”设置为 3（加上标题行和表头共 5 行），将“行高”设置为 1。在“设置单元样式”选项组中将“第一行单元样式”“第二行单元样式”和“所有其他行单元样式”均设置为“数据”。

步骤 3　生成表格。

设置完表格内容之后，单击“确定”按钮，系统生成表格。在绘图区单击一点，放置表格，同时打开多行文字编辑器，按 Enter 键，如图 5-12 所示。

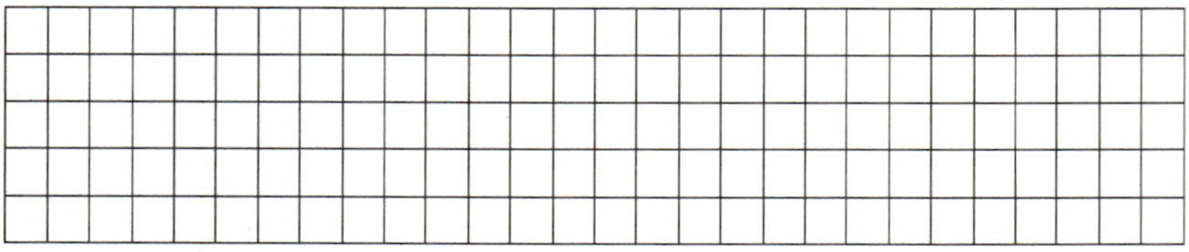

图 5-12　生成表格

步骤 4　设置单元格高度。

选择表格中的一个单元格，系统显示其编辑夹点。单击鼠标右键，在打开的快捷菜单栏中选择“特性”命令，打开“特性”对话框，将“单元高度”设置为 7，该单元格所在行高就统一改为 7。同样的方法，可以更改其他行的行高。

步骤 5　合并单元格。

选择 A1 单元格，按住 Shift 键，同时选择右侧 17 个单元格和下方 2 行单元格，选择表格工具栏上的“合并”→“全部”命令，如图 5-13 所示，被选中的单元格合并为一个单元格。采用同样的方法合并其他单元格，绘制结果如图 5-14 所示。

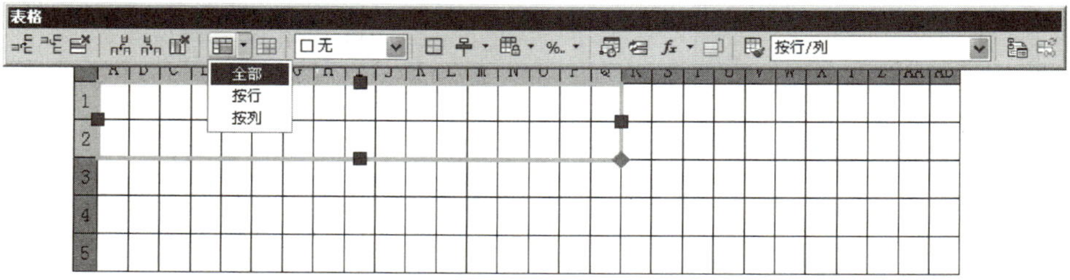

图 5-13　合并单元格

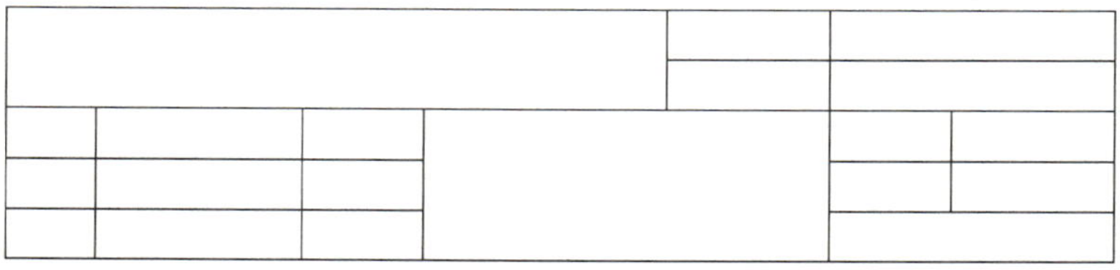

图 5-14　完成表格绘制

步骤 6　输入文字。

双击单元格，打开文字编辑器，在单元格中输入文字，将文字高度设置为 3，如图 5-15 所示。采用同样的方法输入其他单元格文字，绘制结果如图 5-16 所示（可将绘制好的标题栏做成块备用）。

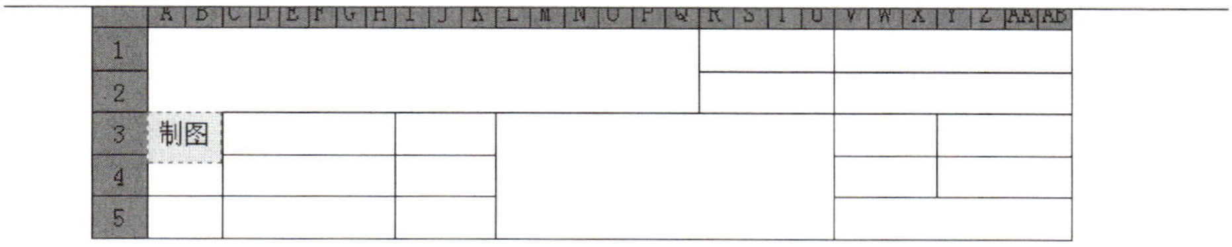

图 5-15　输入标题栏文字

				比例	材料	
制图					数量	
设计					质量	
审核					共　张第　张	

图 5-16　完成标题栏文字输入

5.3　尺寸标注

尺寸标注是绘图设计工作中重要的环节，它能够表达图形中各个对象的真实大小、相互位置。AutoCAD 包含了一套完整的尺寸标注命令和使用程序，可以轻松完成图纸中要求的尺寸标注。

5.3.1　创建设置标注样式

“标注样式”用于设置和修改各具特色的尺寸样式工具。

执行“标注样式”功能方法：

菜单栏：单击菜单“格式”→“标注样式”

工具栏：单击“注释”工具区“▼”符号，展开后选择按钮，弹出如图 5-17 所示对话框

命令行：在命令行输入 Dimstyle↙

快捷键：在命令行输入 D↙

执行“标注样式”功能之后，可打开如图 5-17 所示“标注样式管理器”对话框，可方便、直观地定制和浏览尺寸样式，包括产生新的标注样式、修改已存在的样式、设置当前尺寸标注样式、样式重命名以及删除一个已有样式等，具体步骤如下。

步骤 1 打开“标注样式管理器”对话框。

步骤 2 设置标注样式名。

“样式”选项组用于标注样式的建立、命名和删除操作。

在“样式”选项组中单击“新建”按钮，弹出如图 5-18 所示“创建新标注样式”对话框，用于为新建的标注样式命名。

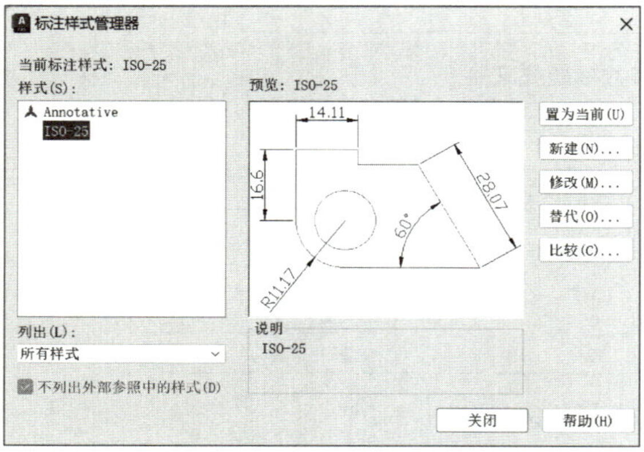

图 5-17 “标注样式管理器”对话框

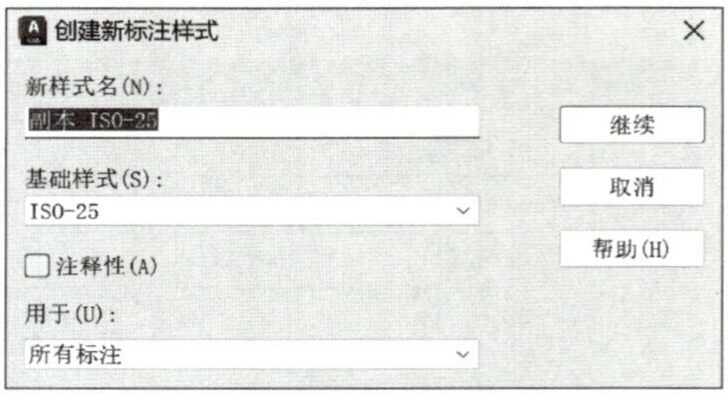

图 5-18 “创建新标注样式”对话框

单击“修改”按钮，弹出如图 5-19 所示“修改标注样式”对话框，用于修改一个已存在的尺寸标注样式，其操作过程与“创建新标注样式”基本相同。

单击“替代”按钮，弹出“替代当前样式”对话框，用于设置临时覆盖尺寸标注样式，这种修改只对指定的尺寸标注起作用，而不影响当前尺寸变量的设置。

单击“比较”按钮，弹出“比较标注样式”对话框，用于比较两个尺寸标注样式在参数上的区别与浏览一个尺寸标注样式的参数设置，用户可以把比较结果复制到剪贴板上，再粘贴到其他的 Windows 应用软件上。

步骤 3 设置标注线型。

“修改标注样式”对话框中的第一个选项卡就是“线”，如图 5-19 所示。该选项卡用于设置尺寸线、尺寸界线的形式和特性。

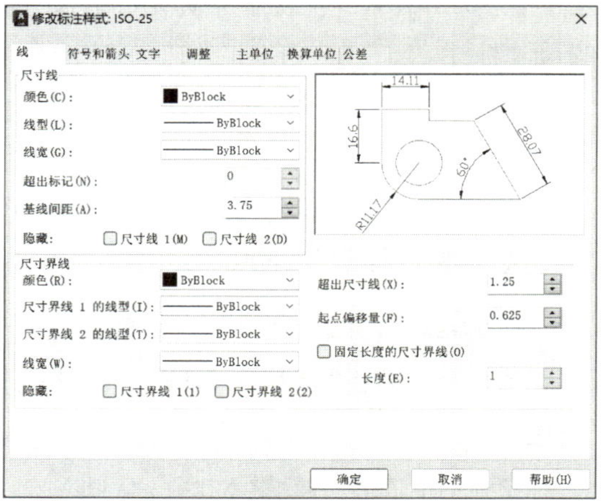

图 5-19 “修改标注样式”对话框

● “尺寸线”选项组：设置尺寸线的特性。

“颜色”下拉列表框：设置尺寸线的颜

色。可直接输入颜色名称，也可从下拉列表框中选择。如果选择“选择颜色”选项，则系统将打开“选择颜色”对话框供用户选择其他颜色。

“线型”下拉列表框：设置尺寸线的线型，其下拉列表中列出了各种线型的名称。

“线宽”下拉列表框：设置尺寸线的线宽，其下拉列表中列出了各种线宽的名称和宽度。

“超出标记”微调框：当尺寸箭头设置为短斜线、短波浪线，或尺寸线上无箭头时，可利用此微调框设置尺寸线超出尺寸界线的距离。

“基线间距”微调框：设置以基线方式标注尺寸时，相邻两尺寸线之间的距离。

“隐藏”复选框组：确定是否隐藏尺寸线及相应的箭头。选中“尺寸线 1”复选框，隐藏第一段尺寸线；选中“尺寸线 2”复选框，隐藏第二段尺寸线。

- “尺寸界线”选项组：确定尺寸界线的形式。

“颜色”下拉列表框：设置尺寸界线的颜色。

“线宽”下拉列表框：设置尺寸界线的线宽。

“超出尺寸线”微调框：确定尺寸界线超出尺寸线的距离。

“起点偏移量”微调框：确定尺寸界线的实际起始点相对于指定的尺寸界线的起始点的偏移量。

“固定长度的尺寸界线”复选框：选中该复选框，系统以固定长度的尺寸界线标注尺寸，在下面的“长度”文本框中输入长度值。

“隐藏”复选框组：确定是否隐藏尺寸界线。选中“尺寸界线 1”复选框，隐藏第一段尺寸界线；选中“尺寸界线 2”复选框，隐藏第二段尺寸界线。

尺寸样式显示框：在“修改标注样式”对话框的右上方是一个尺寸样式显示框，该框以样例的形式显示用户设置的尺寸样式。

步骤 4　设置标注符号和箭头。

在“修改标注样式”对话框中的第二个选项卡就是“符号和箭头”，如图 5-20 所示。该选项卡用于设置箭头、圆心标记、弧长符号和半径标注折弯的形式和特性。

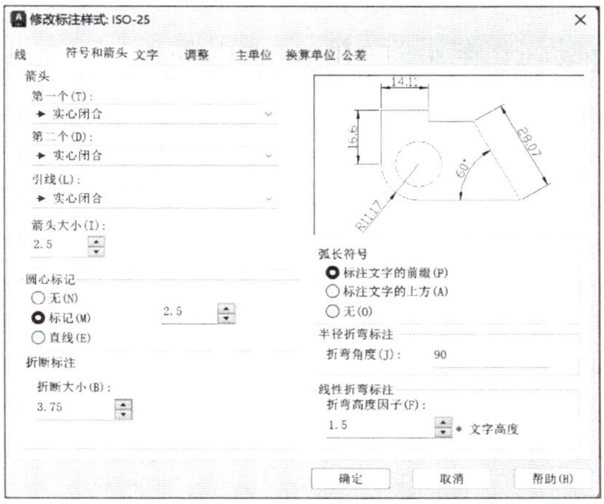

图 5-20　“符号和箭头”选项卡

- “箭头”选项组：AutoCAD 提供了多种多样的箭头形状用于设置尺寸箭头的形式，列在“第一个”和“第二个”下拉列表框中。另外，还允许采用用户自定义箭头的形状。两个尺寸箭头可以采用相同形式，也可采用不同的形式。

“第一个”下拉列表框：用于设置第一个尺寸箭头的形式。可单击右侧小箭头从下拉列表中选择，其中列出了各种箭头形式的名称以及各类箭头的形状。一旦确定了第一个箭头的类型，则第二个箭头将自动与其匹配，要想第二个箭头取不同的形状，可在“第二个”下拉列表框中设定。

如果在列表中选择了“用户箭头”，则打开“选择自定义箭头块”对话框。可以事先把自定义的箭头保存为一个图块，在此对话框中输入该图块名即可。

“第二个”下拉列表框：确定第二个尺寸箭头的形式，可与第一个箭头不同。

“引线”下拉列表框：确定引线箭头的形式，与“第一个”设置类似。

“箭头大小”微调框：设置箭头的大小。

● “圆心标记”选项组。

“无”单选按钮：既不产生中心标记，也不产生中心线，如图 5-21 所示。

“标记”单选按钮：中心标记为一个记号。

“直线”单选按钮：中心标记采用中心线的形式。

“大小”微调框：设置中心标记和中心线的大小和粗细。

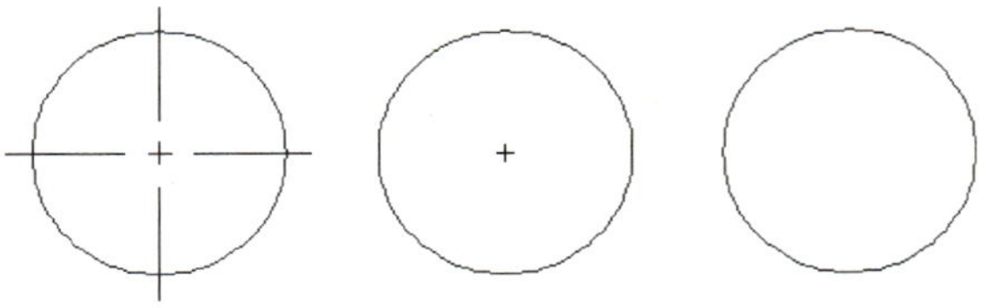

图 5-21　圆心标记

● “弧长符号”选项组：控制弧长标注中圆弧符号的显示。

“标注文字的前缀”单选按钮：将弧长符号放在标注文字的前面。

“标注文字的上方”单选按钮：将弧长符号放在标注文字的上方。

“无”单选按钮：不显示弧长符号。

● “半径折弯标注”选项组：控制折弯（Z 字形）半径标注的显示。折弯半径标注通常在中心点位于页面外部时创建。在“折弯角度”文本框中可以输入连接半径标注的尺寸界线和尺寸线横向直线的角度。

● “线形折弯标注”选项组：控制线形标注折弯的显示。当标注不能精确表示实际尺寸时，通常将折弯线添加到线形标注中。

● “折断标注”选项组：控制折断标注的间距宽度。

步骤 5　设置标注文字。

在“修改标注样式”对话框中的第三个选项卡就是“文字”，如图 5-22 所示。该选项卡用于设置尺寸文本的外观、位置和对齐方式等。

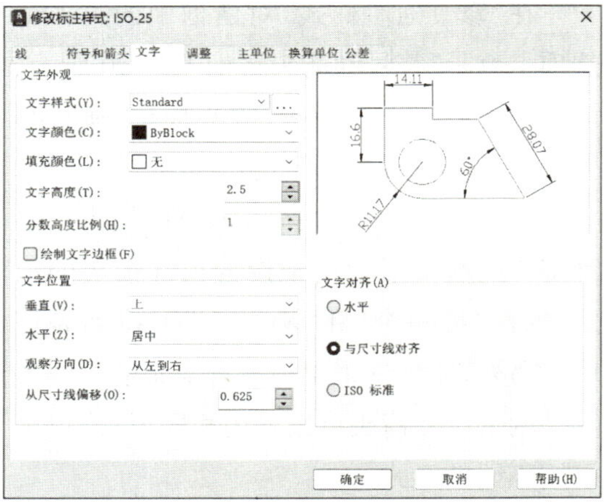

图 5-22　“文字”选项卡

● “文字外观”选项组。

“文字样式”下拉列表框：选择当前尺

寸文本采用的文本样式。可单击右侧小箭头，从下拉列表中选取一个样式，也可单击右侧的[…]按钮，打开“文字样式”对话框，以创建新的文本样式或对文本样式进行修改。

“文字颜色”下拉列表框：设置尺寸文本的颜色，其操作方法与设置尺寸线颜色的方法相同。

“文字高度”微调框：设置尺寸文本的文字高度。如果选用的文本样式中已设置了具体的文字高度（不为 0），则此处的设置无效；如果文本样式中设置的文字高度为 0，则以此处的设置为准。

“分数高度比例”微调框：确定尺寸文本的比例系数。

“绘制文字边框”复选框：选中此复选框，尺寸文本周围将加上边框。

● “文字位置”选项组。

“垂直”下拉列表框：确定尺寸文本相对于尺寸线在垂直方向的对齐方式。单击右侧的小箭头弹出下拉列表，选择垂直对齐方式。

“水平”：确定尺寸文本相对于尺寸线在水平方向的对齐方式。单击右侧的小箭头弹出下拉列表，选择水平对齐方式。

“观察方向”：尺寸数字的显示顺序。

“从尺寸线偏移”：尺寸线与尺寸数字之间的垂直距离。

● “文字对齐”选项组：用于控制尺寸文本排列的方向。

“水平”单选按钮：尺寸文本沿水平方向放置。不论标注什么方向的尺寸，尺寸文本总保持水平。

“与尺寸线对齐”单选按钮：尺寸文本沿尺寸线方向放置。

“ISO 标准”单选按钮：当尺寸文本在尺寸界线之间，沿尺寸线方向放置；当尺寸文件在尺寸界线之外时，沿水平方向放置。

步骤 6　设置标注调整。

在“修改标注样式”对话框的第四个选项卡就是“调整”，如图 5-23 所示。该选项卡根据两条尺寸界线的空间，设置将尺寸文本、尺寸箭头放在两条尺寸界线的里边还是外边。如果空间允许，AutoCAD 总是把尺寸文本和箭头放在尺寸界线的里边；如果空间不够，则根据本选项卡的各项设置放置。

● “调整选项”选项组。

“文字或箭头（最佳效果）”单选按钮：按以下方式放置尺寸文本和箭头。

如果空间允许，则把尺寸文本和箭头都放在两条尺寸界线之间；如果两条尺寸界线

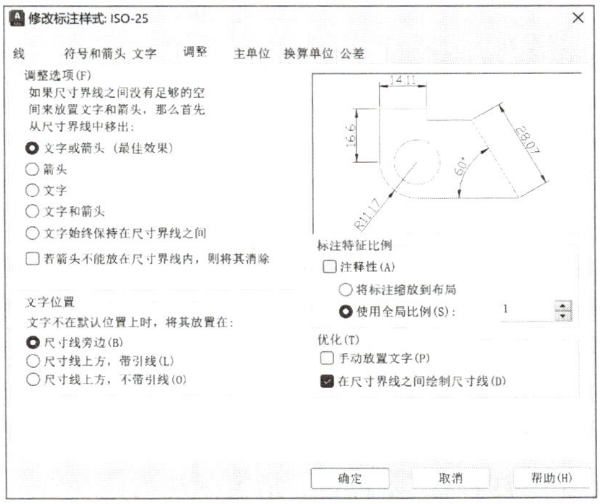

图 5-23　“调整”选项卡

之间只够放置尺寸文本，则把文本放在尺寸界线之间，而把箭头放在尺寸界线的外边；如果只够放置箭头，则把箭头放在里边，把文本放在外边；如果两条尺寸界线之间既放不下文本，也放不下箭头，则把二者皆放在外边。

“箭头”单选按钮：按以下方式放置尺寸文本和箭头。

如果空间允许，则把尺寸文本和箭头都放在两条尺寸界线之间；如果空间只够方下箭头，则把箭头放在里边，把文本放在外边；如果尺寸界线的空间放不下箭头，则把箭头和文本皆放在外边。

“文字”单选按钮：按以下方式放置尺寸文本和箭头。

如果空间允许，则把尺寸文本和箭头都放在两条尺寸界线之间，否则把文本放在尺寸界线之间，把箭头放在外边；如果尺寸界线之间的空间放不下尺寸文本，则把文本和箭头都放在外边。

“文字和箭头“单选按钮：如果空间允许，则把尺寸文本和箭头都放在两条尺寸界线之间，否则把文本和箭头都放在尺寸界线外边。

“文字始终保持在尺寸界线之间”单选按钮：把尺寸文本和箭头都放在两条尺寸界线之间。

“若箭头不能放在尺寸界线内，则将其消除”复选框：当尺寸界线之间的空间不够时省略尺寸箭头。

● “文字设置”选项组：设置尺寸文本的位置。

“尺寸线旁边”单选按钮：把尺寸文本放在尺寸线的旁边，如图 5-24(a)所示。

“尺寸线上方，带引线”单选按钮：把尺寸文本放在尺寸线的上方，并用引线与尺寸线相连，如图 5-24(b)所示。

“尺寸线上方，不带引线”单选按钮：把尺寸文本放在尺寸线的上方，中间无引线，如图 5-24(c)所示。

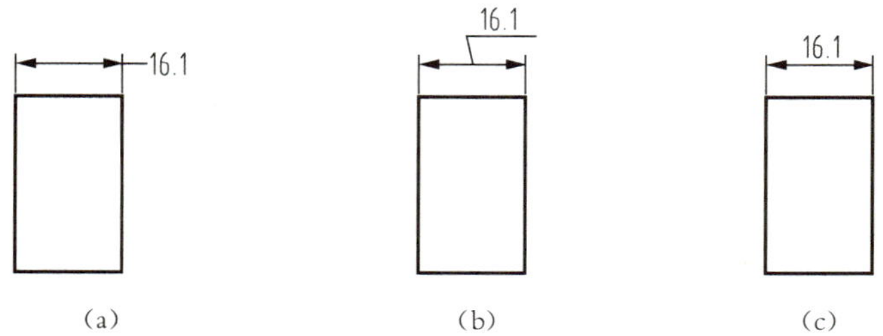

图 5-24　尺寸文本的位置

● “标注特征比例”选项组。

“注释性”复选框：指定标注为注释性。

“使用全局比例”单选按钮：确定尺寸的整体比例系数。其后面的“比例值”微调框可以用来选择需要的比例。

“将标注缩放到布局”单选按钮：确定图纸空间内的比例系数，默认值为 1。

● “优化”选项组：设置附加的尺寸文本布置选项。

“手动放置文字”复选框：标注尺寸时由用户确定尺寸文本的放置位置，忽略前面的对齐设置。

“在尺寸界线之间绘制尺寸线”复选框：不论尺寸文本在尺寸界线里边还是外边，均在两条尺寸界线之间绘出一条尺寸线；否则，当尺寸界线内放不下尺寸文本而将其放在外边时，尺寸界线之间无尺寸线。

步骤 7　设置标注主单位。

在“修改标注样式”对话框中的第五个选项卡就是“主单位”，如图 5-25 所示。该选项卡用于设置尺寸标注的主单位和精度，以及给尺寸文本添加固定的前缀或后缀。本选项卡包含 5 个选项组，分别对长度型标注和角度型标注进行设置。

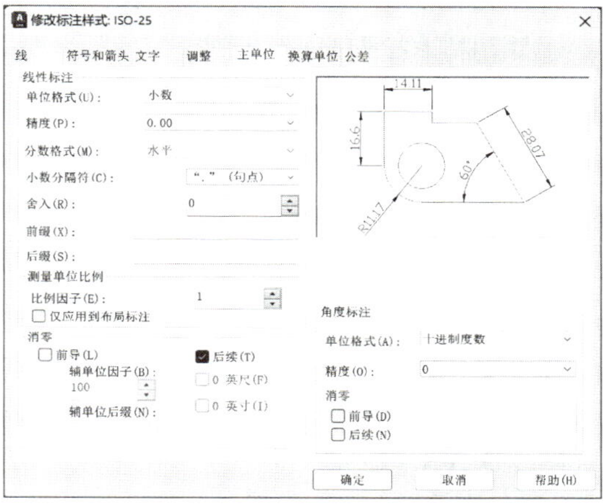

图 5-25　“主单位”选项卡

● “线性标注”选项组：标注长度型尺寸所采用的单位和精度。

“单位格式”下拉列表框：确定标注尺寸时使用的单位制（角度型尺寸除外）。在该下拉菜单列表中，提供了“科学”“小数”“工程”“建筑”“分数”和“Windows 桌面”6 种单位制，可根据需要进行选择。

“分数格式”下拉列表框：设置分数的形式，提供了“水平”“对角”“非堆叠”3 种形式供选用。

“小数分隔符”下拉列表框：确定十进制单位（Decimal）的分隔符，提供了 3 种形式，即点（.）、逗点（,）和空格。

“舍入”微调框：设置除角度之外的尺寸测量的圆整规则。在文本框中输入一个值，如果输入“1”，则所有测量值均圆整为整数。

“前缀”文本框：设置固定前缀。可以输入文本，也可以用来控制符产生特殊字符，这些文本被加在所有尺寸文本之前。

“后缀”文本框：给尺寸标注固定后缀。

● “测量单位比例”选项组：确定 AutoCAD 自动测量尺寸时的比例因子。其中“比例因子”微调框用来设置除角度之外所有尺寸测量的比例因子。例如，用户确定比例因子为 2，则实际测量为 1 的尺寸标注为 2。

如果选中“仅应用到布局标注”复选框，则设置的比例因子只适用于布局标注。

● “消零”选项组：设置是否省略标注尺寸时的 0。

“前导”复选框：省略尺寸值处于高位的 0。例如，0.50000 标注为.50000。

“后续”复选框：省略尺寸值小数点后末尾的 0。例如，12.5000 标注为 12.5，而 30.0000 标注为 30。

“0 英尺”复选框：采用“工程”和“建筑”单位制时，如果尺寸值小于 1 英尺，省略英尺。例如，0′-6 1/2″标注为 6 1/2″。

“0 英寸”复选框：采用“工程”和“建筑”单位制时，如果尺寸值是整数英尺，省略英寸。例如，1′-0″标注为 1′。

● “角度标注”选项组：设置标注角度时采用的角度单位。

“单位格式”下拉列表框：设置角度单位制。

“精度”下拉列表框：设置角度型尺寸标注的精度。

● “消零”选项组：设置是否省略标注角度时的 0。

步骤 8 设置标注换算单位。

在“修改标注样式”对话框中的第六个选项卡就是“换算单位”，如图 5-26 所示。该选项卡用于指定标注测量值中换算单位的显示，并设定其格式和精度。

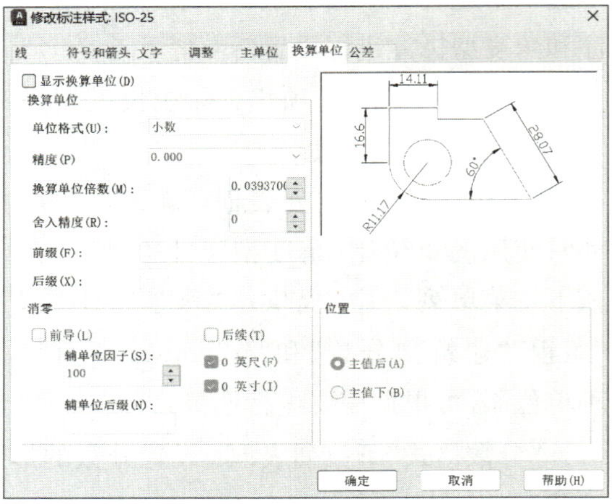

图 5-26 “换算单位”选项卡

● “显示换算单位”复选框：向标注文字添加换算测量单位。

● “换算单位”选项组：显示和设定除角度之外的所有标注类型的当前换算单位格式。

“单位格式”下拉列表框：设定换算单位的单位格式。

“精度”下拉列表框：设定换算单位中的小数位数。

“换算单位倍数”微调框：指定一个乘数，作为主单位和换算单位之间的转换因子使用。

“舍入精度”微调框：设定除角度之外的所有标注类型的换算单位的舍入规则。

“前缀”文本框：设置替换单位文本的固定前缀。例如，输入控制代码“%%C”显示直径符号。

“后缀”文本框：设置替换单位文本的固定后缀。例如，在标注文字中输入“cm”显示单位符号。

● “消零”选项组：设置是否省略标注尺寸时的 0。

● “位置”选项组：设置标注文字中换算单位的位置。

“主值后”单选按钮：将换算单位放在标注文字中的主单位之后。

“主值下”单选按钮：将换算单位放在标注文字中的主单位下面。

步骤 9　设置标注公差。

在“修改标注样式”对话框中的第七个选项卡就是“公差”，如图 5-27 所示。该选项卡用于确定标注公差的方式。

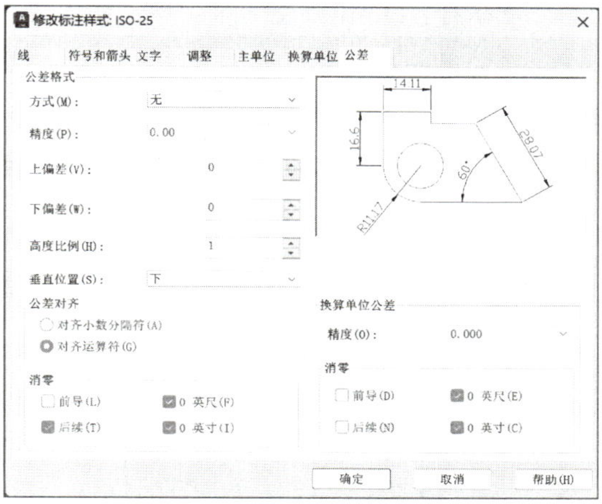

图 5-27　“公差”选项卡

- “公差格式”选项组：设置公差的标注方式。

“方式”下拉列表框：设定计算公差的方法。单击右侧的箭头，弹出下拉列表框，AutoCAD 提供 5 种标注公差的形式供用户选择。其中，“无”表示不标注公差；“对称”表示标注公差的正/负表达式，其中一个偏差量的值应用于标注测量值；“极限偏差”表示标注公差的正/负表达式；“极限尺寸”创建极限标注；“基本尺寸”创建基本标注，将在整个标注范围周围显示一个框。

“精度”下拉列表框：确定公差标注的小数位数。

“上偏差”微调框：设定最大公差或上偏差。

“下偏差”微调框：设定最小公差或下偏差。

“高度比例”微调框：设定公差文字的当前高度。

“垂直位置”下拉列表框：控制对称公差和极限公差的文本对齐方式。

- “公差对齐”选项组：堆叠时，控制上下偏差值的对齐。
- “消零”选项组：设置是否省略标注尺寸时的 0。
- “换算单位公差”选项组：设定换算公差单位的格式，其中只有一个参数即“精度”，以显示和设定小数位。

步骤 10　单击“确定”按钮，可将所设置的标注样式设置为当前样式，应用于当前图形的尺寸标注中。

5.3.2　线性尺寸标注

“线性尺寸标注”用于标注两点之间的水平或者垂直尺寸。

执行“线性尺寸标注”功能方法：

菜单栏：单击菜单“标注”→“线性”

工具栏：“注释”工具区上的按钮

命令行：在命令行输入 Dimlinear↙

执行“线性”命令标注矩形的长度和宽度尺寸的步骤如下。

步骤 1　绘制长为 40、宽为 20 的矩形。

步骤 2 激活“线性”命令，根据命令行提示标注水平长度尺寸，如图 5-28 所示。

命令行：Dimliner↙
指定第一个尺寸界线原点或〈选择对象〉：　　(捕捉标注对象的端点)
指定第二条尺寸界线原点：　　(捕捉标注对象的另一端点)
指定尺寸线位置或[多行文字(M)/文字(T)/角度(A)/水平(H)/垂直(V)/旋转(R)]：
(在适当位置指定点或者输入选项)

步骤 3 重复执行“线性”命令，标注垂直宽度尺寸，如图 5-29 所示。

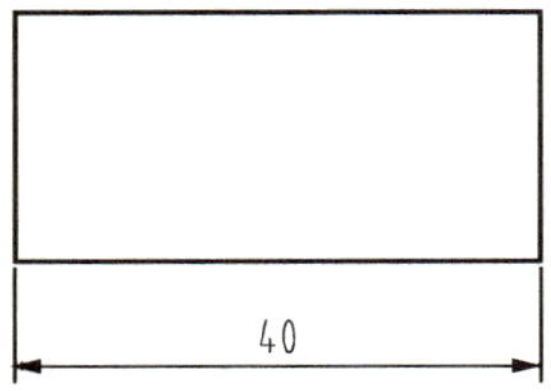

图 5-28　标注水平尺寸

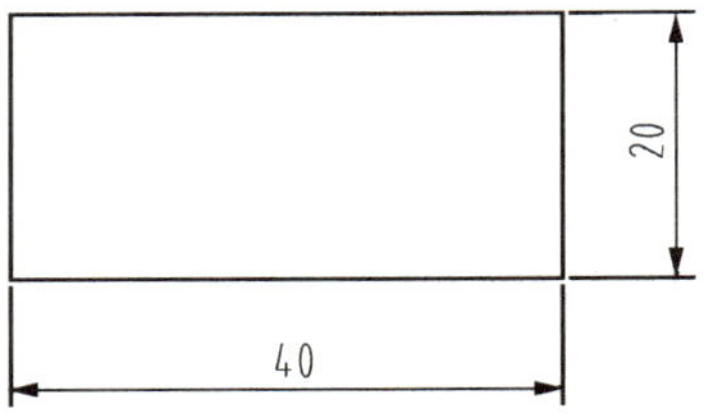

图 5-29　标注垂直尺寸

各选项的功能如下。

- 多行文字(M)：用户可在系统实际测量值前面或后面添加尺寸前缀和后缀，也可修改尺寸内容为多行文本。例如，在长度尺寸测量值输入控制码“%%c”为其添加直径符号。
- 文字(T)：为当前尺寸文字添加前后缀，或对当前尺寸文字进行修改编辑，只不过它是通过命令行输入的形式修改尺寸文字。选择此项后，命令行提示“输入标注文字〈默认值〉：”。
- 角度(A)：设置尺寸文字的倾斜角度，选择此项后，命令行提示“指定标注文字的角度：”。用户可输入角度放置尺寸文字。
- 水平(H)：水平标注尺寸，无论标注什么方向的线段，尺寸线均水平放置。
- 垂直(V)：垂直标注尺寸，无论被标注线沿什么方向，尺寸线均垂直放置。
- 旋转(R)：设置尺寸线的旋转角度。选择此项后，命令行提示“指定尺寸线的角度：”。用户可通过输入角度来创建旋转型尺寸。

5.3.3　半径、直径标注

1. 半径标注

“半径”用于标注圆或圆弧的半径尺寸。

执行“半径”功能方法：

菜单栏：单击菜单“标注”→“半径”
工具栏：点击“注释”工具区上的按钮下的“▼”符号，选择按钮
命令行：在命令行输入 Dimradius↙

执行“半径”命令标注圆或圆弧的半径尺寸的步骤如下。

步骤 1　绘制圆弧、圆。

步骤 2　激活“半径”命令，根据命令行提示标注半径尺寸，如图 5-30 所示。

命令行：Dimradius↙

选择圆或圆弧：　(接选中圆或圆弧)

指定尺寸线位置或[多行文字(M)/文字(T)/角度(A)]：(在适当位置指定点)

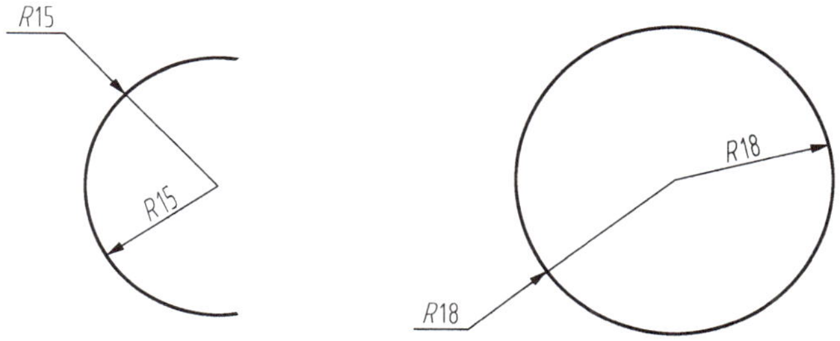

图 5-30　半径尺寸

2. 直径标注

“直径”用于标注圆或圆弧的直径尺寸。

执行“直径”功能方法：

菜单栏：单击菜单“标注”→“直径”

工具栏：点击“注释”工具区上的[按钮]按钮下的“▼”符号，选择[按钮]按钮

命令行：Dimdiameter↙

执行“直径”命令标注圆或圆弧的直径尺寸，方法与“半径”标注相似，标注效果如图 5-31 所示。

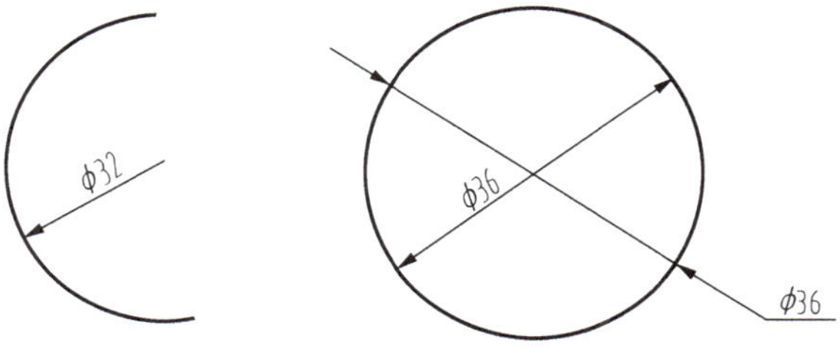

图 5-31　直径尺寸

说明：对于大圆可用该命令标记圆心位置，对于小圆可用该命令代替中心线。

5.3.4　角度标注与其他类型标注(引线、坐标和快速标注)

1. 角度标注

“角度”用于标注圆或圆弧以及直线等对象的角度尺寸。

执行“角度”功能方法：

菜单栏：单击菜单“标注”→“角度”

工具栏：点击“注释”工具区上的按钮下的“▼”符号，选择按钮

命令行：Dimangular↙

执行“角度”命令标注圆或圆弧以及直线等对象的角度尺寸的步骤如下。

步骤 1 绘制圆弧、圆、直线。

步骤 2 激活“角度”命令，根据命令行提示进行标注角度尺寸，如图 5-32 所示。

命令行：Dimangular↙

选择圆弧、圆、直线或〈指定顶点〉：（选择圆弧、圆、直线或按 Enter 键通过指定三个点来创建角度标注）

指定标注圆弧线置或［多行文字(M)/文字(T)/角度(A)/象限(Q)］：（在适当位置指定点。）

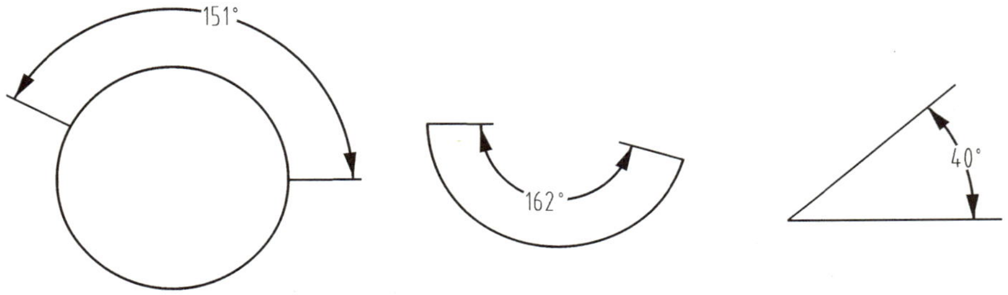

图 5-32　角度尺寸

各选项的功能如下。

- 选择圆弧：使用选定圆弧上的点作为三点角度标注的定一点。
- 选择圆：将选择点(1)作为第一条尺寸界线的原点。
- 选择直线：用两条直线定义角度。
- 指定顶点：创建基于指定三点的标注。
- 标注圆弧线位置：指定尺寸线的位置，并确定绘制尺寸界线的方向。
- 象限(Q)：指定标注应锁定到的象限。

2. 引线标注

“快速引线”用于创建灵活多样的引线标注形式，指引线可带箭头或不带箭头，注释文本可以是多行文本，也可以是形位公差，可以从图形其他部位复制，也可以是一个图块。

执行“快速引线”功能方法：

命令行：Qleader↙

工具栏：点击“注释”工具区上的按钮

快捷键：LE↙

执行“快速引线”命令创建引线标注的步骤如下。

步骤 1　激活“快速引线”命令。

步骤 2　使用命令中的“多行文字(M)”进行标注，命令操作如下。

命令行：Qleader↙

指定第一个引线点：(指定引线起点)

指定第二个引线点：(指定引线基线的位置)

在文本框内输入内容，上方工具栏“文字编辑器”进行相关设置，如图 5-33 所示。

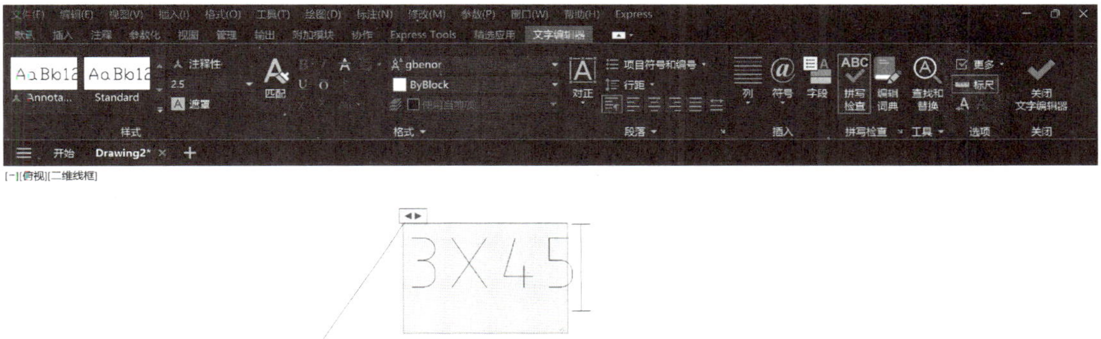

图 5-33　“文字格式”对话框

3. 坐标标注

“坐标”用于测量原点到特征点的垂直距离，通过保持特征与基准点之间的精确偏移量，来避免误差增大。坐标标注由 X 值或 Y 值和引线组成，X 基准坐标标注沿 X 轴测量特征点与基准点之间的距离；Y 基准坐标标注沿 Y 轴测量特征点与基准点之间的距离。

执行“坐标”功能方法：

菜单栏：单击菜单“标注”→“坐标”

工具栏：点击“注释”工具区上的按钮

命令行：Dimaordinate↙

执行“坐标”命令测量原点与特征点距离的步骤如下。

步骤 1　激活“坐标”命令。

步骤 2　使用“坐标”命令标注如图 5-34 所示的圆心坐标，命令操作如下。

命令：Dimaordinate↙

指定点坐标：(捕捉圆心)

指定引线端点或[X 基准(X)/Y 基准(Y)/多行文字(M)/文字(T)/角度(A)]：(指定合适放置点)

各选项的说明如下。

- 指引线端点：使用点坐标和引线端点的坐标差可确定它是X坐标还是Y坐标标注。若Y坐标的坐标差较大，标注就测量X坐标，否则就测量Y坐标。
- X基准(X)：测量X坐标并确定引线和标注文字的方向，命令行将提示“引线端点”，从中可指定端点。
- Y基准(Y)：测量Y坐标并确定引线和标注文字的方向，命令行将提示“引线端点”，从中可指定端点。

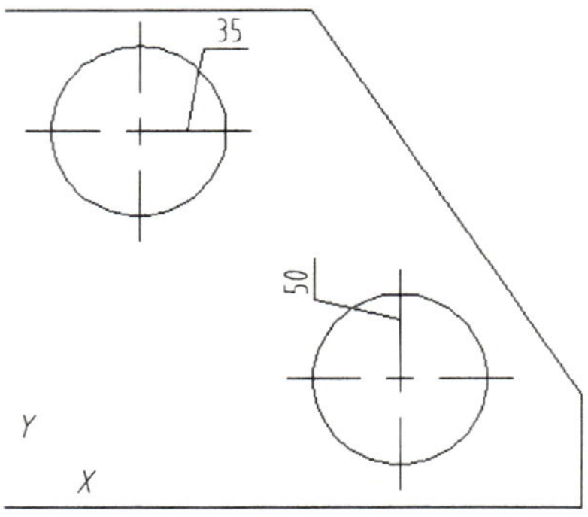

图 5-34　圆心坐标标注

4. 快速标注

“快速标注”可以同时选择多个圆或者圆弧标注直径或半径，也可以同时选择多个对象进行基线标注和连续标注。使用该命令可以一次完成多个标注，以节省时间，提高工作效率。

执行“快速标注”功能方法：

菜单栏：单击菜单“标注”→“快速标注”
工具栏：单击“标注”工具栏上的 按钮
命令行：Qdim↙

执行“快速标注”命令，标注如图 5-35 所示的尺寸，步骤如下。

步骤 1　绘制图形。

步骤 2　激活“快速标注”命令，根据命令行提示进行标注。

命令：QDim↙
关联标注优先级 = 端点
选择要标注的几何图形：(选择要标注尺寸的多个对象，如图 5-36 所示，按 Enter 键)
指定尺寸线位置或[连续(C)/并列(S)/基线(B)/坐标(O)/半径(R)/直径(D)/基准点(P)/编辑(E)/设置(S)]〈连续〉：(向下移动光标拾取一点，结果如图 5-35 所示)

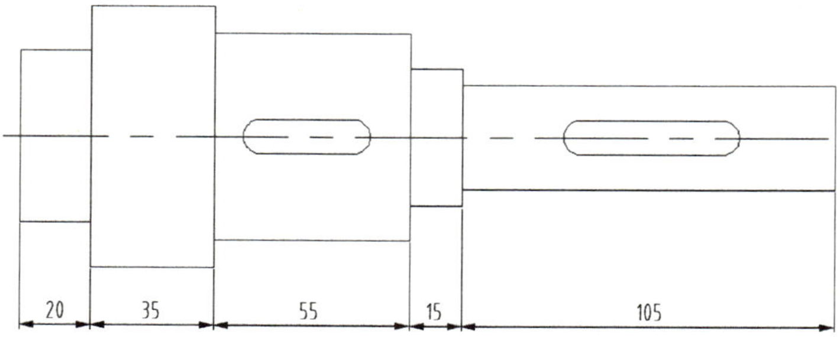

图 5-35　快速标注

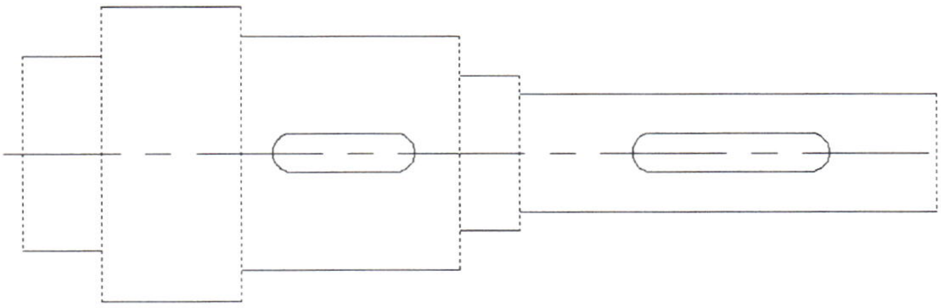

图 5-36　拾取标注对象

5.3.5　形位公差标注

形位公差准确反映特征的形状、轮廓、方向、位置和跳动的允许偏差。

"公差"用于标注图形的形状和位置公差。

执行"公差"功能方法：

菜单栏：单击菜单"标注"→"公差"

工具栏：在"注释"工具栏，"标注"工具区下方"▼"符号，点击按钮

命令行：Tolerance↙

快捷键：TOL↙

执行"公差"功能后可打开如图 5-37 所示"形位公差"对话框，标注图形的形位公差。

各选项的功能如下。

● "符号"选项组：单击"符号"选项组内的黑色方块，弹出如图 5-38 所示"特征符号"对话框，选择公差符号。公差符号说明见表 5-2。

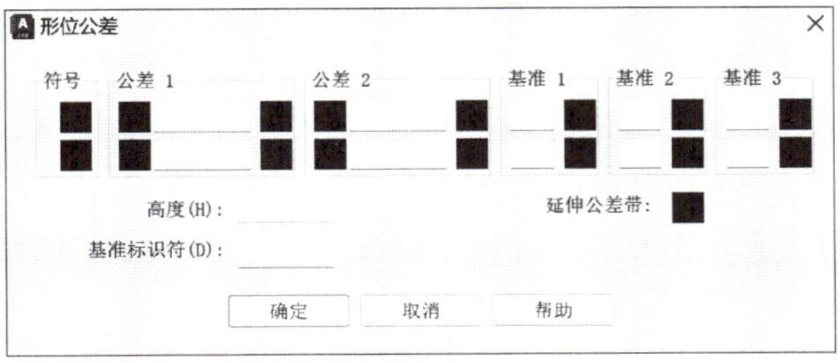

图 5-37　"形位公差"对话框

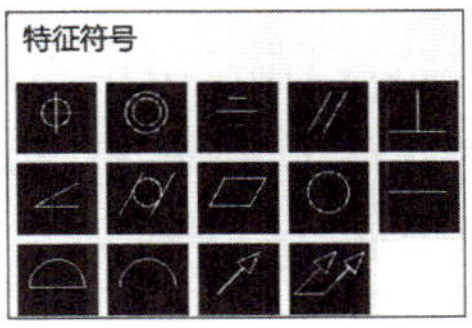

图 5-38　"特征符号"对话框

● "公差 1""公差 2"选项组：设置公差框内的第一、第二公差值，黑色方块处为点选符号，空格处为填写数值。

● "基准 1""基准 2""基准 3"选项组：创建第一、第二、第三公差基准及相应的包容条件，黑色方块处为点选符号，空格处为填写数值。

● "高度(H)"：创建特征控制框中的投影公差零值。投影公差带控制固定垂直部分延伸区的高度变化，并以位置公差控制公差精度。

- “延伸公差带”：在延伸公差带值的后面插入延伸公差带符号。

表 5-2　公差符号说明

符　号	特　征	类　型
⌖	位置	位置
◎	同轴度	位置
⌯	对称度	位置
//	平行度	方向
⊥	垂直度	方向
∠	倾斜度	方向
⌭	柱面度	形状
⏥	平面度	形状
○	圆度	形状
—	直线度	形状
⌓	面轮廓度	轮廓
⌒	线轮廓度	轮廓
↗	圆跳动	跳动
⌰	全跳动	跳动

- “基准标识符(D)”：创建由参照字母组成的基准标识符，基准是理论上精确的几何参照，用于建立其他特征的位置和公差带。

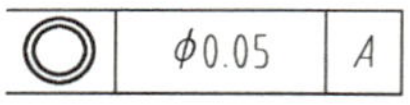

图 5-39　公差标注

执行“公差”命令，标注如图 5-39 所示公差，步骤如下。

步骤 1　激活“公差”命令。

步骤 2　在“符号”选项组中的黑色方块上单击鼠标左键，弹出“特征符号”对话框，单击“同轴度”特征符号，此时系统返回“形位公差”对话框。

步骤 3　在“公差 1”选项组中的黑色方块上单击鼠标左键，标注直径符号，在其右侧文本框中输入 0.05。

步骤 4　单击“确定”按钮，在命令行“输入公差位置”提示下，指定绘图区域中放置公差的位置，即可完成标注。

5.3.6　编辑标注对象

1. 倾斜

“倾斜”用于编辑尺寸文字、尺寸文字的旋转角度以及延伸线的倾斜角度等。

执行“倾斜”功能方法：

菜单栏：单击菜单“标注”→“倾斜”

工具栏：在“注释”工具栏，“标注”工具区下方“▼”符号，点击按钮

命令行：Dimedit↙

执行“倾斜”命令，修改如图 5-40 所示标注，步骤如下。

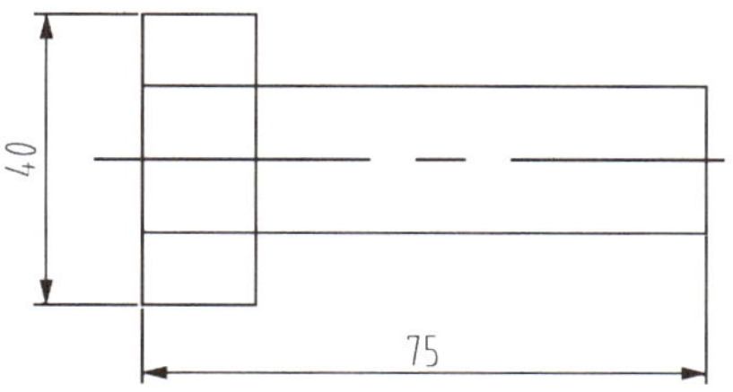

图 5-40　编辑前

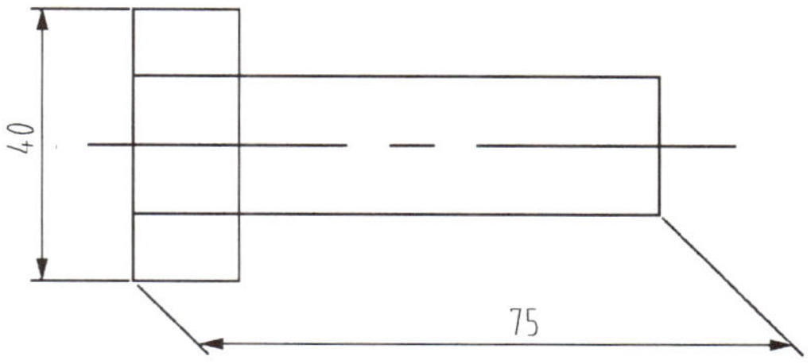

图 5-41　编辑后

步骤 1　激活“倾斜”命令。

步骤 2　选择需要“倾斜”的尺寸标注。

命令行：Dimedit↙

输入标注编辑类型[默认(H)/新建(N)/倾斜(O)]〈默认〉：(激活倾斜选项)

选择对象：(选择尺寸文字为 75 的对象)

选择对象：Enter(结束对象选择)

输入倾斜角度(按 Enter 键表示无)：－45Enter(设置倾斜角度同时结束命令，尺寸最终编辑效果如图 5-41 所示)

各选项的说明如下。

- 默认：将选中标注文字移回到默认位置。
- 新建：对尺寸文字的内容进行修改。
- 旋转：按指定旋转角度放置标注文字，当旋转角度为 0°时，系统将标注文字按照默认方向放置。
- 倾斜：对延伸线进行编辑，激活该选项后，系统将按指定的角度调整标注延伸线的倾斜角度。

2. 对齐文字

“对齐文字”用于编辑尺寸对象的尺寸线、尺寸文字的位置等。

执行“对齐文字”功能方法：

菜单栏：单击菜单“标注”→“对齐文字”下一级菜单中的各个选项

工具栏：在“注释”工具栏，“标注”工具区下方“▼”符号，点击或、、按钮

命令行：Dimtedit↙

执行“编辑标注文字”命令修改如图 5-42 所示标注，步骤如下。

步骤 1 激活“编辑标注文字”命令。

步骤 2 使用命令中的“角度”功能，对尺寸文字进行编辑。

命令：Dimtedit↙
选择标注：(选择刚刚标注的尺寸对象)
为标注文字指定新位置或[左对齐(L)/右对齐(R)/居中(C)/默认(H)/角度(A)]：A
(激活角度选项)
指定文字标注的角度：15 Enter(结果如图 5-43 所示)

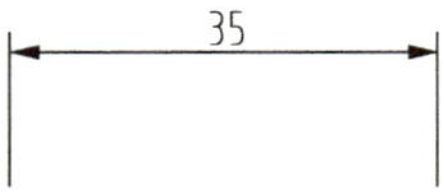

图 5-42 标注尺寸

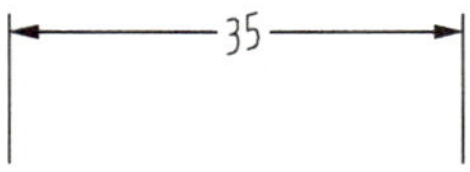

图 5-43 更改尺寸文字的角度

图 5-44 修改尺寸文字的位置

步骤 3 按 Enter 键，重复执行“编辑标注文字”命令，修改尺寸文字的位置。

命令：Dimtedit↙
选择标注：(选择图 5-43 尺寸对象)
为标注文字指定新位置或[左对齐(L)/右对齐(R)/居中(C)/默认(H)/角度(A)]：L
(激活左对齐选项，按 Enter 键结束命令，尺寸最终编辑效果如图 5-44 所示)

5.3.7 尺寸标注实例

以上主要学习了尺寸样式的设置、各类尺寸的标注功能、编辑功能，下面以泵轴尺寸为例，学习尺寸标注的方法和具体的标注技巧。

绘图步骤如下。

步骤 1 打开图形文件。

执行“打开”命令，打开图形文件“泵轴.dwg”，则该图形显示在绘图区，如图 5-45 所示。

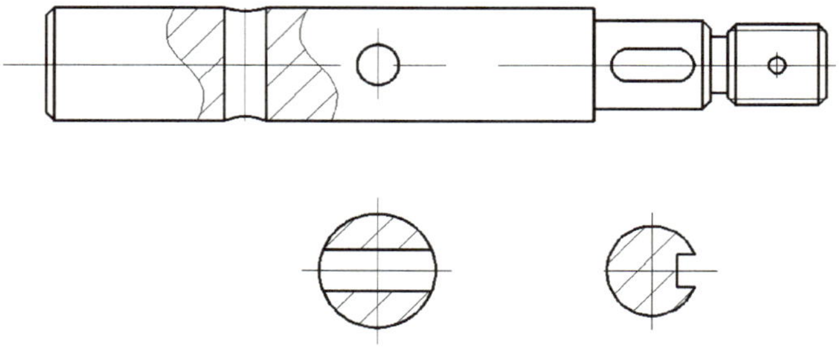

图 5-45 泵轴

步骤 2 设置尺寸标注样式。

选择“标注”菜单栏中的“标注样式”命令，打开“标注样式管理器”，具体操作参见第 8 章。

步骤 3　标注基本尺寸。

单击“标注”工具栏中的“线性”按钮，标注泵轴主视图中的线性尺寸“M10”“ϕ7”“6”，如图 5-46 所示。

单击“标注”工具栏中的“基线”按钮，以尺寸“6”的右端尺寸延伸线为基线，进行基线标注，标注尺寸“12”和“94”。单击“标注”工具栏中的“连续”按钮，选择尺寸“12”的左端尺寸延伸线，标注尺寸“2”和“14”。单击“标注”工具栏中的“线性”按钮，标注泵轴主视图中的线性尺寸“16”，单击“标注”工具栏中的“线性”按钮，标注连续尺寸“26”“2”和“10”，如图 5-46 所示。

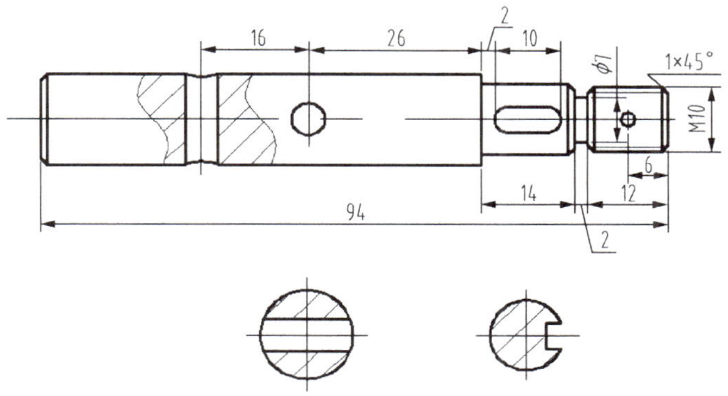

图 5-46　线性标注

单击“标注”工具栏中的“直径”按钮，标注泵轴主视图中的直径尺寸“ϕ2”。单击“标注”工具栏中的“线性”按钮，标注泵轴断面图中的线性尺寸“2-ϕ5 配钻”，此时应选择“T”选项，输入标注文字“2-%%C5 配钻”；单击“标注”工具栏中的“线性”按钮，标注泵轴断面图中的线性尺寸“8.5”和“4”，如图 5-47 所示。

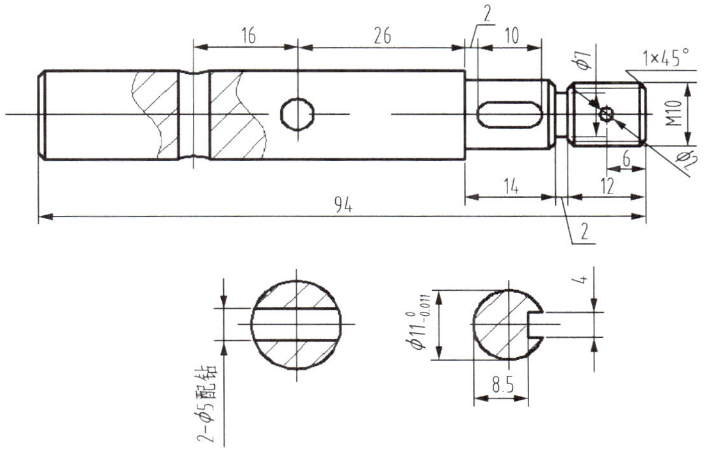

图 5-47　断面图线性标注

步骤 4　标注尺寸公差。

单击“标注”工具栏中的“线性”按钮，配合交点捕捉功能标注尺寸公差，命令操作如下。

命令行：_dimliner↙

指定第一条延伸线原点或〈选择对象〉：(在绘图区域拾取尺寸定位点)

指定第二条延伸线原点：(在绘图区域拾取第二尺寸定位点)

指定尺寸线位置或[多行文字(M)/文字(T)/角度(A)/水平(H)/垂直(V)/旋转(R)]：M(Enter，激活“多行文字”选项，此时系统打开“文字格式”对话框)

在尺寸文字左侧输入“%%C”，在尺寸文字右侧输入“空格 0 ^-0.011”(空格保障上偏差与下偏差的对正)；然后选中输入的“空格 0 ^-0.011”文字，单击“文字格式”编辑器中的“堆叠”按钮，使尺寸后缀进行堆叠；单击“文字格式”编辑器中的“确定”按钮，完成标注，返回绘图区域。同理完成“φ11”尺寸公差的标注，如图 5-48 所示。

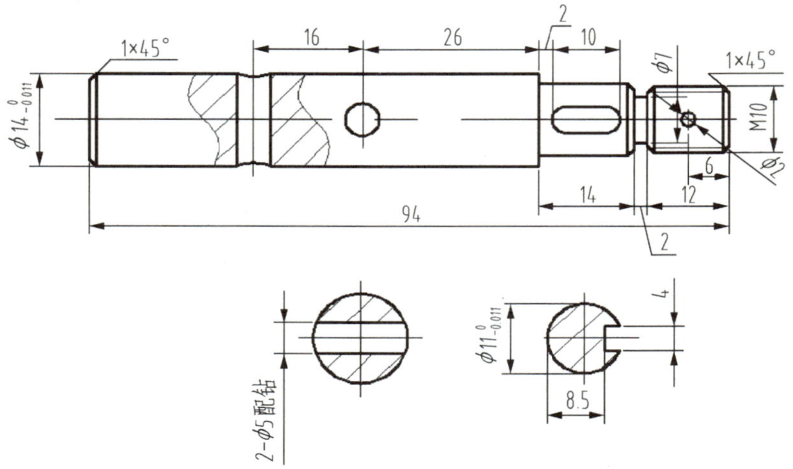

5-48　断面图线性标注

步骤 5　采用“标注替代”“标注更新”为断面图中的线性尺寸添加尺寸偏差。

单击“标注”工具栏中的“标注样式”，在打开的“标注样式管理器”的样式列表框中选择“机械标注”选项，单击“替代”按钮，打开“替代当前样式”对话框。单击“主单位”选项卡，将“线性标注”选项组中的“精度”值设置为“0.000”；单击“公差”选项卡，在“公差格式”选项组中，将“方式”设置为“极限偏差”，设置“上偏差”为 0，“下偏差”为 0.011，“高度比例”为 0.7，设置完成后单击“确定”按钮。

单击“标注”工具栏中的“标注更新”按钮，选择断面图中的线性尺寸“8.5”，即可为该尺寸添加尺寸偏差。

继续设置替代样式，设置“公差”选项卡中的“上偏差”为 0，“下偏差”为 0.030，单击“标注”工具栏中的“标注更新”按钮，选择断面图中的线性尺寸“4”，即可为该尺寸添加尺寸偏差，结果如图 5-49 所示。

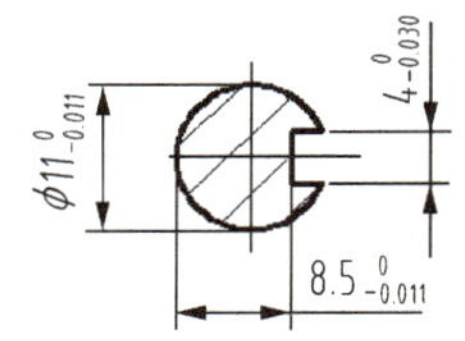

图 5-49　用“标注替代”“标注更新”标注尺寸偏差

步骤 6　标注形位公差。

在命令行输入“LE”后按 Enter 键，激活“快速引线”命令，配合“端点捕捉”功能标注形位公差，命令操作如下。

命令：_qleader↙

指定第一个引线点或[设置(S)]〈设置〉：S(Enter，激活”设置“选项，在打开的引线设置对话框中设置参数，选择“公差”复选框)

指定第一个引线点或[设置(S)]〈设置〉：(单击“确定”按钮，返回绘图区域，捕捉引线点)

指定下一点：(在垂直方向上定位第二个引线点)

指定下一点：(在水平方向上定位第三个引线点)

此时，系统弹出“形位公差“对话框，在“公差 1”选项组颜色块上单击鼠标左键，显示直径符号，文本框中输入“0.05”，基准中输入“B”，单击“确定”按钮，完成形位公差标注。

步骤 7　调整视图，使图形全部显示，最终标注效果如图 5-50 所示。

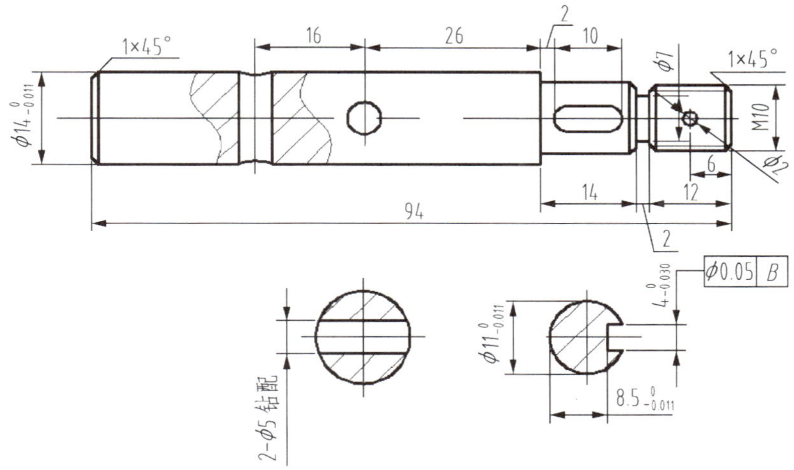

图 5-50　标注结果

步骤 8　最后执行“另存为”命令，将图形另存为“泵轴尺寸标注.dwg”。

思考练习

1. 如何创建和编辑单行文字？
2. 在文字命令中有哪些文字控制符？
3. 单行文字和多行文字有什么区别？

4. 如何创建表格样式？
5. 如何编辑表格和表格单元？
6. 如何更改表格的单元格高度和宽度？
7. 尺寸标注类型有哪些？
8. 如何创建引线标注？
9. 如何对尺寸进行修改？
10. 标注尺寸之后发现看不到所标注的尺寸文本，这是什么原因引起的？如何解决？
11. 创建如图 5-51 所示的表格，设置表中文字高度为 3.5，字体为“gbcbig.shx”。

<table>
<tr><td></td><td></td><td></td><td></td><td></td><td></td><td colspan="6" rowspan="4">（材料标记）</td><td rowspan="3">（单位名称）</td></tr>
<tr><td></td><td></td><td></td><td></td><td></td><td></td></tr>
<tr><td></td><td></td><td></td><td></td><td></td><td></td></tr>
<tr><td>标记</td><td>处数</td><td>分区</td><td>更改文件号</td><td>签名</td><td>年 月 日</td><td rowspan="3">（图样名称）</td></tr>
<tr><td>设计</td><td></td><td></td><td>标准化</td><td></td><td></td><td colspan="4">阶段标记</td><td>重量</td><td>比例</td></tr>
<tr><td></td><td></td><td></td><td></td><td></td><td></td><td></td><td></td><td></td><td></td><td></td><td></td></tr>
<tr><td>审核</td><td></td><td></td><td></td><td></td><td></td><td colspan="6" rowspan="2">共 张 第 张</td><td rowspan="2">（图样代号）</td></tr>
<tr><td>工艺</td><td></td><td></td><td>批准</td><td></td><td></td></tr>
</table>

图 5-51

12. 打开素材文件标注如图 5-52 所示图形的尺寸。
13. 打开素材文件标注如图 5-53 所示图形的尺寸。

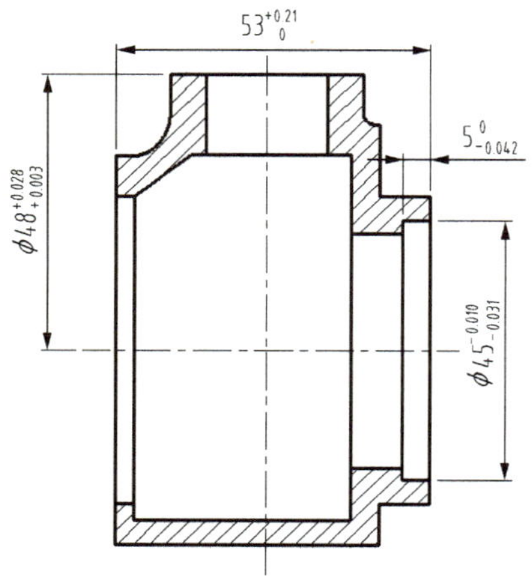

图 5-52

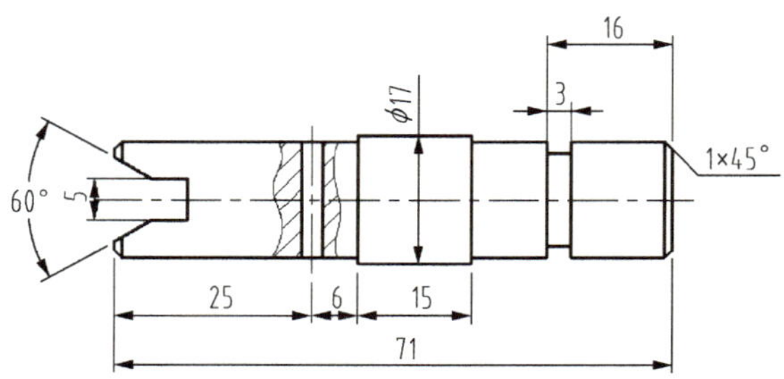

图 5-53

第6章

图块和外部参照

图块是一个或多个图形对象的集合，常用于表达一些需要重复使用的图形，如标准件、标题栏图框及一些特殊符号等。在 AutoCAD 中，使用图块可以提高绘制重复图形的效率，大大减少重复性工作，节省存储空间，便于修改图形。

外部参照是把已有图形文件以参照的形式插入当前图形文件中，但当前图形文件中仅记录当前图形文件与参照图形文件的引用关系，而不记录参照图形文件具体对象的信息，大大减少了当前图形文件的字节数大小。

6.1 图块

在 AutoCAD 中使用图块，必须先对块进行定义。块分为内部块和外部块。块创建完毕后，可以插入图形文件中使用，也可以对块进行重新编辑，添加块属性参数等。

6.1.1 创建与编辑块

1. 创建内部块

内部块创建后，只能在建立该块的当前图形文件中使用，不能被其他图形文件调用。执行“创建内部块”功能方法：

菜单栏：“绘图”→“块”→“创建”

工具栏：在“插入”工具栏→“块定义”工具区，单击“创建块”按钮

命令行：BLOCK↙

执行块创建命令后，将弹出“块定义”对话框，如图 6-1 所示。在该对话框中可以定义块的名称、基点，设置块的单位，指定组成块的图形对象等。

“块定义”对话框中各部分的功能如下。

- “名称”下拉列表框：可以在该文本框中输入一个新的块名。单击右侧下拉箭头，弹出下拉列表框，在该列表框中列出了当前图形中已经定义的块名。
- “基点”选项组：指定块的插入基点。基点可以作为块插入时的参考点。当勾选“在屏幕上指定”复选框时，“拾取点”及“X”“Y”“Z”输入文本框不可用。关闭对话框时，命令行

将提示用户指定块的基点;也可以通过单击"拾取点"按钮,将屏幕临时切换到作图窗口,用光标点取一点或在命令提示行中输入数值作为基点;还可以直接在"X""Y""Z"文本框中输入相应的坐标值确定基点的坐标位置。

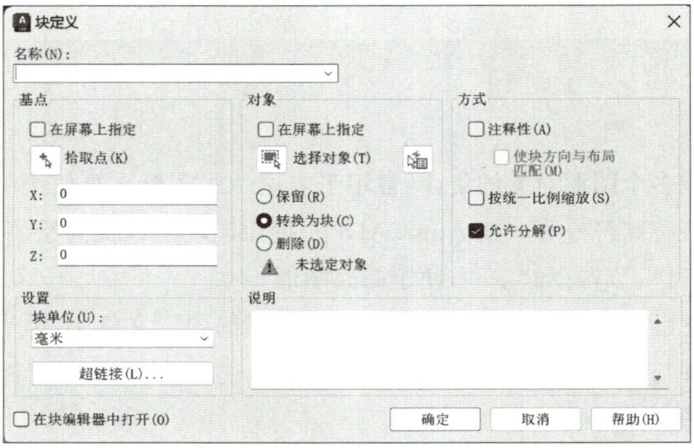

图 6-1 "块定义"对话框

● "设置"选项组:可以设置块单位,也可以通过"超链接"按钮将某个超链接与块对象关联。

● "对象"选项组:选择构成块的实体对象。勾选"在屏幕上指定"复选框,关闭对话框时将提示用户指定对象。单击"选择对象"按钮,屏幕切换到绘图窗口,用户选择组成块的对象,确认后返回"块定义"对话框。单击"快速选择"按钮,弹出"快速选择"对话框,根据提示定义选择集指定对象。"保留"按钮,表示创建块后仍在绘图窗口上保留组成块的各对象;"转换为块"按钮,表示创建块后将组成块的各对象保留并把它们转换成块;"删除"按钮,表示创建块后删除绘图窗口上组成块的原对象。

● "方式"选项组:勾选"注释性"复选框,可将块定义为注释性对象;勾选"按统一比例缩放"复选框,用于指定插入块后,是否按统一比例进行缩放;勾选"允许分解"复选框,用于指定块对象是否可以被分解成单个对象。

2. 创建外部块

外部块可以将所定义的块对象生成扩展名为.dwg 的图形文件,也可以将当前图形文件中的一部分图形实体或整幅图形直接生成图块文件。保存后的图块文件既可以被当前图形调用,又可以供其他图形调用。

在命令行输入命令"WBLOCK"后,弹出"写块"对话框,如图 6-2 所示。在该对话框中可以对外部块对象进行定义。"写块"对话框中各部分的功能如下。

● "源"选项组:用于确定要保存为外部块对象的源目标。

"块"单选按钮:将当前图形文件中已定义的内部块作为源目标转换为外部块。只有当前图形文件中已经定义了内部块时,该单选按钮才可选。选中该按钮后,"基点"和"对象"

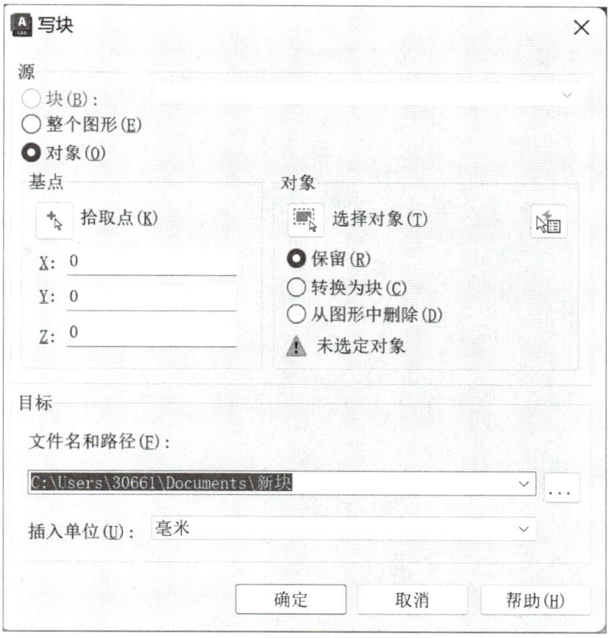

图 6-2　“写块”对话框

选项组将不可用。

“整个图形”单选按钮：将当前整个图形文件作为外部块文件的源目标。选中该按钮后，“基点”和“对象”选项组将不可用。

“对象”单选按钮：重新定义对象作为外部块文件的源目标。选中该按钮后，“基点”和“对象”选项组可用来定义该外部块对象的参数。

- “目标”选项组：设置外部块文件的文件名、存储路径单位等。

“文件名和路径”文本框：输入外部块文件的文件名称和存储路径。单击其右边的小箭头，弹出下拉列表框，选择已存在的路径。单击该文本框右侧的扩展对话框按钮，弹出“浏览图形文件”对话框，选择外部块文件的存储位置。

“插入单位”下拉列表框：设置外部块文件插入时的单位。

3. 插入块

块创建完毕后，可以使用插入块命令将块对象插入多个位置重复使用。执行“插入块”功能方法：

菜单栏：“插入”→“块选项板”

工具栏：在“插入”工具栏→“块”工具区，单击“插入”按钮

命令行：INSERT↙

执行插入块命令后，将弹出“块”选项板，如图 6-3 所示。

在“当前图形”“最近使用的项目”“收藏夹”或“库”中选择已有的“块”。选中后在下方“选项”

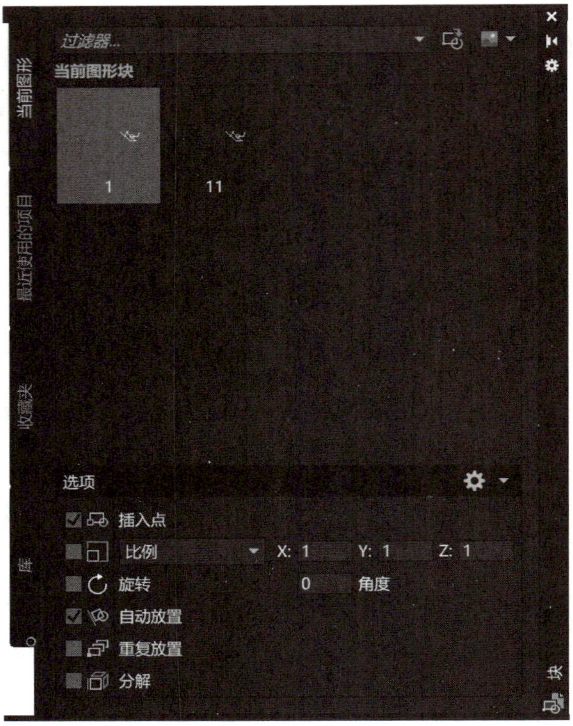

图 6-3 “块”选项板

按需进行设置，之后直接拖入绘图区即可。

4. 编辑块

块在不分解的情况下插入图形文件后，是一个独立的对象。如果想要修改组成块的某个对象，需要使用块编辑器。执行“编辑块”功能方法：

菜单栏：“工具”→“块编辑器”

工具栏：在“插入”工具栏→“块定义”工具区，单击“快编辑器”按钮

命令行：BEDIT↙

绘图区：选择一个图块，双击，弹出“块编辑器”对话框

执行以上任一命令后，弹出“编辑块定义”对话框，如图 6-4 所示。在“要创建或编辑的块”列表中，列出了当前图形中包含的所有块。列表中当前选中的块将显示在“预览”区域。单击“确定”按钮，进入“块编辑器”界面，如图 6-5 所示。

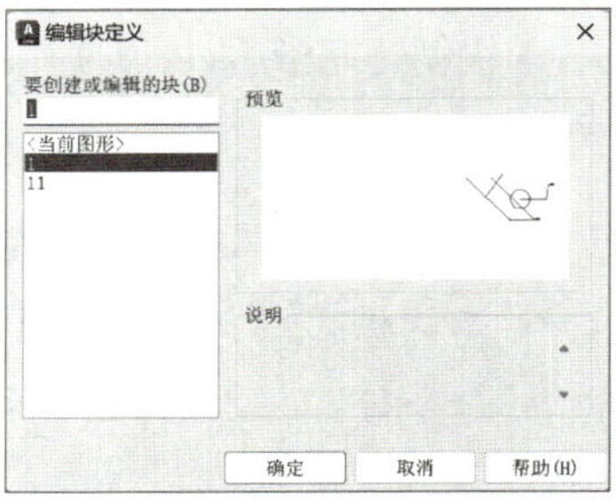

图 6-4 “编辑块定义”对话框

“块编辑器”界面与 AutoCAD 2025 绘图窗口相似，绘图区左侧显示的是功能选项板，用于创建动态块。在块编辑器的绘图区域显示的是组成块的各个单独对象，可以像编辑图

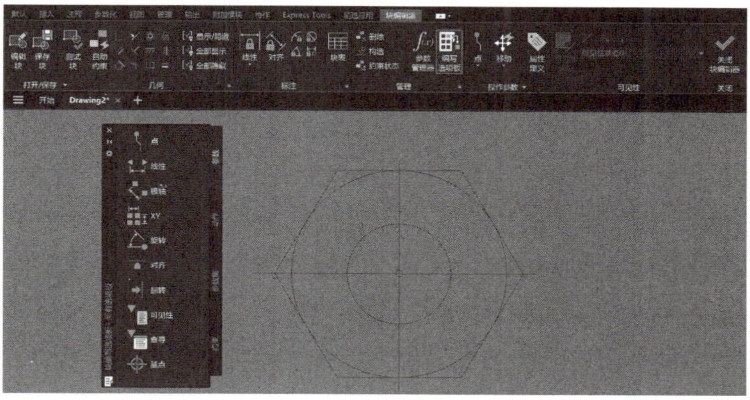

图 6-5　“块编辑器”界面

形文件那样在块编辑器中编辑块的组成对象。在绘图区域中，X-Y 坐标系的原点与当前块对象的基点重合。通过工具栏选项板的功能按键，可以对组成块的对象进行编辑。单击“保存块”按钮，可保存当前的修改操作；单击“关闭块编辑器”按钮，可退出块编辑器。

6.1.2　编辑与管理块属性

属性是块的附加文字信息，是块的组成部分，主要由属性标记与属性值组成。块属性可以通过“属性定义”命令以字符串的形式表示出来。一个具有属性的块由两部分组成：组成块的图形实体和块属性。定义了属性的块在每次插入块时，属性可以隐藏也可以显示出来，还可以根据需要改变属性值。

1. 创建块属性

创建带属性的块时，一般分为 2 个步骤。

（1）定义属性。

（2）创建块。在选择组成块的对象时，将定义的属性也选中。

执行“创建块属性”功能方法：

菜单栏：“绘图”→“块”→“定义属性”

工具栏：在“插入”工具栏→“块定义”工具区，单击“定义属性”按钮

命令行：ATTDEF↙

执行以上任一命令后，弹出“属性定义”对话框，如图 6-6 所示。“属性定义”对话框中各部分的功能如下。

● “模式”选项组：设置属性的模式。

“不可见”复选按钮：插入块并输入属性值后，属性值在图中不显示。

“固定”复选按钮：所定义的属性值为一定值，块插入时不再提示属性信息，也不能修改该属性值。

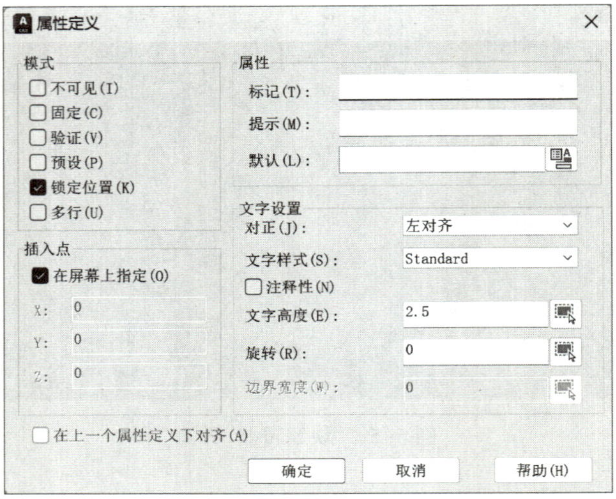

图 6-6 “属性定义”对话框

“验证”复选按钮：插入块时，命令行将出现提示，要求验证当前属性输入是否正确。

“预设”复选按钮：块插入时属性值将设为缺省值，系统不再提示输入属性值。

“锁定位置”复选框：块参照中属性的相对位置将会被锁定，不能相对于块的其他部分移动。

“多行”复选框：属性值可以包含多行文字。

● “属性”选项组：设置属性标记、提示内容及默认的属性值。

“标记”文本框：输入属性的标志，即属性标签。以字母作为标志时，小写字母自动转换为大写字母。

“提示”文本框：输入在块插入时提示输入属性值的信息，若不输入属性提示，属性标记将用作提示。如果在“模式”选项组中勾选“固定”复选框，“提示”文本框将不可用。

“默认”文本框：输入属性的默认值，若不输入内容，表示该属性无默认值。

● “插入点”选项组：确定属性值在块中的插入点，可以直接在屏幕上指定位置，也可以分别在“X”“Y”“Z”文本框中输入相应的坐标值。

● “文字设置”选项组：设置属性文本的对齐方式、文字样式、文字高度及旋转角度等。

“对正”文本框：确定属性文字的对齐方式。可以单击其右边的小箭头，在弹出的下拉列表框中选择对齐方式。

“文字样式”文本框：确定属性文字的预定义样式。可以单击其右边的小箭头，在弹出的下拉列表框中选择文本样式。

“注释性”复选框：指定属性为注释性对象。

“文字高度”文本框及按钮：确定属性文本字符的高度。可以直接在文本框中输入数值，也可以单击按钮，切换到绘图窗口，在命令提示行中输入数值或用光标在绘图区确定两点来定义字符高度。

“旋转”文本框及按钮：确定属性文本的旋转角度。可以直接在文本框中输入数值，也可以单击按钮，切换到绘图窗口，在命令提示行中输入数值或用光标在绘图区确定两点，其连线段与 X 轴正方向的夹角即为文本旋转的角度。

“边界宽度”文本框及按钮：指定多行文字属性中文字行的最大宽度。

- “在上一个属性定义下对齐”复选框：设置当前定义的属性采用上一个属性的字体、字高及旋转角度参数，且与上一个属性对齐。此时“插入点”和“文字设置”选项组均不可用。如果之前没有创建属性定义，则该复选框不可用。

完成各选项的设置后，单击“确定”按钮，即可完成一次属性定义。可以重复该命令操作，对块进行多个属性定义。

完成第一步“属性定义”操作后，在第二步“创建块”时，将定义好的属性连同相关图形一起选中，作为组成块的对象，即可完成带有属性块的创建。在插入属性块时，按预先定义的属性要求输入块的属性值即可。如图 6-7 所示分别为定义完毕的粗糙度属性块、插入块后修改粗糙度属性值为 *Ra*1.6、再次插入块后修改粗糙度属性值为 *Ra*3.2。

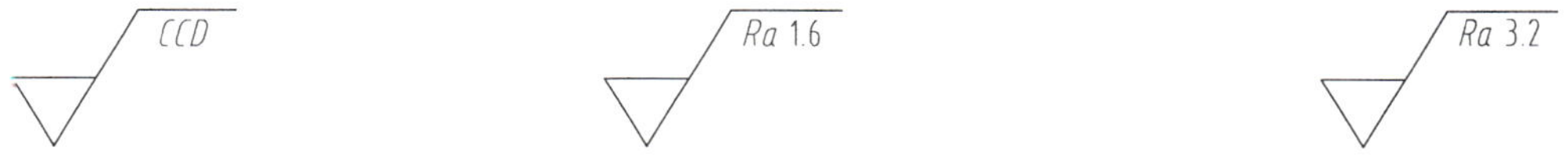

(a) 定义完毕的粗糙度属性块　(b) 插入块后修改粗糙度属性值为 *Ra*1.6　(c) 再次插入块后修改粗糙度属性值为 *Ra*3.2

图 6-7　属性块的定义及插入块后属性值的修改

2. 修改块属性

(1) 修改属性定义

当属性定义完毕，还未创建带属性的块时，可以修改已经定义的属性。将属性块插入图形中并分解后，可以修改原属性块中已经定义的属性。

修改属性定义最简单的方法是，在绘图区双击属性值，弹出“编辑属性定义”对话框。例如，双击“粗糙度”属性标记“CCD”，弹出“编辑属性定义”对话框。在该对话框中，可以重新设置“粗糙度”属性定义的标记、提示文字及默认值。修改完毕后，单击“确定”按钮，关闭对话框。

(2) 修改块属性的属性定义

将属性块插入图形文件中后，属性文字和组成块的图形对象均为块属性的对象。此时仍然可以修改该块属性的属性定义，修改结果只影响当前所选块的属性，不影响已经插入的其他块属性。例如，双击属性值为“Ra3.2”的块属性，弹出“增强属性编辑器”对话框。在对话框中的“属性”页面，列出了当前定义属性的标记、提示文本及属性值。用户可以在“值”文本框中直接输入新的属性值。

切换到“文字选项”页面，可以设置属性值文字的“文字样式”“对正方式”“高度值”及“旋转角度”等。切换到“特性”页面，可以设置属性值文字的“图层”“线型”“颜色”及“线宽”等。

3. 块属性创建案例

下面以六角螺母块属性的创建过程为例，综合说明属性的定义、块属性的创建、块的插入及属性值的修改。

绘图步骤如下。

步骤 1 绘制组成六角螺母块属性的图形对象。

新建一个绘图文件，设置好图层、线型、线宽、文字样式等后，绘制如图 6-8 所示图形对象。

步骤 2 定义属性。

单击菜单栏中的“绘图”→“块”→“定义属性”命令，弹出“属性定义”对话框。设置属性“标记”为“GG”（即规格），在“提示”文本框中输入“请输入螺母规格”，“默认”值设为 M16，文字高度为 3.5。设置完成后的“属性定义”对话框如图 6-9 所示。

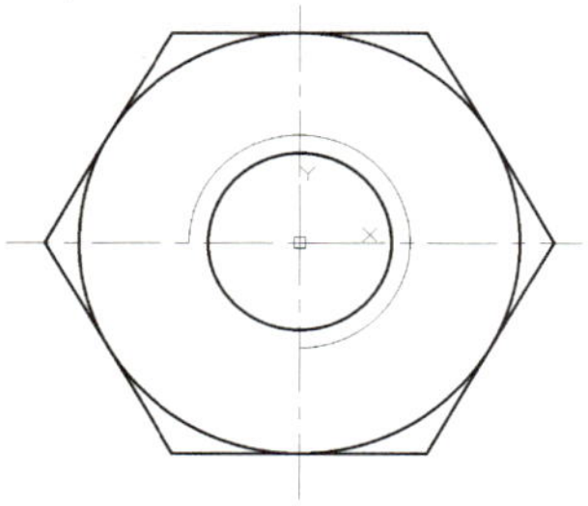

图 6-8 绘制六角螺母块属性图形对象

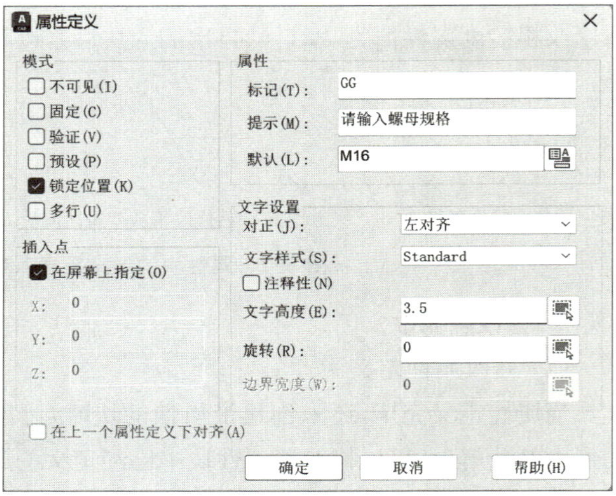

图 6-9 设置“属性定义”参数

步骤 3 创建块属性。

单击菜单栏中的“绘图”→“块”→“创建”命令，弹出“块定义”对话框。在“名称”文本框中输入块的名称“六角螺母”。单击“基点”选项组中的“拾取点”按钮，返回绘图窗口。用鼠标拾取六角螺母对称中心线的交点作为插入块的基点。单击“对象”选项组中的“选择对象”按钮，返回绘图窗口。用鼠标窗选组成块的图形对象和属性定义对象。选择完毕后，按 Enter 键，返回“块定义”对话框。选中“对象”选项组中的“保留”单选按钮，则块定义结束后，各组成块的图形对象和文字对象仍然保留在绘图窗口中。其他参数可保持默认值不变，设置完成后的“块定义”对话框如图 6-10 所示。单击“确定”按钮，关闭“块定义”对话框。

步骤 4 插入块。

在命令行中输入“INSERT”命令，按 Enter 键，弹出“块”选项板。在“当前图形”选项组中，点选已经显示出来的“六角螺母”，拖入绘图区适合的位置。

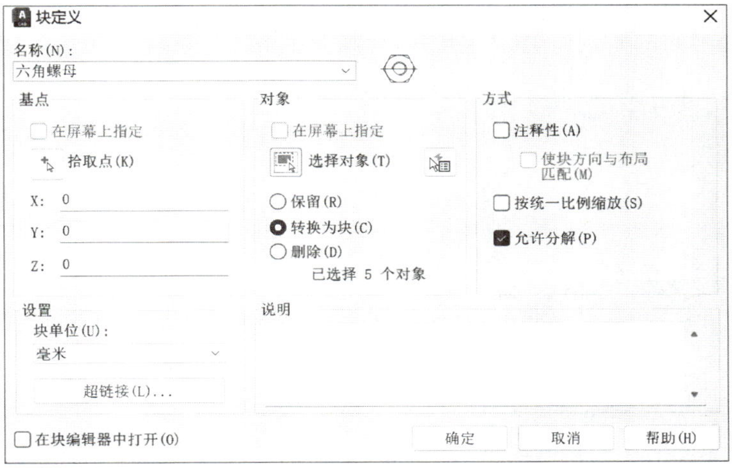

图 6-10　六角螺母块定义参数设置

6.2 外部参照

当把图形作为块插入时，块定义和所有相关联的几何图形都将存储在当前图形数据库中，并且修改原图形后，块不会随之更新。

与块相比，外部参照提供了另一种更加灵活的图形引用方法。使用外部参照可以将多个图形链接到当前图形中，并且参照图形会随着原图形的修改而更新。无论一个外部参照文件多么复杂，AutoCAD 都会把它作为一个单一对象来处理，而不允许进行分解。用户可对外部参照进行比例缩放、移动、复制、镜像或旋转等操作，还可以控制外部参照的显示状态。

6.2.1　附着外部参照

附着外部参照，又称为插入外部参照，是将外部参照图形插入当前图形文件中。

执行“附着外部参照”功能方法：

菜单栏：“插入”→“外部参照”(当执行命令后，将弹出“外部参照”选项板，如图 6-11 所示)

工具栏：在“插入”工具栏→“参照”工具区→相关命令按钮，如图 6-12 所示

在“外部参照”选项板中，单击选项板左上角的“附着”按钮的下三角符号，可附着 DWG、图象、DWF、DGN、PDF 等格式的外部参照，如图 6-12 所示。选择其中一种格式后，弹出“选择参照文件”对话框，选择文件完毕后弹出“附着外部参照”文件对话框。对话框与

插入块时的“插入”对话框相似，设置方法也相似。“比例”“插入点”和“旋转”选项组分别用于设置插入外部参照的比例值、插入位置和旋转角度等。

图 6-11　“外部参照”选项板

图 6-12　参照工具区

设置完毕后，单击“确定”按钮，在绘图窗口中指定外部参照的插入点后，即可将参照文件附着到当前图形文件中。

6.2.2　插入参考底图

AutoCAD 2025 提供了插入“DWF 参考底图”“DGN 参考底图”及“PDF 参考底图”的功能，该功能与“附着外部参照”相同。单击“插入”菜单，显示插入参考底图的子菜单。选择其中一种参考底图后，弹出“选择参照文件”对话框，选择文件完毕后弹出“附着外部参照”文件对话框，具体设置方法与 6.2.1 节相同。

6.2.3　管理外部参照

将外部参照插入绘图文件中后，还可以对参照图形进行编辑、剪裁、更新和绑定等操作。

选中插入绘图文件中的外部参照文件后，在工具栏上显示“图象”工具区，如图 6-13 所示。

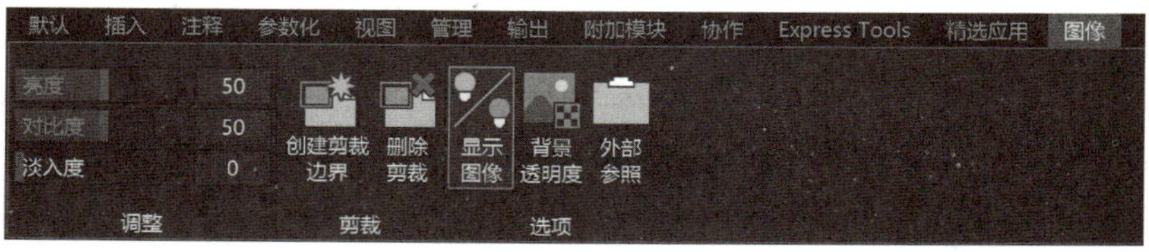

图 6-13　“图象”工具区

思考练习

1. 什么是块？相对于一般图形对象而言，块对象有哪些优点？
2. 试分析内部块与外部块的区别。
3. 试分析块与块属性的区别和联系。
4. 请自己动手创建一个带属性的粗糙度符号块。
5. 试分析外部参照与块的区别和联系。

第7章 图形输出与打印

在 AutoCAD 中创建的图形文件格式为 DWG，除此格式外，系统还提供了多种格式图形文件的输入与输出接口。用户不仅可以将其他应用程序中处理好的数据传送给 AutoCAD，还可以将在 AutoCAD 中绘制好的图形打印出来，或者把它们的信息传送给其他应用程序，如 PDF、Web 页等。

7.1 图形的输入与输出

AutoCAD 支持多种格式图形文件的输入，如 3D Studio 文件、ACIS 文件、图元文件、DGN 文件及其他三维 CAD 软件创建的图形数据等。支持的输出文件格式种类也较多，包括三维 DWF 文件、位图文件、PS 文件、IGES 文件及平板印刷文件（stl 文件）等。

7.1.1 图形的输入

执行“图形的输入”功能方法：

● 单击“插入”菜单栏，选择想要插入的文件类型，可以从“插入”菜单中选择相应的文件格式输入 AutoCAD 中。“输入文件”菜单项如图 7-1 所示。

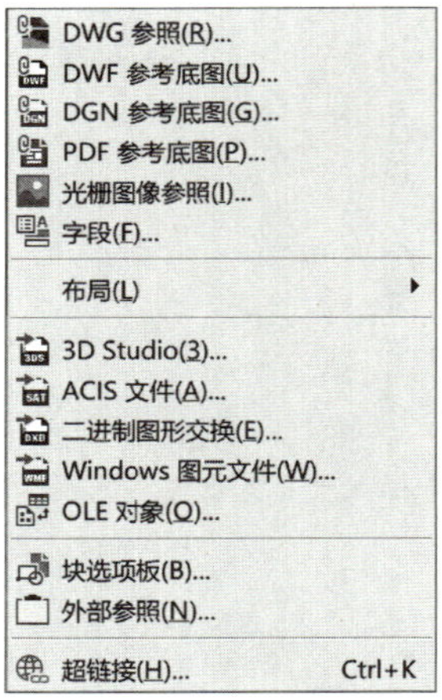

图 7-1 “插入”菜单中“输入文件”菜单项

菜单栏：“文件”→“输入”
命令行：IMPORT↙

以上两种方式将弹出“输入文件”对话框，从“文件类型”下拉列表中，选择要输入的文件格式类型，如图 7-2 所示。

3D Studio 文件：输入 3D Studio 文件时，将读取其几何图形和渲染数据，包括网格、材质、贴图、光源和相机等。

ACIS（＊.sat）文件：ACIS 是美国 Spatial Technology 公司推出的三维几何建模引擎，它集线框、曲面和实体建模于一体，并允许这三种方式共存于统一的数据结构中。ACIS 提供了两种模型存储文件格式：以 ASCII 文本格式存储的 SAT（save as text）文件；以二进制

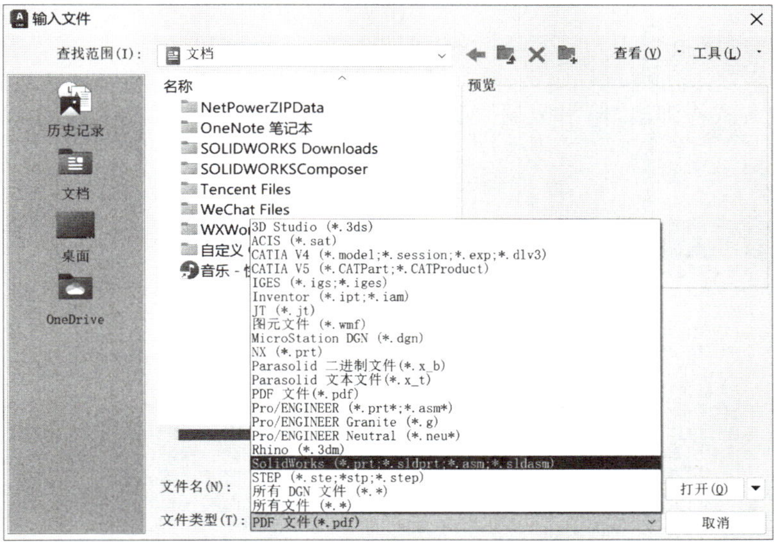

图 7-2　“输入文件”对话框及“文件类型”列表

格式存储的 SAB(save as binary)文件。

IGES 文件：IGES 标准是美国国家标准，也是国际上产生最早、应用最广泛的图形数据交换标准。目前，几乎所有有影响的 CAD 系统均配有 IGES 接口，并通过 IGES 接口输入/输出有关图形的 IGES 文件。

STEP 文件：STEP 是一套关于产品整个生命周期中的产品数据的表达和交换的国际标准。它提供了一种不依赖具体系统的中性机制，旨在实现产品数据的交换和共享。

Parasolid(*.X_T)文件：Parasolid X_T 可以提供精确的几何边界表达，能在以它为几何核心的 CAD 系统间可靠地传递几何和拓扑信息。它的拓扑实体包括点、边界、环、面、壳体、区域、体。

AutoCAD 除了能支持多种格式的文件输入之外，还支持嵌入 OLE 对象。OLE(对象的链接和嵌入)用于将不同应用程序创建的数据合并到 AutoCAD 文档中。单击菜单栏中的“插入”→“OLE 对象”，弹出“插入对象”对话框，选择需要插入的应用程序类型，即可插入各种程序创建的文件，实现数据共享。

7.1.2　图形的输出

执行“图形的输出”功能方法：

单击菜单栏中的“文件”→“另存为”命令，弹出“图形另存为”对话框，从“文件类型”列表中，可以选择将 AutoCAD 创建的图形文件输出为低版本 AutoCAD 文件，也可以选择输出为 DXF(二维图形数据交换格式)文件。“文件类型”列表中支持的输出文件格式如图 7-3 所示。

菜单栏:“文件”→“输出”命令

命令行:EXPORT↙

以上两种方式将弹出“输出数据”对话框,从“文件类型”列表中选择输出文件的类型,如图 7-4 所示。

AutoCAD 2018 图形 (*.dwg)
AutoCAD 2018 图形 (*.dwg)
AutoCAD 2013/LT2013 图形 (*.dwg)
AutoCAD 2010/LT2010 图形 (*.dwg)
AutoCAD 2007/LT2007 图形 (*.dwg)
AutoCAD 2004/LT2004 图形 (*.dwg)
AutoCAD 2000/LT2000 图形 (*.dwg)
AutoCAD R14/LT98/LT97 图形 (*.dwg)
AutoCAD 图形标准 (*.dws)
AutoCAD 图形样板 (*.dwt)
AutoCAD 2018 DXF (*.dxf)
AutoCAD 2013/LT2013 DXF (*.dxf)
AutoCAD 2010/LT2010 DXF (*.dxf)
AutoCAD 2007/LT2007 DXF (*.dxf)
AutoCAD 2004/LT2004 DXF (*.dxf)
AutoCAD 2000/LT2000 DXF (*.dxf)
AutoCAD R12/LT2 DXF (*.dxf)

图 7-3 “另存为”文件类型列表

三维 DWF (*.dwf)
三维 DWF (*.dwf)
三维 DWFx (*.dwfx)
图元文件 (*.wmf)
ACIS (*.sat)
平板印刷 (*.stl)
封装 PS (*.eps)
DXX 提取 (*.dxx)
位图 (*.bmp)
块 (*.dwg)
V8 DGN (*.dgn)
V7 DGN (*.dgn)
IGES (*.iges)
IGES (*.igs)

图 7-4 “文件类型”列表

1. 输出 DWF 文件

为了能够在因特网上显示 AutoCAD 图形,Autodesk 采用了一种称为 DWF(Drawing Web Format,Web 图形格式)的新文件格式。DWF 文件格式支持图层、超级链接、背景颜色、距离测量、线宽、比例等图形特性。用户可以在不损失原始图形文件数据特性的前提下,通过 DWF 文件格式共享其数据和文件。DWF 文件可以被压缩,压缩后的文件大小比原来的 DWG 图形文件小很多,在网络上传输较快,而且在数据交换时 DWF 格式比 DWG 格式更安全。

在“输出数据”对话框的“文件类型”列表中,选择“三维 DWF(*.dwf)”文件,单击“保存”按钮即可。DWF 文件可以在 Autodesk Design Review 或 Autodesk DWF Viewer 中浏览。在安装 AutoCAD 时,可以从安装程序中选择安装 Autodesk DWF Viewer 浏览器。DWF 格式既支持二维图形数据的浏览,又支持三维图形数据的浏览。

2. 发布到 Web 页

AutoCAD 可以方便地将图形输出发布到 Web 页,然后将其发布到因特网上浏览。单击菜单栏中的“文件”→“网上发布”命令,可以根据弹出的“网上发布”向导,快速、简单地创建格式化的网页。

根据发布向导,依次设置 Web 页的“名称”、页面中图象的类型、页面的布局样板、外观主题、页面显示的图形对象等,设置完成后显示“预览并发布”对话框。单击“预览”按钮,在 Microsoft Internet Explorer 中可以预览发布的网页。单击“立即发布”按钮,弹出“发布 Web”对话框,选择发布 Web 文件的文件夹后,单击“保存”按钮,将创建的 Web 文件保存在本地文件夹中。打开保存 Web 页的文件夹,双击“acwebpublish.htm”文件,可以在 Microsoft Internet Explorer 浏览器中查看 Web 页。

7.2 创建与管理布局

AutoCAD 中有“模型空间”和“布局空间”两种不同的工作环境，可以通过绘图区底部附近的“模型”和“布局”选项卡相互切换。

模型空间是完成绘图和设计工作的工作空间。布局空间是图纸布局环境，通常是为了打印图纸而设置。在布局空间可以指定图纸大小、添加标题栏、显示模型的多个视图等。一个模型空间可以包含多个布局空间，每个布局对应一张可打印的图纸，可以分别设置不同的的图纸尺寸和打印参数。

7.2.1 创建布局

单击菜单栏中的“插入”→“布局”命令，从弹出的“布局”子菜单中，可以选择一种创建布局的方式。

1. 新建布局

用于创建一个新的布局，创建时不做任何设置。选择该子菜单后，光标和命令行均提示“输入新布局名”。输入名称后即完成创建，同时在绘图区左下角的“模型/布局”选项卡上将显示新创建的布局。

2. 来自样板的布局

用于将样板文件中的布局插入当前图形文件中。选择该子菜单后，弹出“从文件选择样板”对话框。默认选择文件路径为 AutoCAD 安装文件目录下的 Template 文件夹。选择要导入布局的样板文件后，弹出“插入布局”对话框。选择要插入当前文件中的布局后，单击“确定”按钮，即可完成创建，同时在绘图区左下角的“模型/布局”选项卡上显示新创建的布局。

3. 创建布局向导

布局向导以向导的方式引导用户一步一步完成布局的创建。选择该子菜单后，弹出“创建布局-开始”对话框，输入新布局的名称后，依次进入“打印机”“图纸尺寸”“方向”“标题栏”“定义视口”“拾取位置”及“完成”设置。

7.2.2 管理布局

布局创建完毕后，可以对布局进行删除、移动、复制和重命名等操作。执行“管理布局”功能方法：

在布局选项卡上单击鼠标右键，弹出快捷菜单

命令行：LAYOUT↙

输入布局选项[复制(C)/删除(D)/新建(N)/样板(T)/重命名(R)/另存为(SA)/设置(S)/?]〈设置〉：

7.3 使用浮动视口

在布局图纸中无法编辑模型空间中的对象。如果要编辑模型，必须先进入模型空间，或者激活布局图纸中的浮动视口，进入浮动模型空间。在构造布局图纸时，可以将浮动视口视为图纸空间的图形对象，并对其进行移动和调整。浮动视口可以相互重叠或分离，也可以通过夹点调整浮动视口的大小，还可以对视口进行剪裁或者调整视口中显示图形的比例等。

7.3.1 创建浮动视口

执行“创建浮动视口”功能方法：

菜单栏：“视图”→“视口”，弹出“创建视口”子菜单，如图7-5所示

工具栏：“视图”→“模型视口”，选择相应的工具按钮创建新视口，如图7-6所示

命令行：VPORTS↙弹出“视口”对话框，如图7-7所示

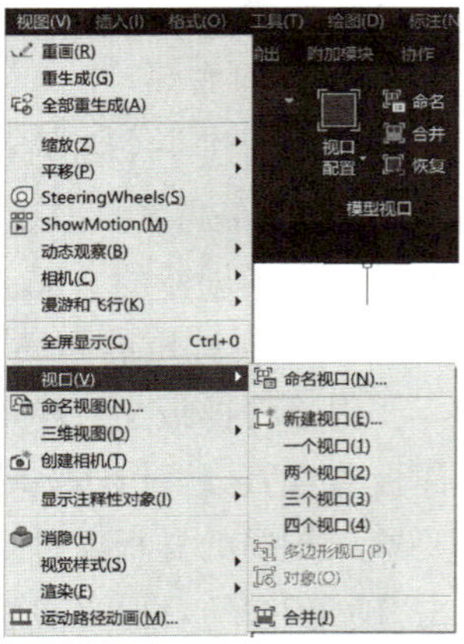

图7-5 “创建视口”子菜单

创建视口时，可以一次创建单个视口，也可以一次创建多个视口。可以创建矩形视口，也可以创建多边形视口（只有在布局空间才能创建）。从“视口”对话框的“标准视口”列表中，选择要创建的视口类型，在右边的“预览”框中将会显示视口布局的预览。可以设置各视口之间的间距，设置视口应用于三维模型还是二维图纸，设置每个视口的视图及视觉样式等。

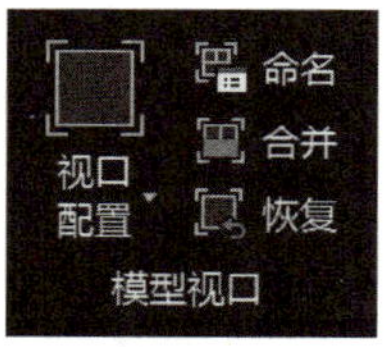

图7-6 “模型视口”工具区

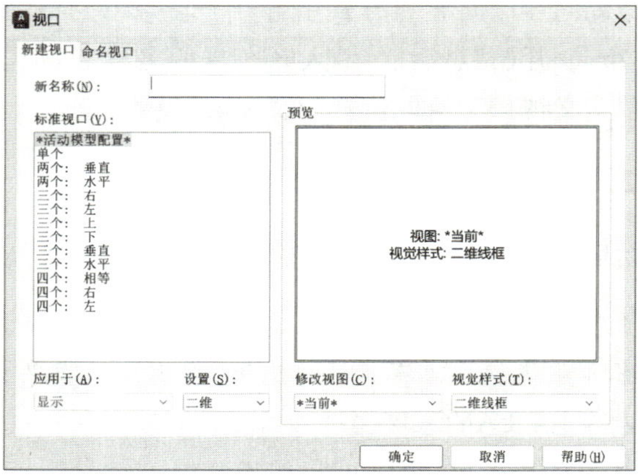

图7-7 “视口”对话框

7.3.2 剪裁视口

在绘制一些复杂三维模型或二维图纸时，有时希望对模型或图纸的某些局部细节进行突出表示，而并不需要将整个视口中的模型或图纸全部表达出来。此时可以通过剪裁视口工具对浮动视口进行剪裁，只保留用户需要的某一部分模型或图纸。

执行“剪裁视口”功能方法：

菜单栏：“修改”→“裁剪”菜单项，“视口”按钮
命令行：VPCLIP↙

执行以上任一操作后，命令提示行显示：

选择要剪裁的视口：

用鼠标在布局空间中想要剪裁的视口边界上单击选取视口，此时命令提示行显示：

选择剪裁对象或[多边形(P)]〈多边形〉：

按 Enter 键，选择默认选项“多边形”，用鼠标在视口中的图形区域绘制一个闭合的多边形，再次按 Enter 键，完成视口的剪裁。

在布局空间，除了可以通过绘制多边形来剪裁视口外，还可以用矩形、圆、闭合的样条曲线等对象来剪裁视口。具体操作步骤如下。

步骤 1 在要剪裁的视口图形区域绘制一个闭合的矩形或圆或样条曲线。

步骤 2 在命令行输入命令“VPCLIP”，按 Enter 键。

步骤 3 用鼠标选择要剪裁的视口边界框。

步骤 4 用鼠标选择预先绘制的矩形或圆或样条曲线对象，完成视口的剪裁。

需要注意的是，虽然在模型空间和布局空间都能创建视口，但“剪裁视口”只能应用于布局空间，不能在模型空间使用。

7.3.3 调整视口

1. 调整视口大小

在布局空间中，选中视口的边界框，将显示其夹点，通过拉伸夹点可以对视口的大小进行调整。拉伸夹点时，位于视口边界框之外的图形将不显示，其效果类似于用矩形对象剪裁视口。使用夹点调整视口大小如图 7-8 所示。

2. 调整视口比例

除了视口的大小可以调整外，视口中显示图形的比例也可以调整。选择要缩放比例的视口，单击状态栏右下方的“视口比例”按钮，弹出“视口比例”列表，如图 7-9 所示。从列表中选择一个合适的比例值或者选择“自定义”选项，添加一个自定义比例。调整视口比例后显示的图形如图 7-10 所示。

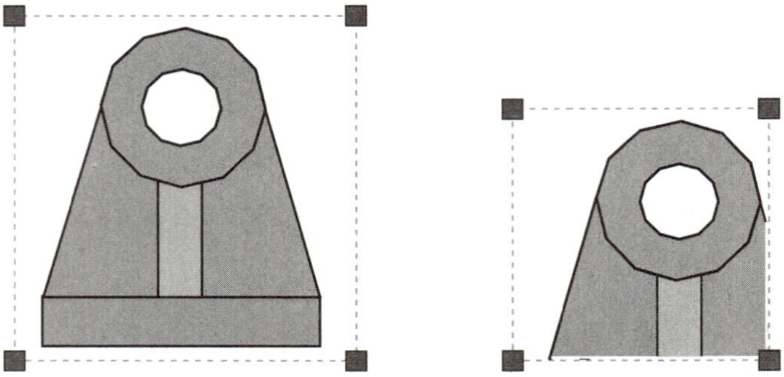

（a）调整大小前的视口　　（b）调整后的视口

图 7-8　使用夹点调整视口大小

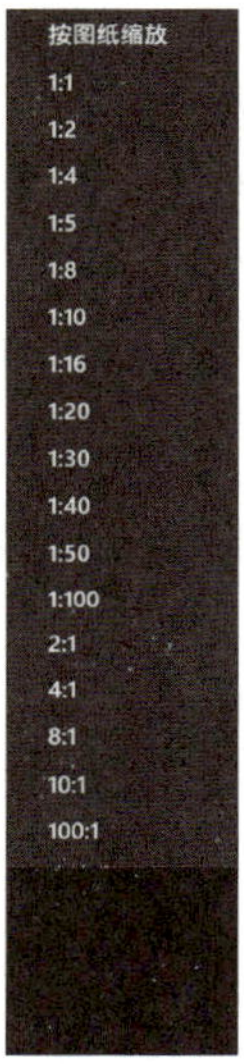

图 7-9　“视口比例”列表

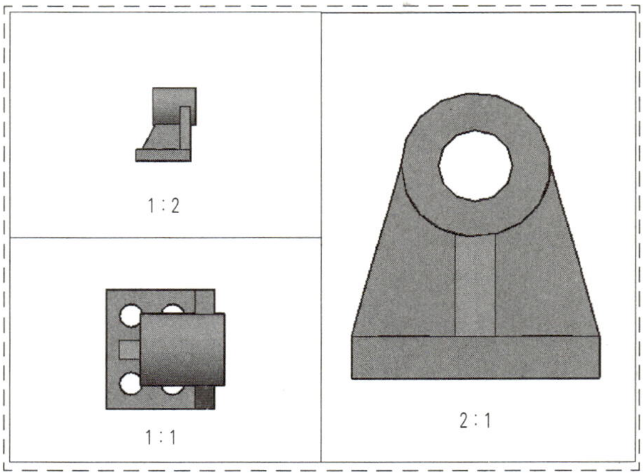

图 7-10　调整视口比例后显示的图形

7.4　打印图形

对布局图纸的编辑，主要是为了图形的打印输出。打印命令可以将图形输出到文件，或者通过打印机或绘图仪将图形打印成图纸实体。

除了在布局空间中打印图纸外，还可以直接在模型空间绘制好图纸的边框和标题栏等信息，在模型空间中完成图纸的打印。

7.4.1　打印预览

打印预览用于在正式打印图纸之前，在预览窗口中查看打印效果。通过打印预览，可以检查视口图纸分布是否正确，图形中的线型、线粗等有无错误之处。

执行“打印预览”功能方法：

菜单栏：“文件”→“打印预览”命令
工具栏：单击“输出”工具栏→“打印”工具区的“预览”按钮
命令行：PREVIEW↙

执行以上任一命令后，将弹出图纸的打印预览窗口。在预览窗口中，可以按住鼠标左键并上、下移动来放大或缩小图形，还可以通过预览窗口左上角的工具栏对图形进行“打印”“平移”“缩放”“关闭”等操作。

需要注意的是，如果在执行“打印预览”命令时，当前模型空间或布局空间没有指定打印机或绘图仪，那么命令提示行显示：

未指定绘图仪。请用“页面设置”给当前图层指定绘图仪

单击“输出”工具栏→“打印”工具区的“页面设置管理器”按钮，弹出“页面设置管理器”对话框。“页面设置”选项组中列出了当前布局空间所包含的布局图纸，选择要进行页面设置的布局名称，单击“修改”按钮，进入“页面设置”对话框。在“打印机/绘图仪”名称列表框中，选择用于打印当前布局图纸的打印机或绘图仪，单击“确定”按钮，退出后再执行“打印预览”命令，即可实现图纸的打印预览。

7.4.2　打印输出

预览结束后，可以直接在“预览”窗口工具栏中单击“打印”按钮，将图纸打印输出。执行“打印输出”功能方法：

程序：左上角第一栏“打印”按钮
菜单栏：“文件”→“打印”命令
工具栏：单击“输出”工具栏→“打印”工具区的“打印”按钮
命令行：PLOT↙

执行以上任一命令后，弹出“打印”对话框，如图 7-11 所示。“打印”对话框与“页面设置”对话框相似，在“打印”对话框中可以进行详细的打印参数设置。

- “页面设置”选项组：确定打印设备和设置其他影响最终输出外观和格式的参数。可以修改这些设置并将其应用到其他打印输出中。在“名称”选择框中，选择不同的“页面设置”项，则“打印”对话框中其他各选项组的参数会随之更新。
- “打印机/绘图仪”选项组：选择输出设备、显示输出设备名称及一些相关信息，具体设置方法与“页面设置”选项组相同。此外，勾选“打印到文件”复选框，将会把打印的图纸输出到文件，而不是打印机或绘图仪，单击“确定”按钮后，弹出“浏览打印文件”对话框。

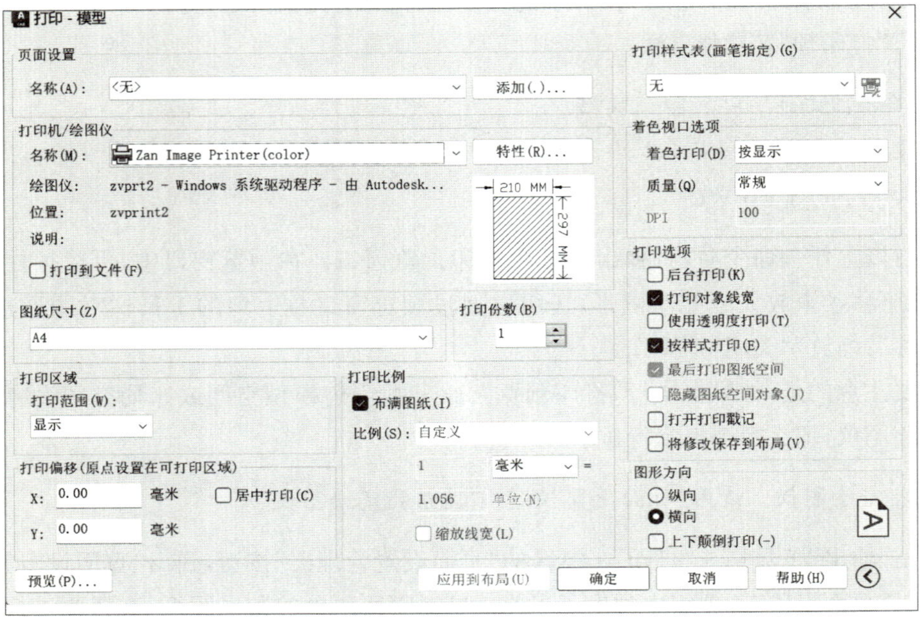

图 7-11 “打印”对话框

● “图纸尺寸”选项组：选择图纸的尺寸大小。图纸的大小是由打印机的型号所决定的，选择不同的打印机或绘图仪后，图纸尺寸列表框中将显示不同的图纸大小。

● “打印区域”选项组：指定要打印的图形区域。在“打印范围”下拉框中，有选项可供选择。

窗口：在绘图窗口中通过鼠标指定两个角点来确定打印区域。

图形界限：打印当前绘图空间内的全部图形，包括不在当前屏幕显示的图形对象。

显示：输出当前屏幕显示的图形。

● “打印偏移”选项组：指定打印区域相对于图纸左下角的偏移量。

“居中打印”选择框：系统会自动计算 X 和 Y 的偏移值，将打印图形置于图纸正中间。

X 文本框：指定打印原点在 X 方向的偏移量。

Y 文本框：指定打印原点在 Y 方向的偏移量。

● “打印比例”选项组：设置输出图形与实际图形的比例值。勾选“布满图纸”复选框，系统将自动缩放打印图形，并将其布满整个打印图纸。

● “打印样式表”选项组：选择打印样式或新建打印文件的名称及类型。

● “着色视口选项”选项组：指定着色和渲染视口的打印方式，并确定它们的分辨率大小和 DPI 值。

● “打印选项”选项组：设置打印时的方式、图形对象的线宽、打印样式、打印次序、打印戳记等参数。

● “图纸方向”选项组：指定图形在图纸上放置的方位。

纵向：将图纸的短边放置在打印纸页面的顶部。

横向：将图纸的长边放置在打印纸页面的顶部。

“上下颠倒打印”选择框：将图形对象在图纸页面中上下颠倒放置后打印。

- “预览”按钮：单击该按钮，弹出“打印预览”对话框，显示图纸的打印预览。
- “应用到布局”按钮：单击该按钮，可以将“打印”对话框中的各项设置保存到当前布局中。

参数设置完毕后，单击“确定”按钮，打印的图形对象将会在所选打印机或绘图仪上自动打印输出。

思考练习

1. 请列举出至少 5 种 AutoCAD 能支持的输入文件格式，并查阅相关资料，详细了解每种格式的含义。
2. 请绘制一张 AutoCAD 图纸，并将其输出为 PDF 文件。
3. 请将第 2 题中绘制的图纸发布为 Web 文件。
4. 请创建一个新的布局，要求图纸大小为 A3，横向放置，并采用“标准三维工程视图”视口。
5. 请在布局图纸空间对某个视口进行剪裁，要求剪裁后的视口为非矩形视口。
6. 请为第 4 题中每个布局视口设置不同的缩放比例。

第二部分

AutoCAD 绘制机械图样

第8章 制作机械样板文件

在 AutoCAD 图形设计中，制作样板文件非常重要。样板文件包含一定的绘图环境和专业参数设置，通常还包含一些通用和常用的图形对象，其扩展名为“. dwt”。在样板文件的基础上绘图，能够避免许多参数的重复设置，这不仅提高了绘图效率，还可以使绘制的图形更标准、更符合规范。

针对不同的设计内容，样板文件有所也不同，本章将通过制作一个 A3 幅面的机械制图样板文件，学习样板文件的具体制作过程。

8.1 制作机械样板文件的准则

8.1.1 基本准则

使用 AutoCAD 制作机械样板文件时，应该遵循以下基本准则。

(1) 严格遵守国家标准的有关规定；

(2) 使用标准线型；

(3) 设置适当图形界限，以便能包含最大操作区；

(4) 将捕捉和栅格设置为在操作区操作的尺寸；

(5) 按标准的图纸尺寸打印图形。

8.1.2 其他说明

由于行业不同，各企业加工生产的产品在形状、结构及性能上有着巨大差异，因此，除了基本准则外，还应考虑以下几点。

(1) 结合本行业的特点，也可以融入设计、定制或者二次开发的专用功能；

(2) 全面考虑本单位、本部门的标准规范及长期形成的做法；

(3) 在考虑标准性、规范性的前提下，提高设计效率，尽可能多地提供通用性支持。

8.2 机械制图的基本规定

我国机械制图国家标准中，对图纸的幅面大小、字体、图线的线型、线宽、尺寸标注样式等都有明确的规定，用户需要依据国标创建满足需要的样板文件。

8.2.1 图纸幅面和格式

根据《技术制图　图纸幅面和格式》(GB/T 14689—2008)的规定，在绘制机械图样时应优先选择的基本幅面，见表 8-1。如有必要可以选择加长幅面，见表 8-2。每张图幅内一般都要求绘制图框，并且在图框的右下角绘制标题栏。图框的大小和标题栏的尺寸都有统一的规定。图纸还可分为留有装订边和不留装订边两种格式，如图 8-1 所示。

表 8-1　图纸基本幅面

幅面代号	A0	A1	A2	A3	A4
$B\times L$	841×1 189	594×841	420×594	297×420	210×297
e	20		10		
a	25				
c	10		5		

表 8-2　图纸加长幅面

幅面代号	A3×3	A3×4	A4×3	A4×4	A4×5
$B\times L$	420×891	420×1 189	291×630	297×841	297×1 051

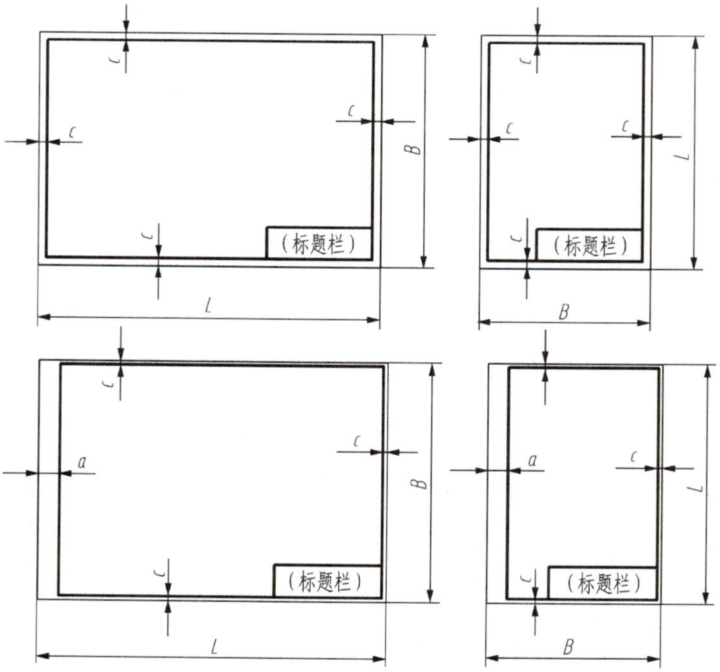

图 8-1　图纸格式

在图框的右下角必须画出标题栏，标题栏中的文字方向一般为看图方向。国家标准规定生产上用的标题栏内容较多、较复杂，在制图作业中可以简化，建议采用如图 8-2 所示简化标题栏。

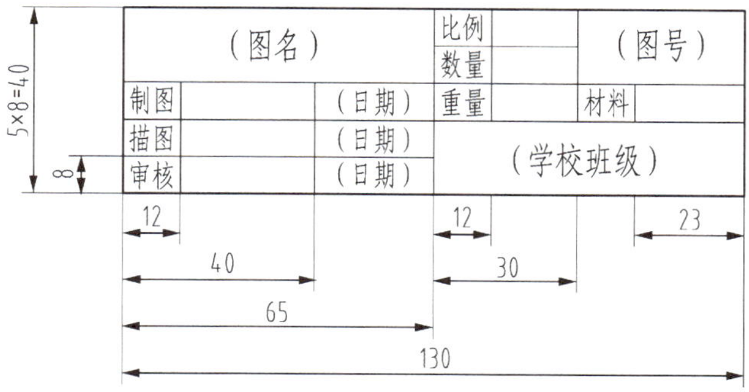

图 8-2　学生标题栏

8.2.2　比例

图中图形与其反映的实物相应要素的线性尺寸之比称为比例。优先采用 1∶1 的比例，这样可以从图样中直接反映实物的大小。由于零件的大小、形状差别很大，所以根据情况选择合适的绘图比例是相当重要的。根据《技术制图　比例》(GB/T 14690—1993)的规定，绘制机械图样时应优先选择应选取的比例，如未能满足要求，也允许使用允许选取的比例，见表 8-3。

表 8-3　绘图比例

种　　类	应选取的比例	允许选取的比例
与实物相同	1∶1	—
缩小的比例	1∶2，1∶5，1∶10	1∶1.5，1∶2.5，1∶3，1∶4，1∶6
放大的比例	5∶1，2∶1	4∶1，2.5∶1

8.2.3　字体

在完整的机械图样中除了图形之外，还有文本注释、尺寸标注、基准标注、表格内容及其他说明等文字，这要求用户在不同情况下使用合适的字体。《技术制图　字体》(GB/T 14691—1993)规定了机械图样中书写的字母、数字、汉字的结构形式和基本尺寸。下面对这些规定作简要介绍。

(1) 字母及数字分 A 型和 B 型，在同一张图纸上只允许采用同一种字母及数字字体。

(2) A 型字体的笔划宽度 (d) 为字高 (h) 的 1/14，B 型字体的笔划宽度为字高的 1/10。

(3) 字母和数字可写成斜体或正体。斜体字头应向右倾斜,与水平基准线成 75°。

(4) 字高的公称尺寸系列为 1.8 mm,2.5 mm,3.5 mm,5 mm,7 mm,10 mm,14 mm,20 mm。如需书写更大的字,其字高应按比率递增。字体的高度决定了该字体的号数。例如,字高为 7 mm 的文字表示为 7 号字。

(5) 图样中的汉字应写成长仿宋体,汉字的高度不应小于 3.5 mm,其字宽一般为 $h/\sqrt{2}$(约为字高的 2/3)。

(6) 用作极限偏差、分数、脚注、指数等的数字与字母,应采用小一号的字体。

8.2.4 图线

绘制图样时,所采用的各种线型及其应用场合应符合国际规定,机械图样是由各式各样的线条组成的。《技术制图　图线》(GB/T 17450—1998)规定了 15 种基本线型及多种基本线型的变形和图线的组合,适用于机械、建筑、土木工程及电气等领域。在机械制图方面,常用线条的名称、线型、宽度及一般用途见表 8-4。

机械制图所用线条分为粗线、细线两种,其宽度比例为 2∶1。具体的线条宽度(d),应根据图纸幅面的大小和所表达对象的复杂程度,在给出的系列中选择(公式比为 $1:\sqrt{2}$):0.13 mm,0.18 mm,0.25 mm,0.35 mm,0.5 mm,0.7 mm,1 mm,1.4 mm,2 mm。

表 8-4　机械制图中常用的图线

图线名称	图线形式	宽度	主要用途及线素长度
粗实线		d	表示可见轮廓线、可见相贯线
细实线		$\frac{d}{2}$	表示可见尺寸线、尺寸界线、剖面线、引出线、重合断面的轮廓、引出线、螺纹的牙底线、齿轮的齿根等
虚线		$\frac{d}{2}$	表示不可见轮廓线、不可见相贯线
波浪线		$\frac{d}{2}$	表示断裂处的边界线,视图和剖视的分界线等
对折线	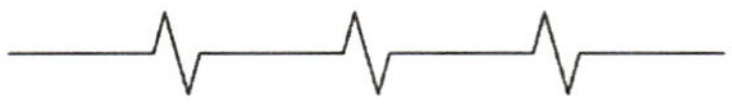	$\frac{d}{2}$	表示断裂处的边界线等
细点画线	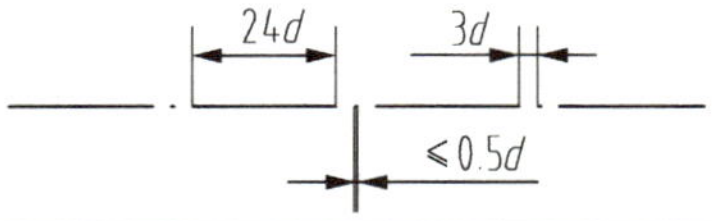	$\frac{d}{2}$	表示轴线、对称中心线、轨迹线、齿轮的分度圆及分度线等
粗点画线	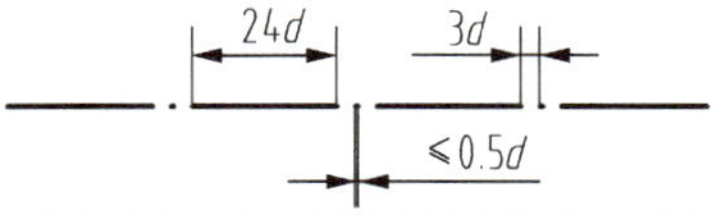	d	表示限定范围表示线
双点画线	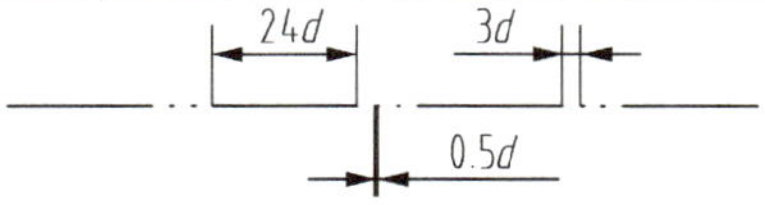	$\frac{d}{2}$	表示相邻辅助零件的轮廓线、可动零件极限位置的轮廓、重心线、成型前轮廓线、轨迹线、中断线等

8.2.5　尺寸标注

机械图样主要用来表达机件的结构与形状，具体大小由所标注的尺寸来确定。无论机械图样视图是以何种绘图比例绘制，标注的尺寸都要求反映实物的真实大小，即以真实尺寸来标注。尺寸标注是机械图样中非常重要的部分，《技术制图　尺寸注法》(GB/T 4458.4—2003)规定了尺寸标注的方法。

1. 尺寸标注的规则

(1) 机件的大小应以视图上所标注的尺寸数值为依据，与图形的大小及绘制的准确性无关。

(2) 视图中的尺寸默认为零件加工完成之后的尺寸，如果不是，则应另加说明。

(3) 当标注的尺寸以 mm 为单位时，不必标注尺寸计量单位的名称与符号。

(4) 尺寸的标注不允许重复，并且要求标注在最能反映机件结构的视图上。

(5) 标注尺寸时，应尽可能使用符号和缩写词。

2. 尺寸的四要素

一个完整的尺寸由尺寸界线、尺寸线、尺寸终端与尺寸数字四个基本要素组成，如图 8-3 所示。

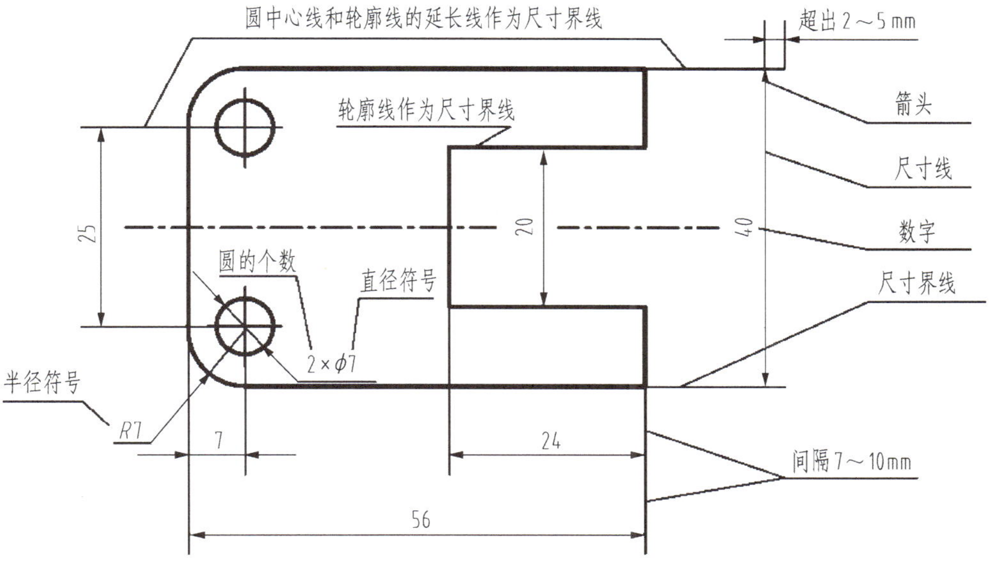

图 8-3　尺寸组成及注法

(1) 尺寸界线：表明尺寸的界限，用细实线绘制。尺寸界线可以从图形的轮廓线、中心线、轴线或对称中心线处引出，也可以直接使用轮廓线、中心线、轴线或对称中心线为尺寸界线。

(2) 尺寸线：用于放置尺寸数字，规定使用细实线绘制，通常与图形中标注该尺寸的线段平行。尺寸线不能用其他图线代替，不能与其他图线重合，不能画在视图轮廓的延长线上。尺寸线之间或尺寸线与尺寸界线之间应避免出现交叉情况。

（3）尺寸终端：机械制图中的尺寸终端为实心箭头，表明尺寸的起止。

（4）尺寸数字：一般用3.5号斜体，也允许使用正体。要求以毫米（mm）为单位，此时不必标注计量单位的名称与符号。

3. 尺寸标注的类型

（1）线性标注

线性尺寸的数字一般应注写在尺寸线的上方，也允许注写在尺寸线的中断处或引出标注。线性尺寸数字的方向，一般应按如图8-4(a)所示的方向注写，并尽可能避免在图示30°范围内标注尺寸，还可按照如图8-4(b)所示处理。

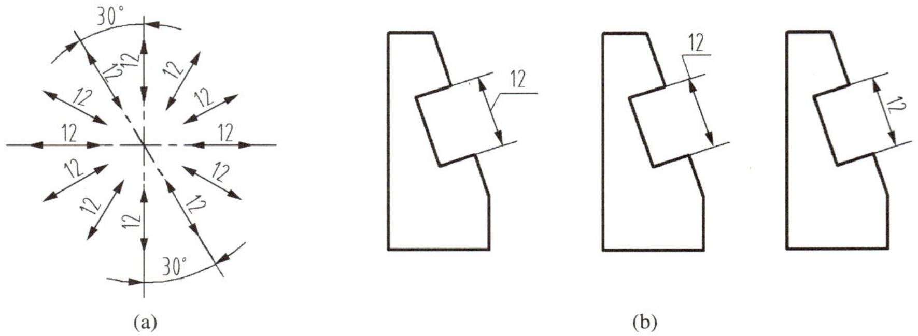

图8-4　线性尺寸注法

（2）圆的标注

标注圆的直径时，尺寸线应通过圆心，尺寸线的两个终端应画成箭头，在尺寸数字前应加注符号“ϕ”，如图8-5(a)所示。当图形中的圆弧线大于该圆全部弧线的一半时，尺寸线应略超过圆心，此时仅在尺寸线的一端画出箭头，如图8-5(b)所示。

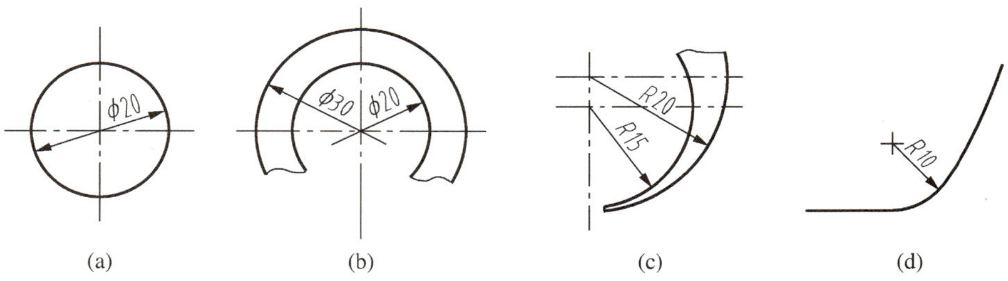

图8-5　圆和圆弧注法

（3）圆弧的标注

标注圆弧的半径时，尺寸线的一端应画到圆心，以明确表明其圆心的位置，另一端画成箭头，在尺寸数字前应加注符号“R”，如图8-5(c)、(d)所示。

（4）角度的标注

标注角度时，尺寸线应画成圆弧，其圆心是该角的顶点，尺寸界线应沿径向引出。角度的数字应一律写成水平方向，一般注写在尺寸线的中断处，必要时也可以注写在尺寸线的上方或外面，也可引出标注，如图 8-6 所示。

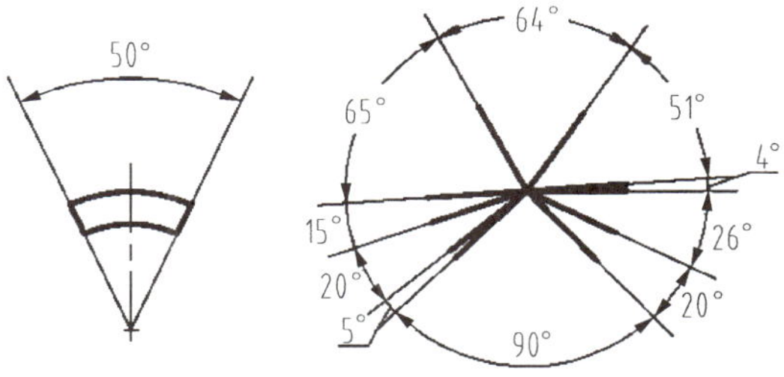

图 8-6　角度的注法

8.3 制作机械样板文件的步骤

AutoCAD 提供了许多样板文件，但这些样板文件和我国的国标不完全符合。所以不同的专业在绘图前都应建立符合各自专业国家标准的样板文件，保证图纸的规范性。下面以建立符合我国机械制图国家标准的 A3 机械样板文件为例，介绍机械样板文件创建的一般方法与步骤。

8.3.1 新建文件

步骤 1　启动 AutoCAD 软件。

步骤 2　新建.dwg 文件。

单击菜单“文件”→“新建”，打开新建文件对话框，如图 8-7 所示，选择最接近我国国标的“acadiso.dwt”样板或者选择无样板打开，单击“打开”按钮。

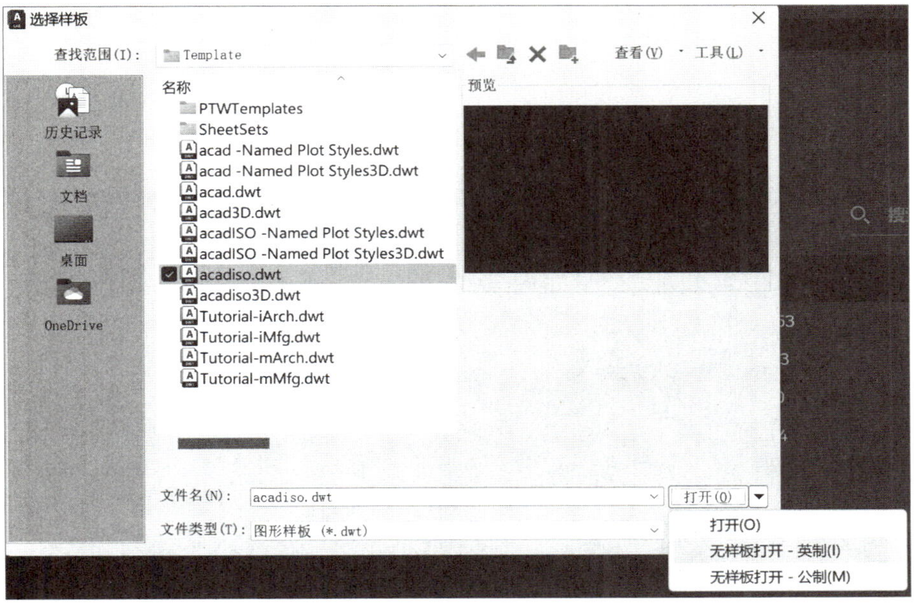

图 8-7　选择样板

8.3.2 设置绘图单位与精度

单击菜单“格式”→“单位”，打开“图形单位”对话框，如图 8-8 所示。在绘图时，单位制都采用十进制，长度精度为小数点后 2 位，角度精度为小数点后 0 位。设置完毕后，单击“确定”按钮。

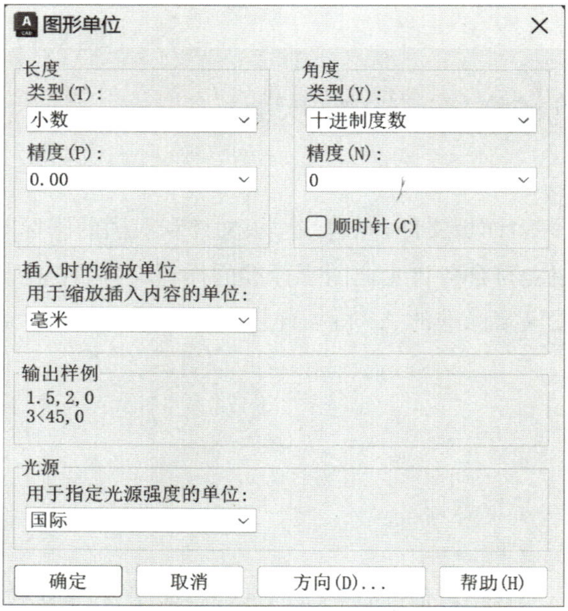

图 8-8 设置绘图单位与精度

8.3.3 设置图层

单击菜单“格式”→“图层”，打开图层特性管理器，如图 8-9 所示。

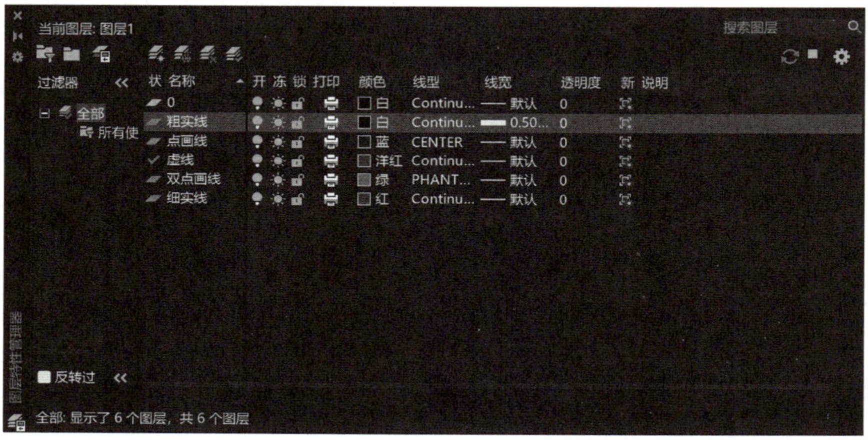

图 8-9 图层特性管理器及图层设置结果

步骤 1　创建粗实线层。

单击“新建图层”按钮，新建一图层，修改图层名称为“粗实线”，颜色为黑色/白色（索引颜色 7），线型为 Continuous，线宽为 0.5 mm。

步骤 2　创建细实线层。

单击“新建图层”按钮，新建一图层，修改图层名称为“细实线”，颜色为红色（索引颜色 1），线型为 Continuous，线宽为默认。

步骤 3　创建点画线层。

单击“新建图层”按钮，新建一图层，修改图层名称为“中心线”，颜色为蓝色（索引颜色 5），加载 CENTER 线型，线宽为默认。

步骤 4　创建虚线层。

单击“新建图层”按钮，新建一图层，修改图层名称为“虚线”，颜色为洋红色（索引颜色 6），加载 HIDDEN 线型，线宽为默认。

步骤 5　创建双点画线层。

单击“新建图层”按钮，新建一图层，修改图层名称为“双点画线”，颜色为绿色（索引颜色 4），加载 PHANTOM 线型，线宽为默认。

步骤 6　统一设置默认线宽。

用鼠标右键单击右下方状态栏“线宽”按钮，“线宽设置”选择 0.25 mm。

保存图层。完成上述操作后，样板文件图层设置完成，结果如图 8-9 所示，单击“确定”按钮保存。

8.3.4　创建文字样式

在绘制图形时，通常要设置 4 种文字样式，分别用于一般注释、标题栏中的零件名、标题栏注释和尺寸标注。我国国标的汉字标注字体文件为：长仿宋大字体形文件 gbcbig.shx。文字高度对于不同的对象，要求也不同。定义中文文字样式时，需要有对应的中文字体。另外，当中、英文混排时，为使标注出的中英文文字的高度协调，AutoCAD 还提供了对应的符合国家制图标准的英文字体 gbenor.shx 和 gbeitc.shx，其中 gbenor.shx 用于标注正体，gbeitc.shx 用于标注斜体。

单击菜单“格式”→“文字样式”，打开“文字样式”对话框，如图 8-10 所示，新建文字样式名称为“GB5”，SHX 字体为 gbenor.shx，勾选“使用大字体”，大字体为 gbcbig.shx，单击“应用”按钮。

说明： gbenor.shx、gbcbig.shx 字体在设计时，已经考虑到宽高比例 0.7，故在文字样式中不再设置，宽度比例为 1。

8.3.5　设置标注样式

从 8.2.5 节中已经了解了《机械制图　尺寸注法》(GB/T 4458.4—2003)对尺寸标注的

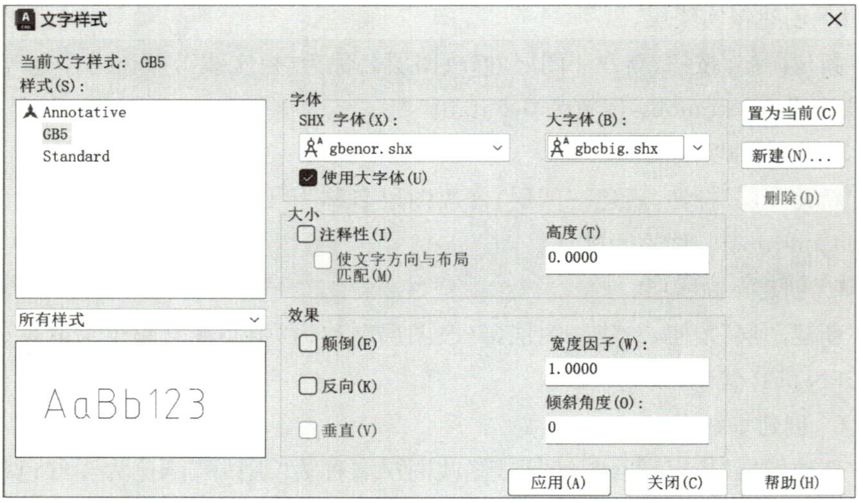

图 8-10　设置文字样式结果

一般要求。尺寸标注类型有线性尺寸标注、圆的尺寸标注（直径）、圆弧的尺寸标注（半径）及角度标注，且每种类型的尺寸标注都有所区别。样板文件标注样式的设计必须以此为出发点。具体步骤如下。

步骤 1　打开标注样式管理器。

单击菜单“格式”→“标注样式”，打开“标注样式管理器”对话框，如图 8-11 所示。

步骤 2　修改 ISO-25 总体样式（基于线性标注）。

（1）单击“修改”按钮，打开“修改标注样式”对话框，各选项说明如下。

● “线”选项卡：设置尺寸线、尺寸界线的相应参数，“超出尺寸线”设置为 2，“起点偏移量”设置为 1，其余取默认值，如图 8-12 所示。

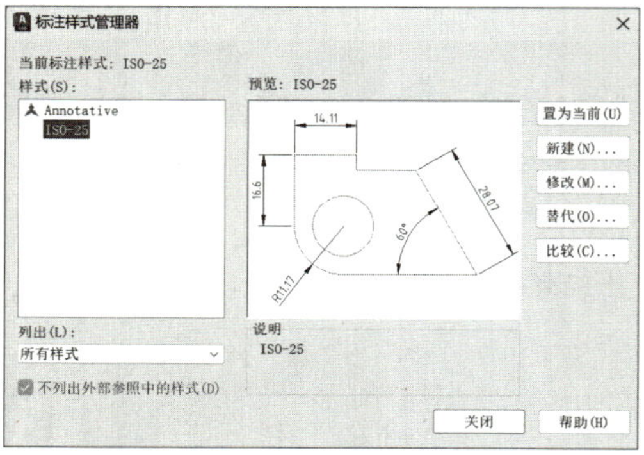

图 8-11　标注样式管理器

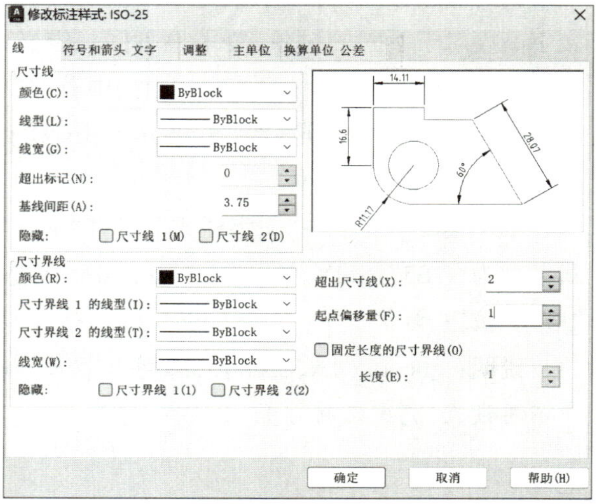

图 8-12　ISO-25“线”选项卡

● “符号和箭头”选项卡：设置箭头、圆心标记、弧长符号及半径标注折弯等相应参数，在此只调整“箭头大小”为 3.5，与尺寸数字大小相同，其余取默认值，如图 8-13 所示。

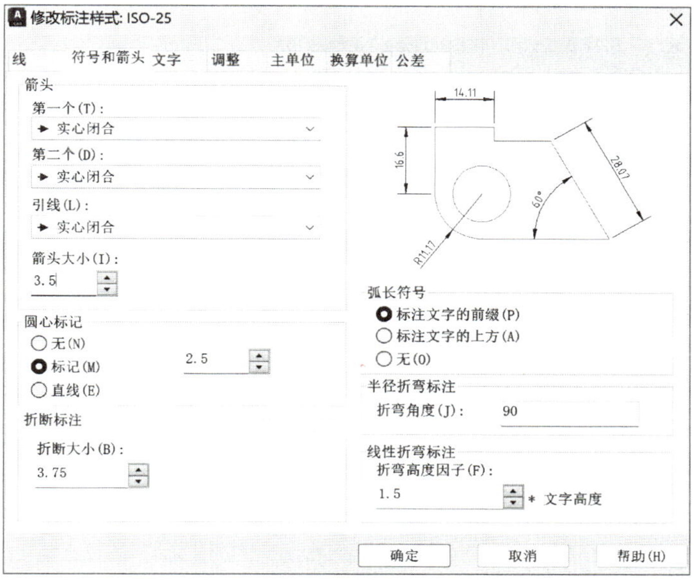

图 8-13　ISO-25“符号和箭头”选项卡

● “文字”选项卡：设置文字外观、文字位置及文字对齐方式，在此“文字样式”选择“GB 5”，“填充颜色”选择“□背景”，“文字高度”设置为 5，其余取默认值，如图 8-14 所示。

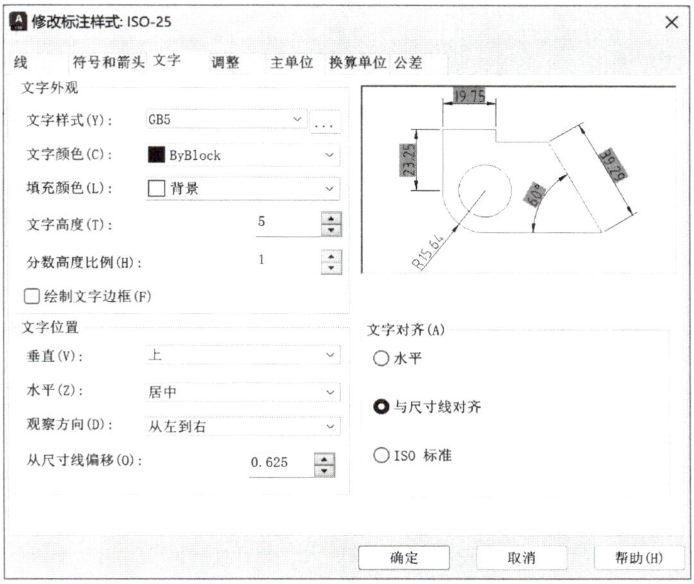

图 8-14　ISO-25“文字”选项卡

● “调整”选项卡：设置调整选项、文字位置、标注特征比例、优化，在此将“调整选项”设置为“文字”，其余取默认值，如图 8-15 所示。

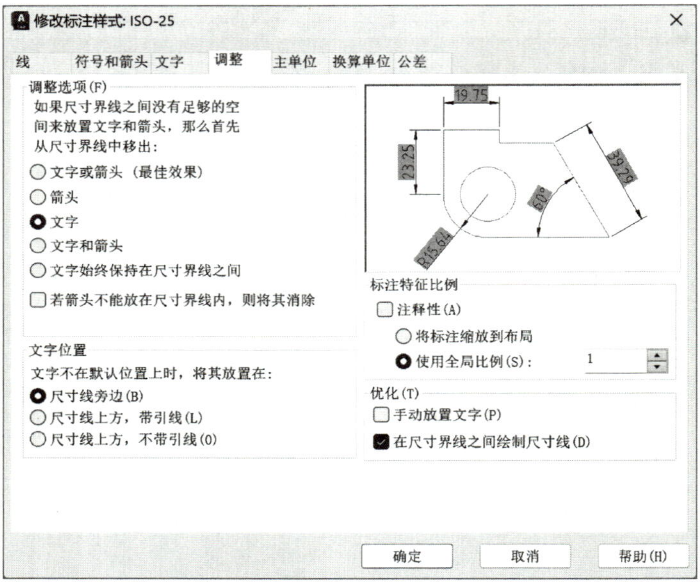

图 8-15　ISO-25“调整”选项卡

● “主单位”选项卡：设置线性标注和角度标注的单位相关的参数，在此将“小数分隔符”设置为“.”(句点)，其余取默认值，如图 8-16 所示。

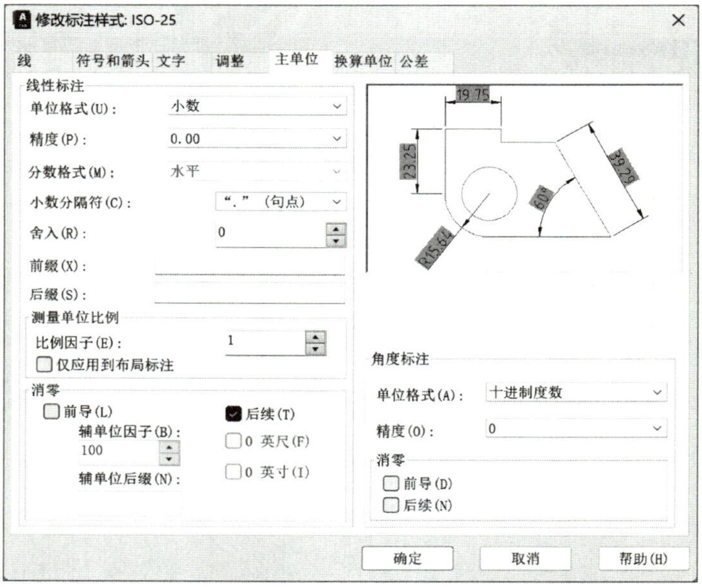

图 8-16　ISO-25“主单位”选项卡

- “换算单位”选项卡：均取默认值，如图 8-17 所示。

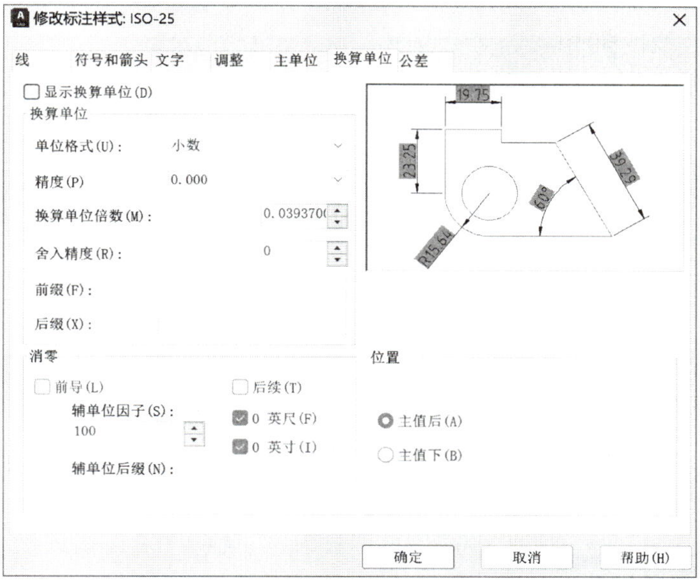

图 8-17　ISO-25“换算单位”选项卡

- “公差”选项卡：设置公差格式、换算单位公差的参数，在此将“公差格式”中的“垂直位置”选择为“中”，其余取默认值，如图 8-18 所示。

说明： 本书中公差的标注主要讲授采用多行文字堆叠实现的方法，故在标注样式中不作考虑。

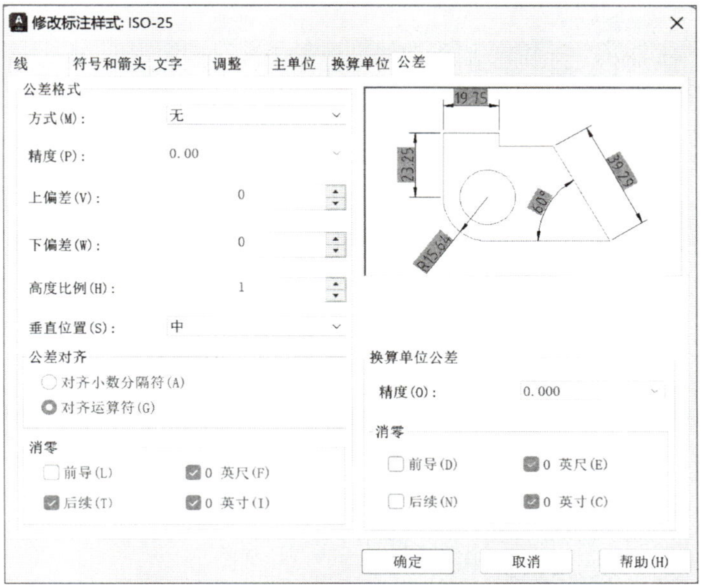

图 8-18　ISO-25“公差”选项卡

（2）完成 ISO-25 样式的修改。单击“确定”按钮，保存 ISO-25 样式，系统自动返回至标注样式管理器。

步骤 3 创建线性标注样式。

由于 ISO-25 总体样式修改是基于线性标注样式进行的，所以线性样式的设置无需修改，具体操作如下。

（1）在“标注样式管理器”界面单击“新建”按钮，弹出如图 8-19 所示“创建新标注样式”对话框，在“用于”下拉框中选择“线性标注”，单击“继续”按钮。

（2）在弹出的“新建标注样式：ISO-25：线性”对话框中，单击“确定”，返回“标注样式管理器”界面，如图 8-20 所示。此时，在 ISO-25 标注样式下增加了线性分样式。

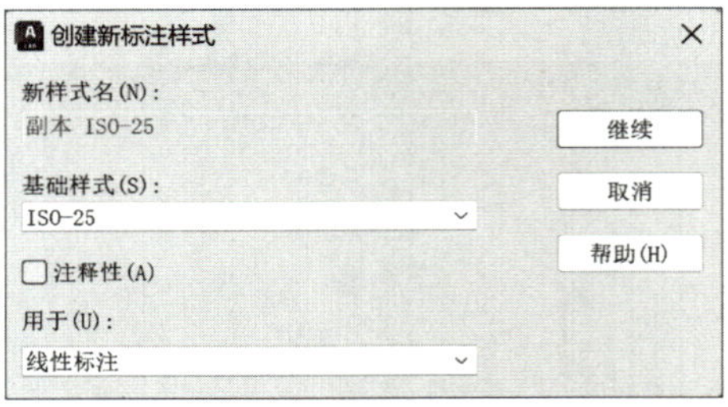

图 8-19 创建线性标注样式

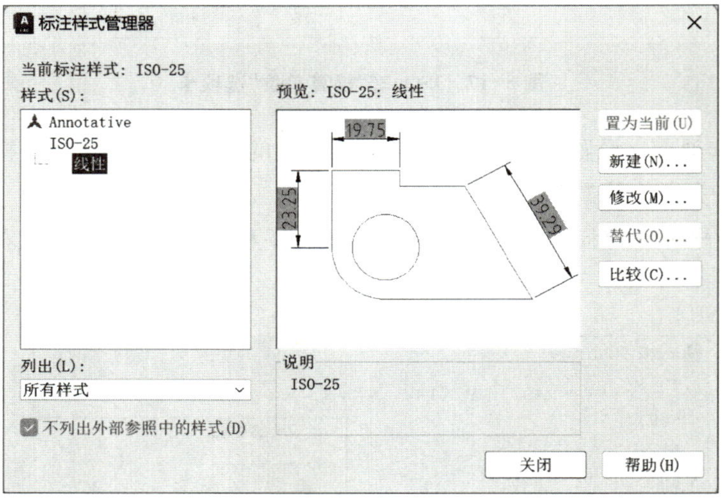

图 8-20 标注样式管理器

步骤 4 创建直径标注样式。

直径标注样式需在 ISO-25 总体样式中进行部分修改，具体操作如下。

（1）在“标注样式管理器”界面单击“新建”按钮，弹出如图 8-21 所示“创建新标注样式”对话框，在“用于”下拉框中选择“直径标注”，单击“继续”按钮。

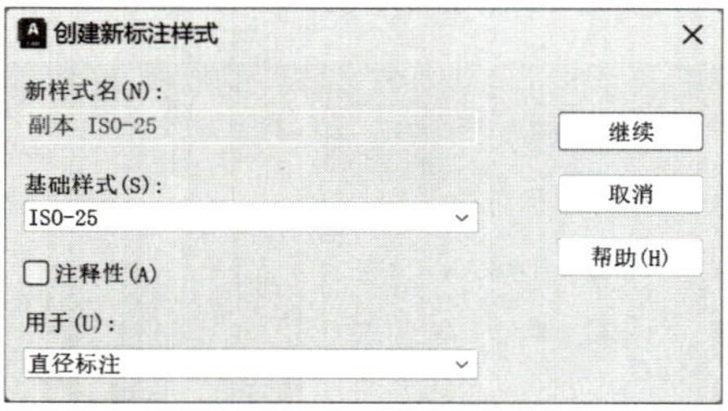

图 8-21 创建直径标注样式

（2）在“文字”选项卡中，将“文字对齐”方式修改为“ISO 标准”，如图 8-22 所示。

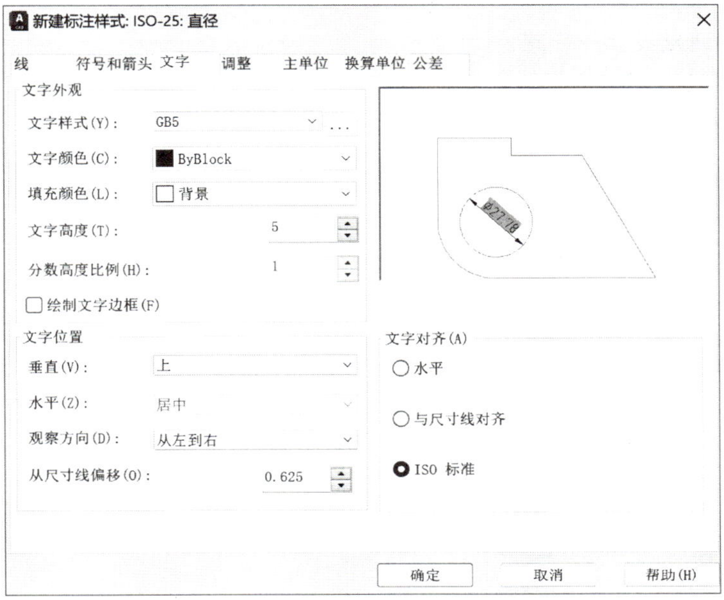

图 8-22　设置直径标注样式“文字”选项卡

（3）在“调整选项”选项组中，选择“文字或箭头（最佳效果）”，在“优化”选项组中勾选“手动放置文字”，如图 8-23 所示。

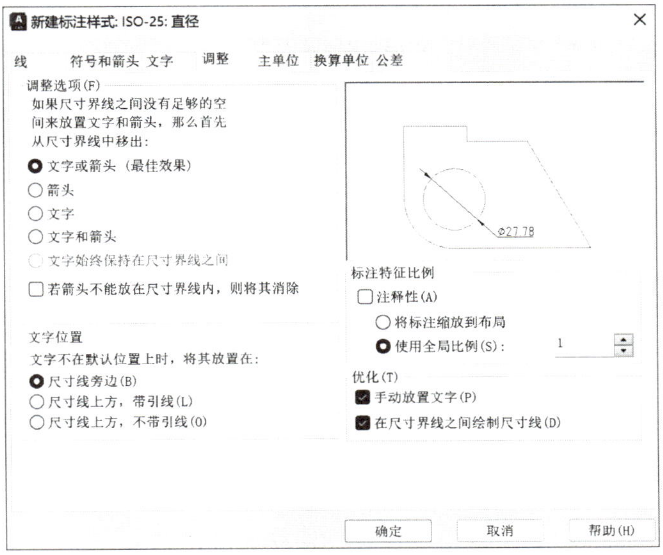

图 8-23　设置直径标注样式

（4）单击“确定”按钮，完成直径标注样式的创建，并返回至“标注样式管理器”。此时，在 ISO-25 标注样式下又增加了直径分样式。

步骤 5 创建半径标注样式(同步骤 4)。

步骤 6 创建角度标注样式。

角度标注样式仅需在 ISO-25 总体样式中进行一点修改,具体操作如下。

(1) 在“标注样式管理器”界面单击“新建”按钮,弹出如图 8-24 所示“新建标注样式”对话框,在“用于”下拉框中选择“角度标注”,单击“继续”按钮。

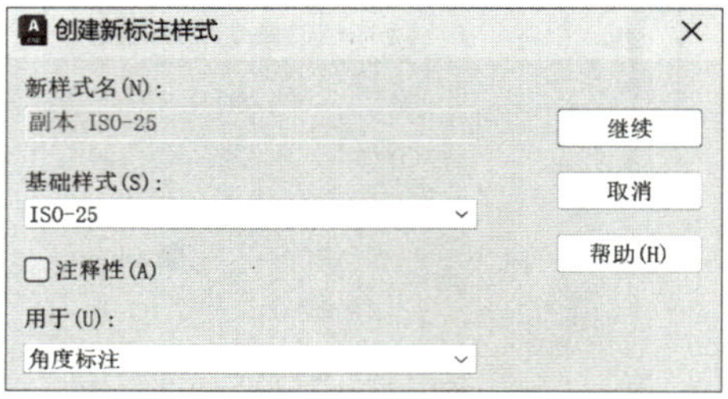

图 8-24 创建角度标注样式

(2) 在“文字对齐”选项组中,勾选“水平”,如图 8-25 所示。

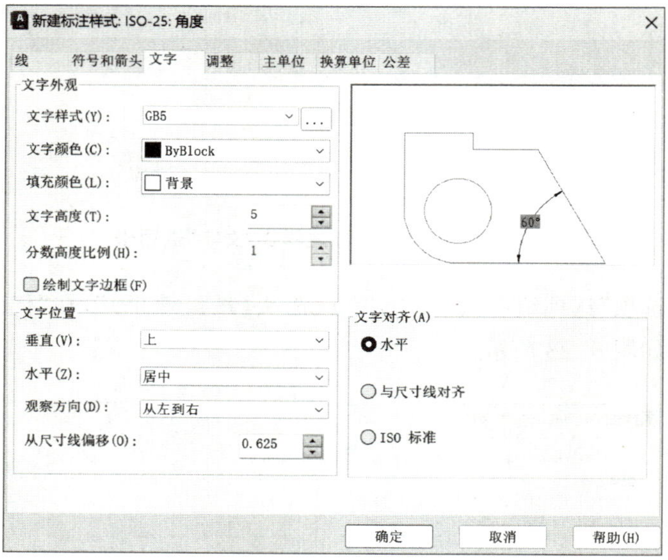

图 8-25 设置角度标注样式

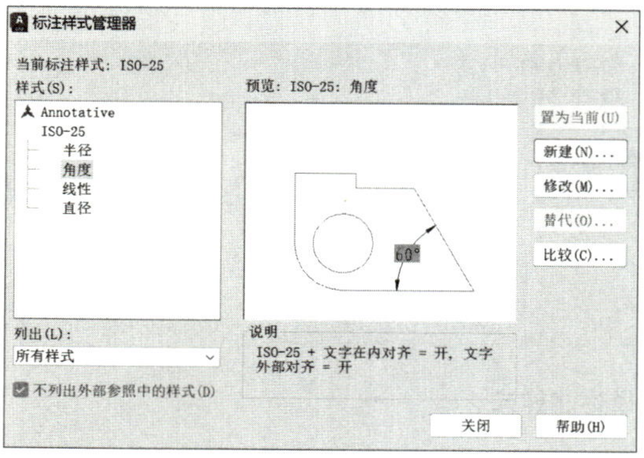

图 8-26 标注样式设置完成后的结果

(3) 单击“确定”按钮,完成角度标注样式的创建,并返回至“标注样式管理器”。此时,在 ISO-25 标注样式下又增加了角度分样式。

步骤 7 保存标注样式。

通过上述设置,可以得到如图 8-26 所示的尺寸标注样式。单击“关闭”按钮,完成标注样式设置。

8.3.6　绘制图框

利用“绘图”→“直线”命令，采用捕捉追踪、偏移等绘图命令，绘制 A3 图框（细实线图幅线、粗实线图框线），具体尺寸参见表 8-1。

8.3.7　设计常用图块

本样板中，将设计表面粗糙度、零件图标题栏、装配图标题栏及明细表 3 个块。用户也可以根据自己的实际情况，进行增加。

1. 表面粗糙度块

步骤 1　绘制表面粗糙度符号。

利用“绘图”→“直线”命令，采用捕捉追踪、偏移等绘图命令，绘制表面粗糙度符号，具体尺寸参考图 8-27，其中 $H_2=2h$，$H_1=1.4h$，$d'=h/10$，h 为文字高度，这里取尺寸数字高度为 5 mm。

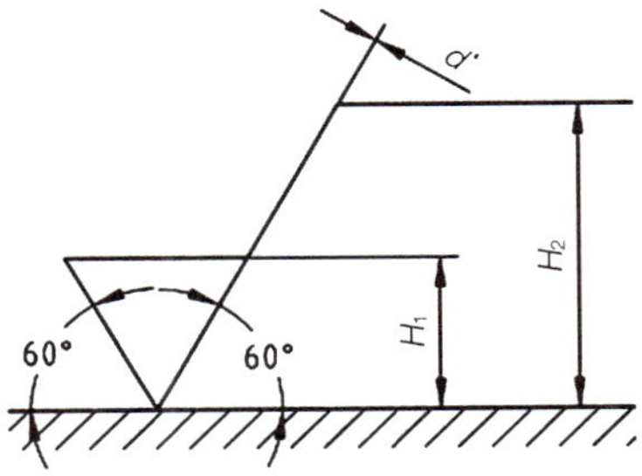

图 8-27　表面粗糙度的画法

步骤 2　定义块属性。

单击“绘图”→“块”→“定义属性”，打开“属性定义”对话框，如图 8-28 所示。在“标记”文本框内输入“CCD”，在“提示”文本框内输入“输入 Ra 值”，在“默认”文本框内输入“Ra12.5”，其余取默认值。单击“确定”按钮，返回绘图界面。将块属性放置在适当位置，如图 8-29 所示。

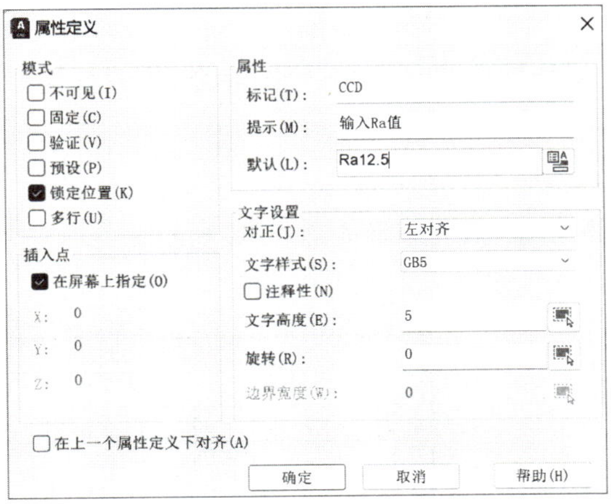

图 8-28　定义块属性

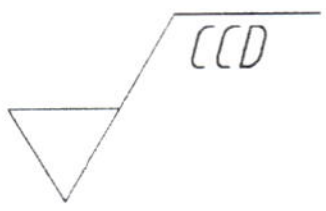

图 8-29　放置块属性

步骤 3　创建表面粗糙度块。

单击“绘图”→“块”→“创建”，打开“块定义”对话框。在“名称”文本框内输入“表面粗糙度”，“拾取点”为粗糙度符号下角点，选择“对象”为表面粗糙度符号和块属性，其余取默认值，如图 8-30 所示。单击“确定”按钮，完成创建。

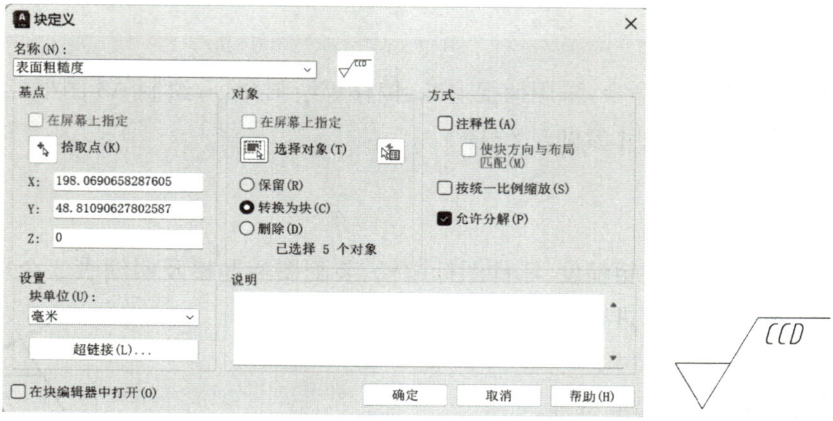

图 8-30　创建表面粗糙度块

至此，带属性定义的表面粗糙度块已创建完成，今后在使用时，可通过插入块操作轻松完成，详细操作见第 9、10 章。

2. 基准符号

带属性定义的基准符号块的创建跟带属性定义的表面粗糙度块类似，这里只给出主要步骤。

步骤 1　绘制基准符号图形，如图 8-31 所示。

步骤 2　定义块属性，如图 8-32 所示。

步骤 3　创建基准符号块。

3. 零件图标题栏块

步骤 1　绘制标题栏框。

利用"绘图"→"直线"命令，采用捕捉追踪、偏移等绘图命令，绘制标题栏，具体尺寸参考图 8-2。

步骤 2　填写标题栏文字。

利用多行文字命令，填写标题栏信息，最终结果如图 8-33 所示。

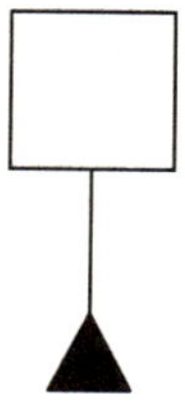

图 8-31　基准符号

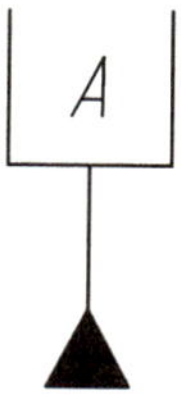

图 8-32　定义块属性

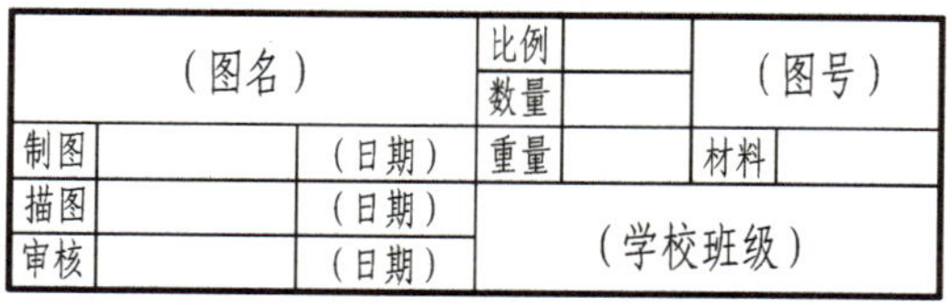

图 8-33　零件图标题栏

步骤 3　创建零件图标题栏块。

单击"绘图"→"块"→"创建"，打开"块定义"对话框。在"名称"文本框内输入"零件图标题栏"，"拾取点"为右下角点，选择"对象"为所有图线和文字，其余取默认值。单击"确定"按钮，完成创建。

4. 装配图标题栏及明细表块

步骤 1　绘制明细表框。

利用“绘图”→“直线”命令，采用捕捉追踪或偏移，绘制装配图标题栏及明细表框，具体尺寸参考图 8-34。

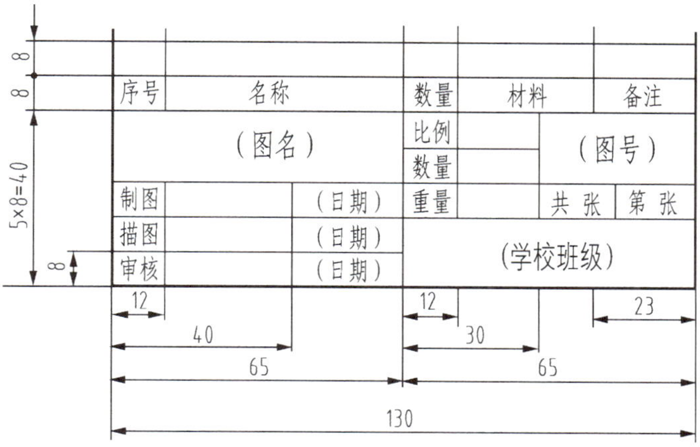

图 8-34　装配图标题栏及明细栏尺寸

步骤 2　创建装配图标题栏及明细表块。

单击“绘图”→“块”→“创建”，打开“块定义”对话框。在“名称”文本框内输入“装配图标题栏及明细表”，“拾取点”为右下角点，选择“对象”为所有图线和文字，其余取默认值。单击“确定”按钮，完成创建。

8.3.8　保存样板文件

单击“文件”→“另存为”，打开“图形另存为”对话框，选择“文件”类型为“ * . dwt”，输入文件名“A3 机械样板文件”，单击“保存”按钮，弹出“样板说明”对话框，填入样板相关信息，单击“确定”按钮，保存完成。

至此，完成了一个 A3 机械样板文件的设计制作过程。

8.4 机械样板文件的应用

“A3 机械样板文件. dwt”制作完成并保存后，就可以在绘制零件工作图和装配图时使用。依据“A3 样板文件. dwt”创建的零件工作图或装配图“空白“文件，其本身就包含在 8.3 节中的所有设置，我们可以直接开始绘制机械图样了。

下面就应用 8.3 节制作的“A3 机械样板文件. dwt”，分别介绍其在绘制零件工作图和装配图时的使用方法。

8.4.1 利用机械样板文件创建“空白”零件工作图

步骤 1 利用“A3 机械样板文件.dwt”创建.dwg 文件。

单击“文件”→“新建”，打开“选择样板文件”对话框，选择“A3 机械样板文件.dwt”作为样板，单击“打开”按钮，新建.dwg 文件即可。

步骤 2 插入“零件图标题栏”块。

单击“插入”→“块”，打开“插入块”对话框，选择“零件图标题栏”，单击“确定”按钮，并将插入点设置为图框右下角。

步骤 3 分解“零件图标题栏”块。

由于“零件图标题栏”块没有定义块属性(有兴趣的读者可以自己尝试)，所以要向标题栏内输入文字信息，必须要将块分解。单击修改工具栏的分解命令，选择“零件图标题栏”块，单击鼠标右键，完成分解。

现在可以开始绘制零件图了。试着检查一下 A3 机械样板文件的设置是不是都“移植”到这个.dwg 文件上了。

8.4.2 利用机械样板创建“空白”装配图

利用“A3 机械样板文件.dwt”创建“空白”装配图与创建“空白”零件工作图的方法类似，只不过在 8.4.1 节的步骤 2 中，插入“装配图标题栏及明细表”块，其余操作相同。

思考练习

1. 使用 AutoCAD 绘制零件图样板图时应遵守哪些准则?
2. 在 AutoCAD 中，样板文件中通常包括哪些内容?
3. 参考 8.3 节内容，完成 A4 机械样板文件的制作。

第9章 绘制零件工作图

表达零件结构形状、尺寸大小和加工、检验等方面要求的图样称为零件工作图，简称零件图。在 AutoCAD 中绘制零件工作图通常包括一组视图的绘制、尺寸和技术要求的注写以及标题栏的绘填等内容。其中一组视图的绘制是本章的重点，其涉及的绘图思路、方法技巧较多、较杂，尺寸标注、技术要求注写及标题栏多可直接应用设置好的机械样板文件（参见第 8 章）。

本章主要从零件图绘制的思路与绘图过程、零件图绘制的方法与技巧、零件图上特殊的尺寸标注和零件图上常见技术要求的注写等方面，介绍一张完整零件工作图的具体绘制过程。

9.1 零件图绘制的思路

零件图的绘制无法按图临摹，必须基于绘图者对所绘制零件形体结构的掌握，即读懂零件图。通常绘制零件图的思路有以下两种方法。

9.1.1 分视图绘制零件视图

分视图绘制零件视图，即由零件的主视图开始，逐个完整地绘制零件的视图。此种方法一般多用于轴套类和盘盖类零件的绘制。这两类零件通常主体结构较为明显，逐个绘制视图时，各视图绘制的准确度容易把握，绘图效率较高。

如图 9-1 所示为旋塞的压盖零件图。视图由表达轴向全剖的主视图和表达径向端面的左视图 2 个视图组成，无论从哪个视图入手都能较为快速地完成绘制。

9.1.2 分形体绘制零件视图

分形体绘制零件视图，即根据组合体形体分析的理论，假想将零件拆成若干基本形体（或部分），逐个完成每个基本形体的三视图，最终形成零件完整的各视图。此种方法一般多用于叉架类和盖箱体类零件的绘制。这两类零件的主体结构通常可以看成由两个以上甚至多个基本形体构成，各基本形体的结构特征和相互间的位置关系较为复杂，逐个绘制基本形体的三视图既有利于准确绘制各基本形体的结构特征，也有利于较为高效地处理各基本形体间的位置关系。

如图 9-2 所示为壳体结构示意，如图 9-3 所示为壳体零件图。壳体是典型的箱体类零件，按形体分析理论可分为上连接部分Ⅰ、双向法兰及其连接部分Ⅱ和主壳体部分Ⅲ三个部分。上连接部分Ⅰ在绘图过程中可先从 A 向视图开始，逐步完成主视图和左视图的绘制。主壳体部分Ⅲ的主左视图的视图基本一致，绘制出其中一个，另一个经复制和修整即可得到。双向法兰及其连接部分Ⅱ，可先从反应特征视图的左视图入手，再根据投影对正关系完成主视图部分的绘制。

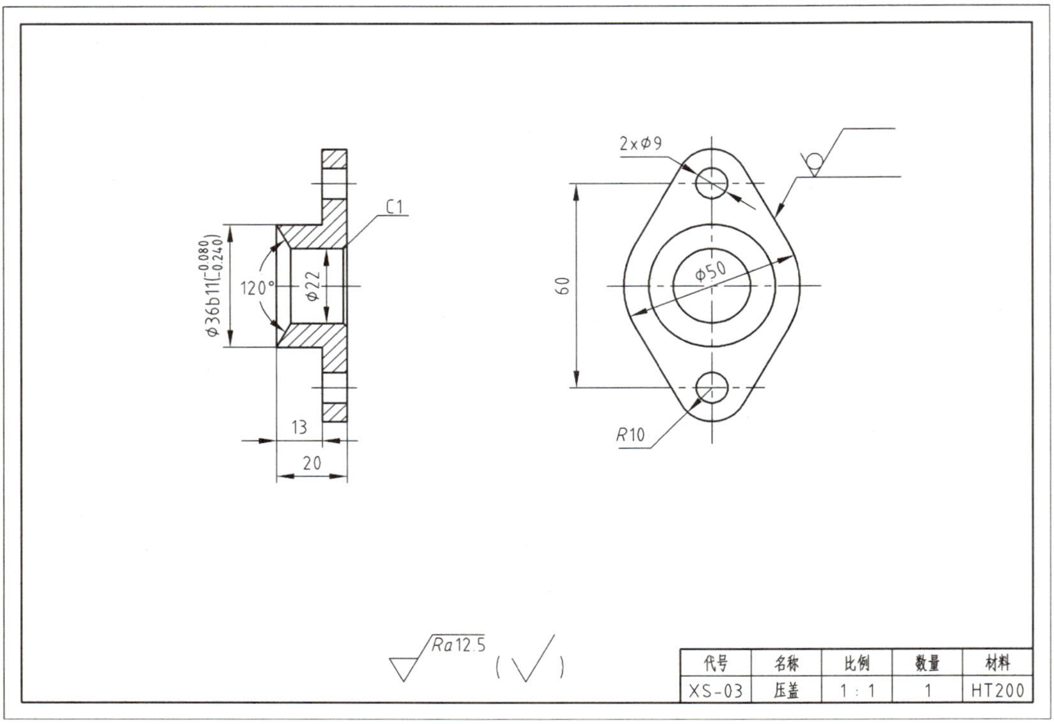

图 9-1　压盖零件图(未含标题栏)

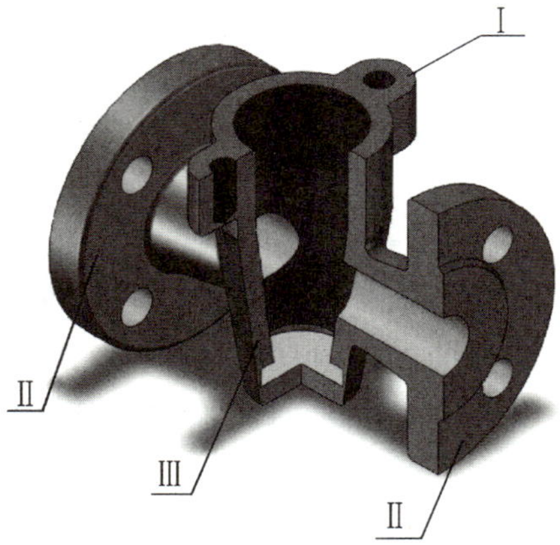

图 9-2　壳体结构示意

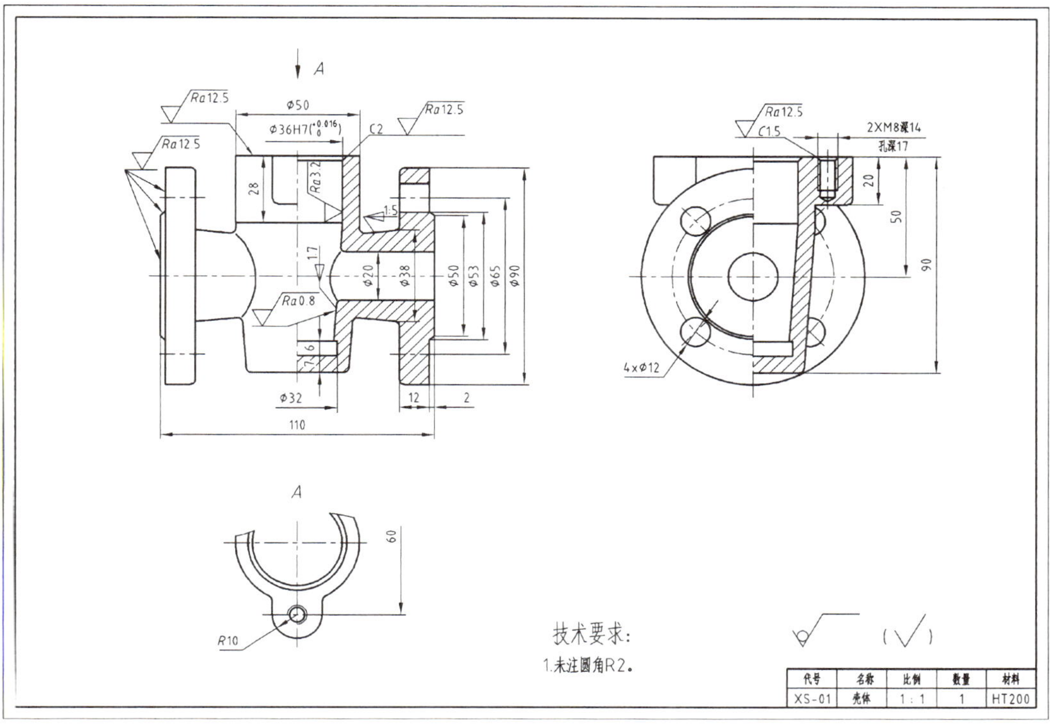

图 9-3　壳体零件图

9.2 零件图绘制的原则

在绘制零件图时必须要考虑绘图的准确性和高效性。准确性，即绘制图线的位置准确，形状大小与要求一致。高效性，即对所绘制图形的修整和删减较少，避免多次重复绘图和无效绘图。零件图的绘制主要遵循以下原则。

1. 先定位原则

在绘制零件图之前应先绘制各视图的对称或回转中心轴线和主要轮廓边界线，以确定各视图中各形体的位置关系，即通常所说的先定位。如图 9-1 所示旋塞的压盖零件图中，应先绘制左视图中一竖三横的中心线和主视图中的三条平行轴线。

2. 先整体后局部原则

在零件图的绘制过程中，应先抓住主体结构来绘制。对于主体结构上附属的孔槽和圆角、倒角等工艺结构都可以在主体结构完成之后再进行处理。绘图过程中若过多地关注细节，不但影响对整体结构的把握，也很容易因局部结构处理不当或绘制错误而导致主体结构变形。

3. 特征视图优先原则

无论是按视图绘制零件，还是分形体绘制零件，都应从零件或构成零件基本形体的特征视图入手。特征视图的绘制较为简便，完成特征视图后按照投影的对应关系可较为快捷和准确地绘制出其他视图。如图 9-1 所示旋塞的压盖零件图中，左视图为特征视图。如图 9-3 所示旋塞的壳体零件图中，连接部分Ⅰ的 A 向视图为特征视图，双向法兰及其连接部分Ⅱ的左视部分为特征视图。

4. 后修剪原则

绘图过程中产生多余的图线和需修整或删除的结构在所难免，但不建议立即对这些结构进行修整和删除。一方面这些结构对其他结构的绘制有参照作用，另一方面修整和删除这些结构的参照图线可能还未画出。如图 9-3 所示旋塞的壳体零件图中，双向法兰及其连接部分Ⅱ的左视部分绘制后应是完整的圆周端面，应结合主壳体部分Ⅲ的左视部分互为参照进行修整。

5. 图线统一管理原则

零件图绘制过程中涉及的图线线型以粗实线为主，有少量的细点画线（中心线或轴线）、虚线、细波浪线及双点画线。绘图过程中可全部用粗实线绘制并由粗实线图层统一管理，绘图完成后可通过图层的变换赋予少量非粗实线图线所需线型。

9.3 零件图绘制的方法与技巧

9.3.1 连续线性绘图时辅助（精确）绘图命令的使用

在绘制中心轴线和轮廓线进行零件视图绘制前期定位时，应打开“正交”按钮，以确保绘出的轴线处于水平或竖直状态，这些图线往往是其他图线的绘图参照，一旦位置不准确，将造成整个零件图结构出现问题。

在线性尺寸较多的连续绘图过程中，直线命令需与极轴、对象捕捉、对象追踪等绘图命令联合使用。

如图 9-4 所示为旋塞的塞子零件图，如图 9-5 所示为塞子零件图中主视图连续线性绘图的过程，保持极轴、对象捕捉、对象追踪按钮处于工作（按下）状态，使用直线命令。操作步骤如下。

步骤 1 利用对象捕捉命令捕捉到轴线左侧端点，水平向右移动鼠标（对象捕捉追踪启用）出现水平极轴线，键盘输入值 3 或 5，直线第一个端点固定在 *A* 点。

步骤 2 竖直向上移动鼠标出现竖直极轴线，键盘输入尺寸 8，直线端点固定在 *B* 点。

步骤 3 水平向右移动鼠标出现水平极轴线，键盘输入尺寸 15，直线端点固定在 *C* 点。

步骤 4 竖直向上移动鼠标出现竖直极轴线，键盘输入尺寸 2，直线端点固定在 *D* 点。此处暂不绘制倒角。

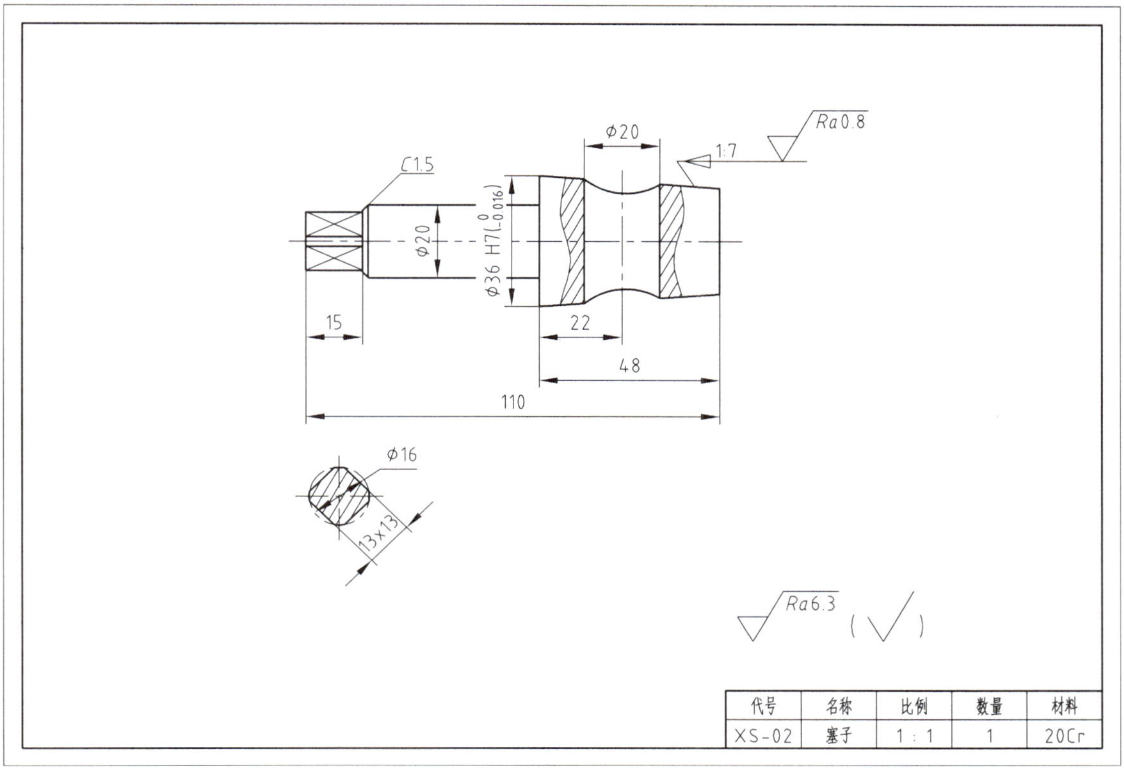

图 9-4　塞子零件图

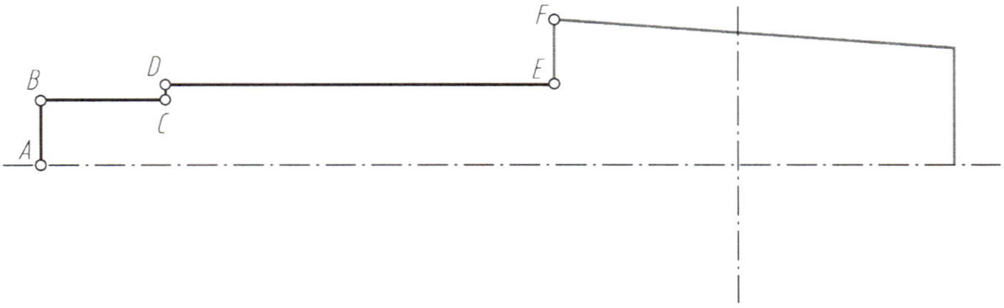

图 9-5　连续线性尺寸的绘制过程

9.3.2　关于偏移命令的使用

偏移命令在零件中心轴线与中心轴线之间、中心轴线与重要轮廓线之间定位时使用较多。不应在连续线性绘图时过于频繁地使用该命令，过多的偏移图线会导致定位点过多。

9.3.3　镜像、阵列命令的使用

零件图中主体部分出现对称或基本对称结构时，仅需绘制一半或四分之一，其他部分

直接使用镜像命令，局部不一样的部分可以先镜像后再做修整。

对于环形均布和线性均布的结构而言，阵列命令的使用较为频繁。需注意的是，进行阵列时，定位需阵列图形的中心轴线应与图形一同阵列。

镜像和阵列的图形及其中心轴线应先做好修整，以达到零件图的最终要求，以免阵列或镜像后再逐个修整图形。

9.3.4 修剪、延伸命令的使用

修剪与延伸命令在使用时应注意用必要的批量操作代替逐个操作，如在部分情况下可批量选择修剪或延伸边界。如图 9-5 所示，选择水平中心轴线为延伸边界，*AB*、*CD* 和 *EF* 线段可同时向轴线延伸。

9.3.5 复制命令的使用

对于零件图中重复出现但又不具备镜像和对称条件的图形，建议使用“带基点复制”命令完成其多次的定位复制。对于文字样式和格式相同的文字注解而言，先使用“带基点复制”命令进行复制，再更改文字内容，提高效率。

9.3.6 灵活使用视图中的对应和相等关系

“长对正，宽相等，高平齐”是零件整体和局部结构各视图之间联系的基本要求。当绘制出零件或其某一部分的一个视图时，可利用这种对应关系快速地绘制出其他视图。以三视图为例，“长对正”和“高平齐”可直接在竖直和水平方向实现，宽相等的处理主要有两个思路。其一，如图 9-6(a)所示，利用圆的半径以中心轴线或轮廓边界线进行相对位置定位；其二，如图 9-6(b)所示，旋转已绘制的左视图或俯视图与另一视图在水平或竖直方向上保持“宽相等”。

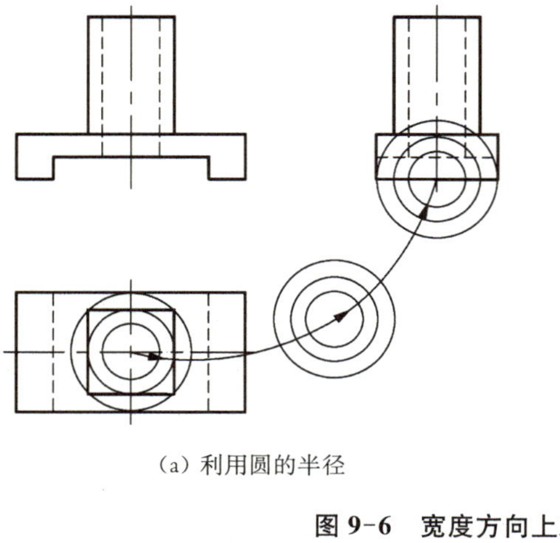

(a) 利用圆的半径

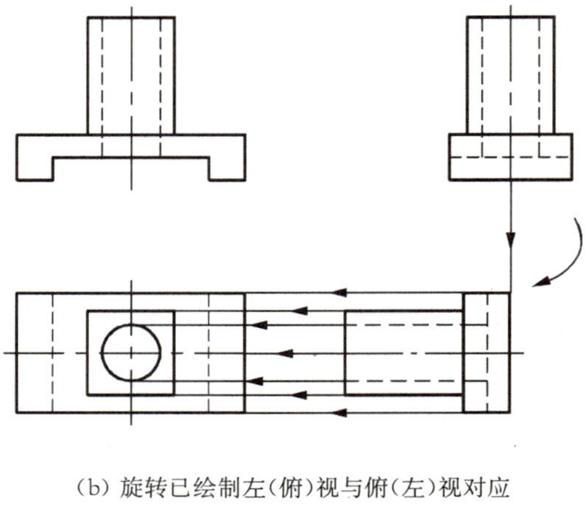

(b) 旋转已绘制左(俯)视与俯(左)视对应

图 9-6　宽度方向上对应和相等关系的处理

9.3.7　对局部结构的处理

局部结构通常在绘制完成主体结构后集体处理。常见的局部结构有两类：一类为倒角、圆角、退刀槽等工艺结构；另一类为孔槽类结构。

对于倒角等工艺结构绘制时可以批量处理，如相等的圆角和倒角可以使用命令一次在全图处理完成。对于孔槽类结构，可直接补画；对于常见的如光孔、螺纹孔等结构，也可提前存储成块，直接调用进行缩放和定位处理。

9.4　零件图上特殊的尺寸和技术要求标注

9.4.1　加前后缀的线性标注

零件图上的线性尺寸多见的前缀为“ϕ”和“M”，后缀最常见的为尺寸公差（参见 9.4.3 节尺寸公差的标注）、孔状结构的深度和一些特殊加工要求的注释。这些前、后缀可在标注线性尺寸的同时完成，也可在标注线性尺寸完成后修改尺寸数字完成。一般推荐使用前者，后者多用于数据变更。常见的标注方法有以下几种。

（1）使用“线性标注”命令后，点选尺寸界线的两个引出位置，在键盘上输入快捷键“M”，此时尺寸数字处于可编辑状态，直接移动光标至适合的位置，输入前、后缀即可。也可在线性尺寸标注完成后直接双击尺寸标注，此时尺寸数字也处于可编辑状态。

（2）如图 9-7(a)所示，在标注样式中建立单独的样式“ϕ 线性”，如图 9-7(b)所示，填写

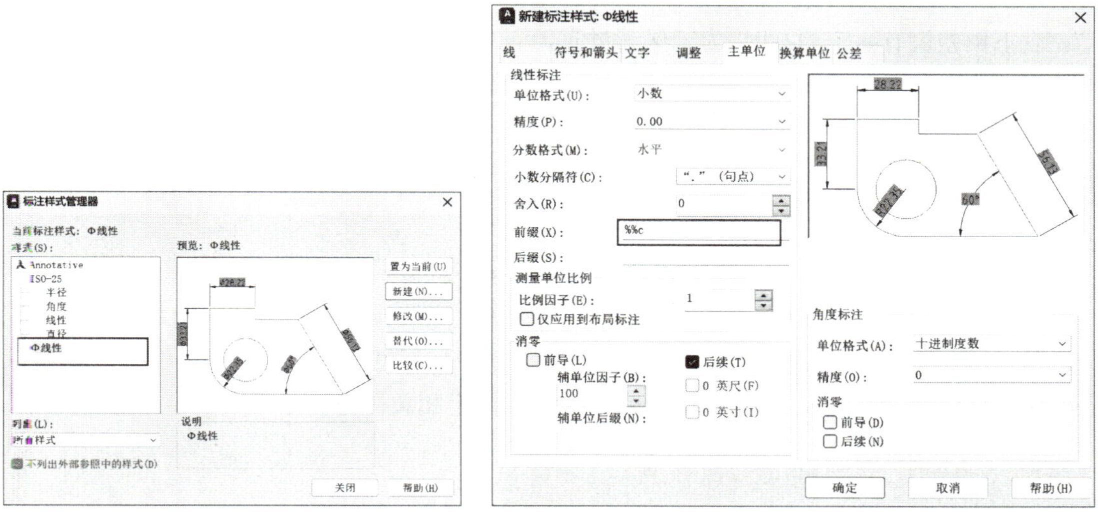

(a) 建立独立前后缀样式　　　　(b)“主单位”选项卡

图 9-7　通过标注样式增加尺寸数字前后缀

其“主单位”选项中“前缀”为“%%C”，设置“ϕ 线性”为当前标注样式，所有线性尺寸的标注将自动加入前缀“ϕ ”。不同的前缀与后缀均可通过此方法在“主单位”选项中设置。

（3）选择已标注完成的线性尺寸，单击“特性”按钮（快捷键为 Ctrl＋1），弹出该线性尺寸的特性选项卡，找到“文字”下的“文字替代”，在此输入需要替代的线性尺寸前、后缀和“〈〉”（代表线性尺寸真实值）符号即可。

9.4.2 不完整的尺寸标注

在零件图中经常会出现因半剖和局部剖而产生的尺寸标注不完整情况，处理方法如下。

（1）若此种情况在零件图中出现较少，选择已标注完成的线性尺寸，单击“特性”按钮（快捷键为 Ctrl＋1），弹出该线性尺寸的特性选项卡，找到“直线和箭头”选项，在不需显示的尺寸界线、尺寸线和箭头后方点选“无”即可。此处不建议使用“修改”工具栏中的“分解”命令，使用该命令后，尺寸数字不会再随图形的大小变化而发生改变。

（2）若此种情况出现较多，可考虑在新建“机械样板文件”时设置单独的标注样式，修改内容为“标注样式”中的“线”选项，点选需要隐藏的尺寸线和尺寸界线前面的方框即可。

9.4.3 尺寸公差的标注

尺寸公差的标注形式有三种：标注公差带代号（基本偏差代号和标准公差等级），标注上下偏差值，以及同时标注公差带代号和上下偏差值。仅标注公差带代号时，9.4.1 节中所介绍到的三种方法均可使用。当出现上、下偏差值时可按以下两种方法来处理。

（1）按 9.4.1 节第一种方法操作，在后缀部分依次输入上偏差值、“^”符号和下偏差值，光标选中三者，弹出“文字格式”选项卡，选择“a/b”（堆叠），即形成符合要求的标注。注意，当上、下偏差值有一个为 0 时，为了保证对齐，0 前需加空格。

（2）按 9.4.1 节第三种方法操作，在“文字替代”方框内输入：“〈〉{\H0.7x;\S 0^＋0.021;}”，其中“H0.7x”控制上、下偏差字号，“0^＋0.021”为输入的上、下偏差值。

9.4.4 块命令在特殊标注中的应用

对于一些特殊的标注可在样板文件中做成“块”，并且定义其属性为变量，在标注过程中直接调用，定义变量即可。块的操作详见“第 6 章　图块和外部参照”。通常需要建立成“块”的常见特殊标注有表面粗糙度、形位公差基准符号、斜度和锥度符号、倒角标注、引出标注、深度符号等。图 9-1、图 9-3、图 9-4 中出现的以上相关标注均是调用已建好的“块”。

9.4.5 不同比例图样的标注设置

在同一个 DWG 文档中会同时绘制多幅零件图，不同的零件图所使用的比例可能会不同，每一幅零件图中的部分视图也有选用比例与其他视图不一致的现象，但无论选用何种比例，零件图中只能标注真实尺寸。解决问题可通过“标注样式管理器”→“主单位”→“测量单位比例”下方的“比例因子”设置完成，如图 9-7(b)所示。

在标注前，按零件图所给定的比例设置含不同比例因子的标注样式，在标注过程中，将需要的标注样式设置为当前样式，即可实现对不同比例图样真实尺寸的标注。

9.4.6 尺寸数字优势的处理

在机械图样中任何图线遇到尺寸数字都需断开，以保障尺寸数字准确清晰的显示。在零件图的绘制过程中，部分尺寸数字不可避免地会与中心轴线、轮廓线及剖面线交叠。可在“标注样式管理器”→“文字”→“填空颜色”右侧下拉菜单中选择“背景”。这样可以使文字区域出现背景，但颜色需与图纸背景一致，达到覆盖文字后方图线的效果。

9.5 零件图绘制过程

以图 9-3 旋塞的壳体零件图为例，说明其绘制过程。

9.5.1 分析零件并确定绘图思路

壳体是旋塞的主体零件，属于箱体类零件，其结构已经在 9.1.2 节中进行了分析。由其结构分析可得到绘图思路，即按照分形体绘制零件图的思路来进行绘制，从特征视图入手，再绘制上连接部分Ⅰ、双向法兰及其连接部分Ⅱ和主壳体部分Ⅲ的相关视图。

9.5.2 利用机械样板文件新建图形文件

根据对零件结构、表达方法和尺寸的分析，可确定使用 A3 横置图幅按 1∶1 绘制壳体零件图。新建 DWG 文档，选择已经提前建立的“A3 横置零件图”样板文件作为模板开始绘图。

9.5.3 中心线与主要轮廓线构建视图布局

在分形体绘图之前，要根据各视图的形状大小和绘图要求进行合理布图，同时绘制出壳体主视图、左视图和 A 向视图的主要中心轴线和轮廓线，用以定位零件各部分结构的位置关系，保证在绘图过程中总体结构和分形体结构各视图的对应关系，在机械样本文件上利用中心线与轮廓线构建视图，如图 9-8 所示。

9.5.4 绘制零件视图

壳体零件的绘制采用分形体绘制的方法。绘制各部分视图时，应注意先整体、后局部的原则，抓住主要结构。同时，注意零件各部分的绘制应从特征视图开始。

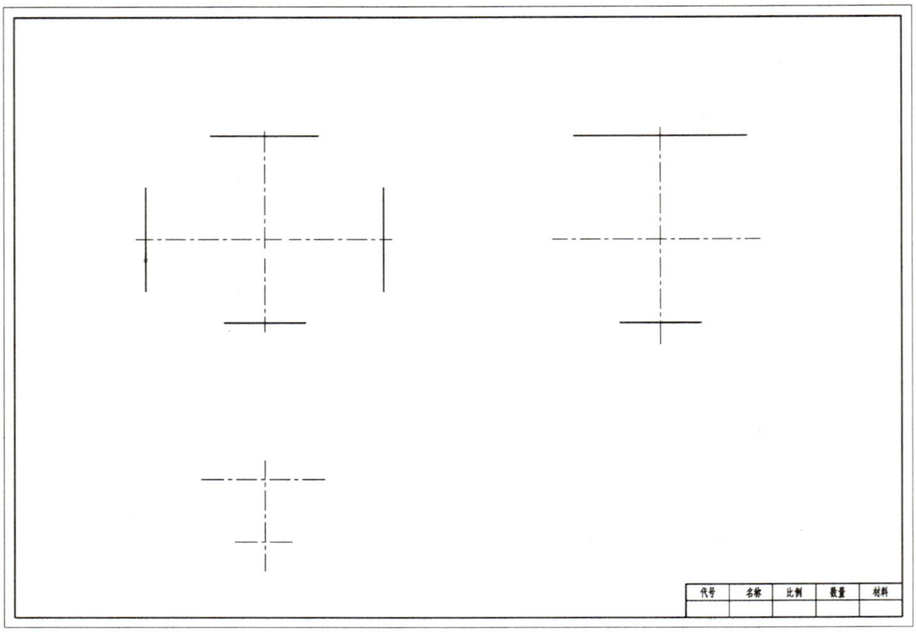

图 9-8　壳体零件图的绘制过程——调用样板文件、定位轴线

1. 绘制壳体上连接部分 I（图 9-9）

步骤 1　绘制 A 向视图（特征结构）的主要结构。

步骤 2　按照 A 向视图与主视图在长度方向上的投影对正关系绘制主视图部分。

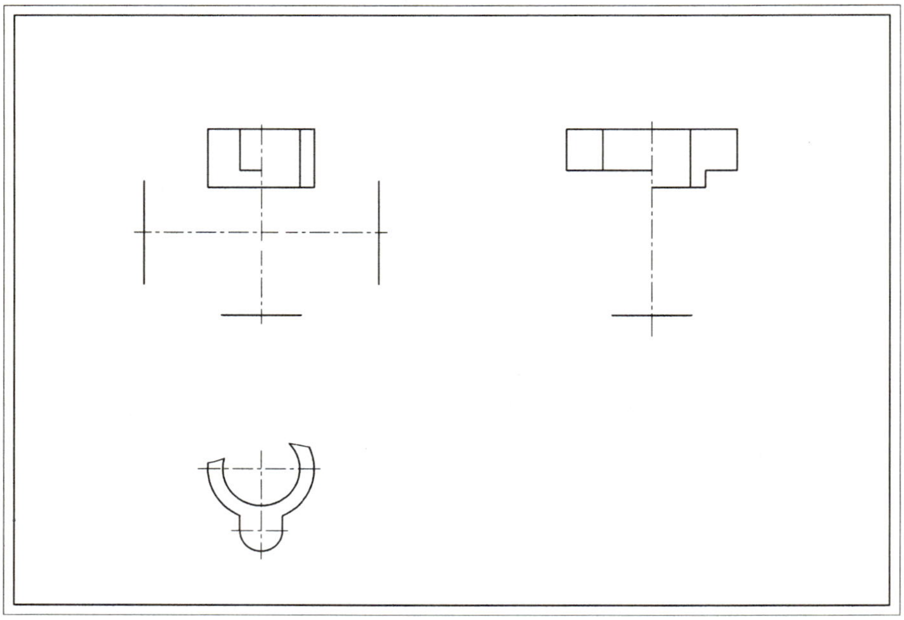

图 9-9　壳体零件图的绘制过程——分形体绘制上连接部分 I

步骤 3　复制 A 向视图，旋转 90°，使其中心轴线与左视图中心轴线对齐，即可作为该部分结构左视图绘制的依据。

绘图过程中应注意此部分的主、左视图均为基本对称结构，可使用镜像命令。

2. 主壳体部分Ⅲ(图 9-10)

步骤 1　绘制主视图上右侧剖视主要结构，注意修整与壳体上连接部分Ⅰ主视部分的衔接关系。

步骤 2　使用镜像命令，将主视图上右侧剖视主要结构复制到左侧，按外部视图要求修改。

步骤 3　直接复制主视图上右侧剖视主要结构至左视相应位置。

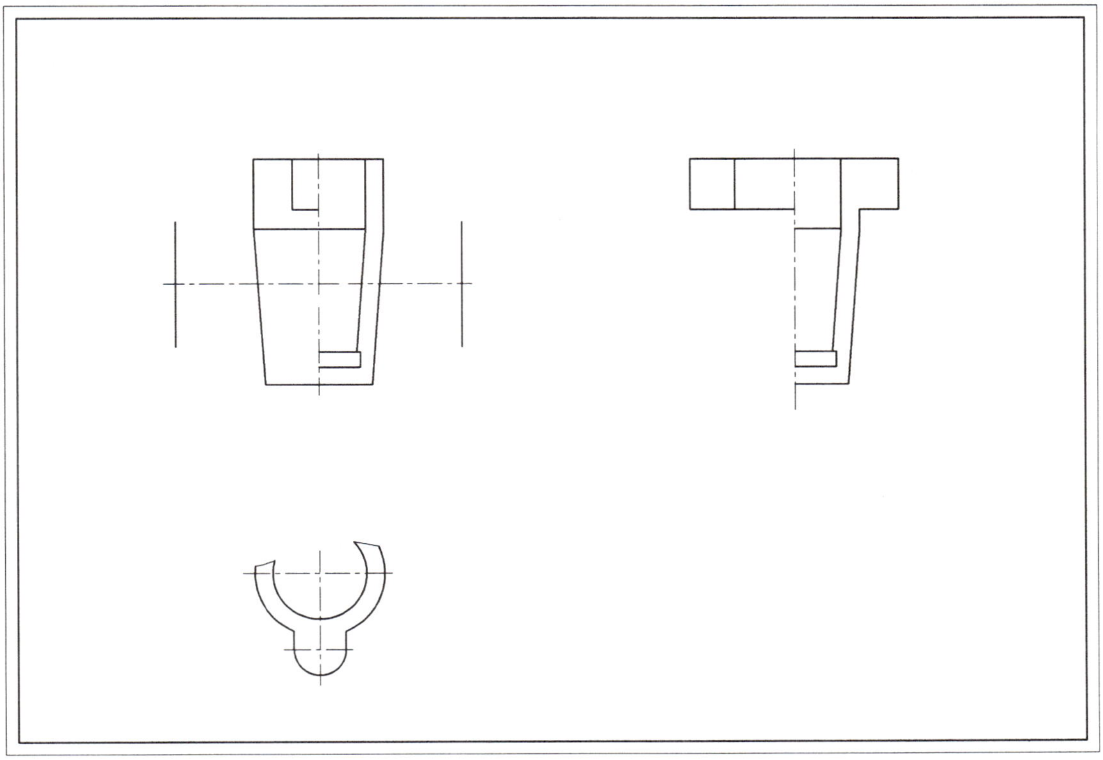

图 9-10　壳体零件图的绘制过程——分形体绘制主壳体部分Ⅲ

3. 双向法兰及其连接部分Ⅱ(图 9-11)

步骤 1　绘制双向法兰及其连接部分Ⅱ左视图(特征视图)的主要结构。

步骤 2　以左视图为参照，按照投影对正关系绘制主视图左侧部分，右侧部分可直接镜像左侧后修整。

步骤 3　在主视图上处理双向法兰及其连接部分Ⅱ与主壳体部分Ⅲ的相贯线。

步骤 4　在左视图上修整双向法兰及其连接部分Ⅱ与主壳体部分Ⅲ、壳体上连接部分Ⅰ投影的相交和遮隐关系。

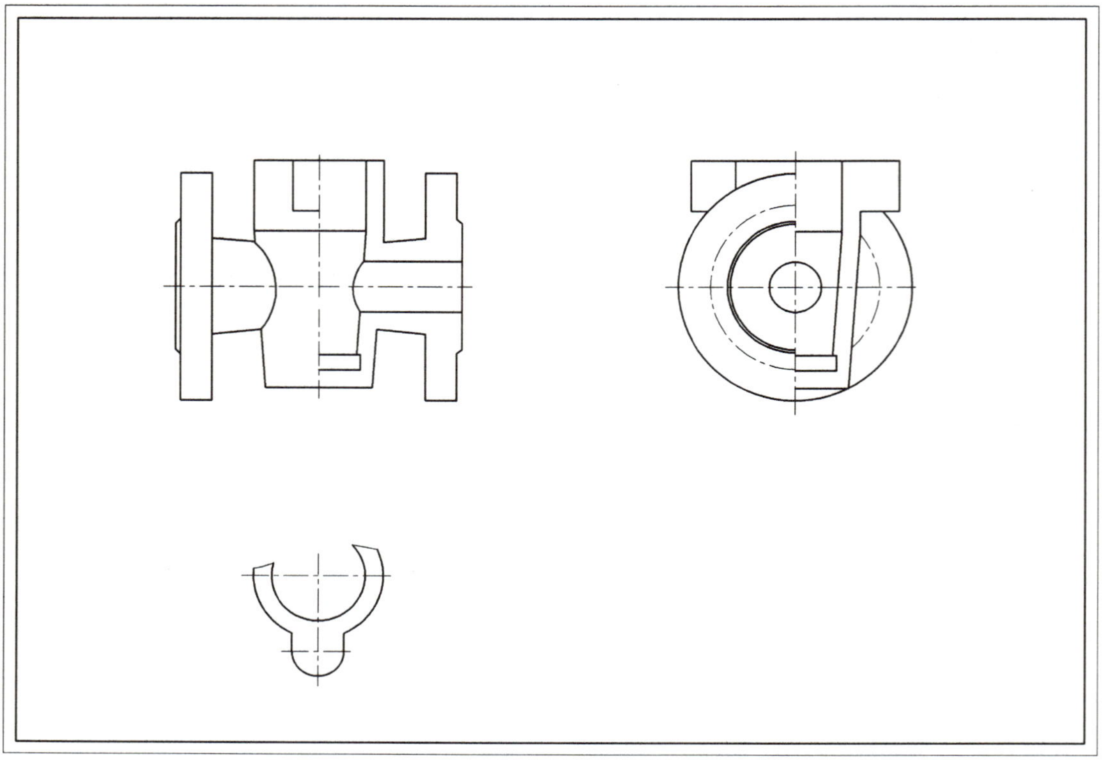

图 9-11　壳体零件图的绘制过程——分形体绘制双向法兰及其连接部分Ⅱ

4. 局部结构的绘制(图 9-12)

步骤 1　补画双向法兰及其连接部分Ⅱ主、左视图上均布的通孔,注意简化部分保留定位中心轴线。

步骤 2　补画壳体上连接部分Ⅰ上螺纹孔在 A 向视图和左视图上的投影。

步骤 3　使用“圆角”命令,设定半径为 R2,同时绘制图中所有圆角。此例图中未出现特殊尺寸的圆角,按技术要求统一标注圆角即可。

步骤 4　在主视图上绘制上连接部分Ⅰ标注为 C1 的倒角结构,并将其复制到左视图,同时补充其在 A 向视图上的投影。

9.5.5　剖面与断面填充

对于同一个零件而言,其各个视图中的剖面线必须保持一致,即剖面线的间隔和倾斜方向一致。此时只需要使用一次填充命令,以点选的形式选中主、左视图的剖面区域即可,填充后的零件图如图 9-13 所示。

9.5.6　尺寸标注与技术要求注写

在零件图上标注尺寸的一般步骤:分析零件的结构,明确设计基准和主要尺寸,先按

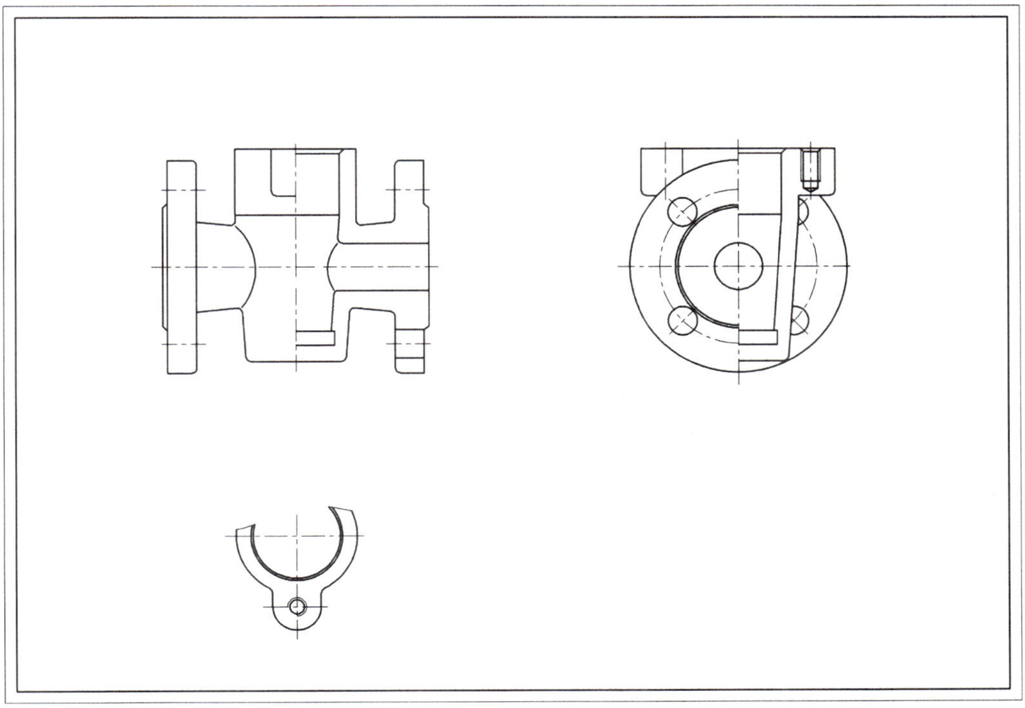

图 9-12　壳体零件图的绘制过程——局部结构的绘制

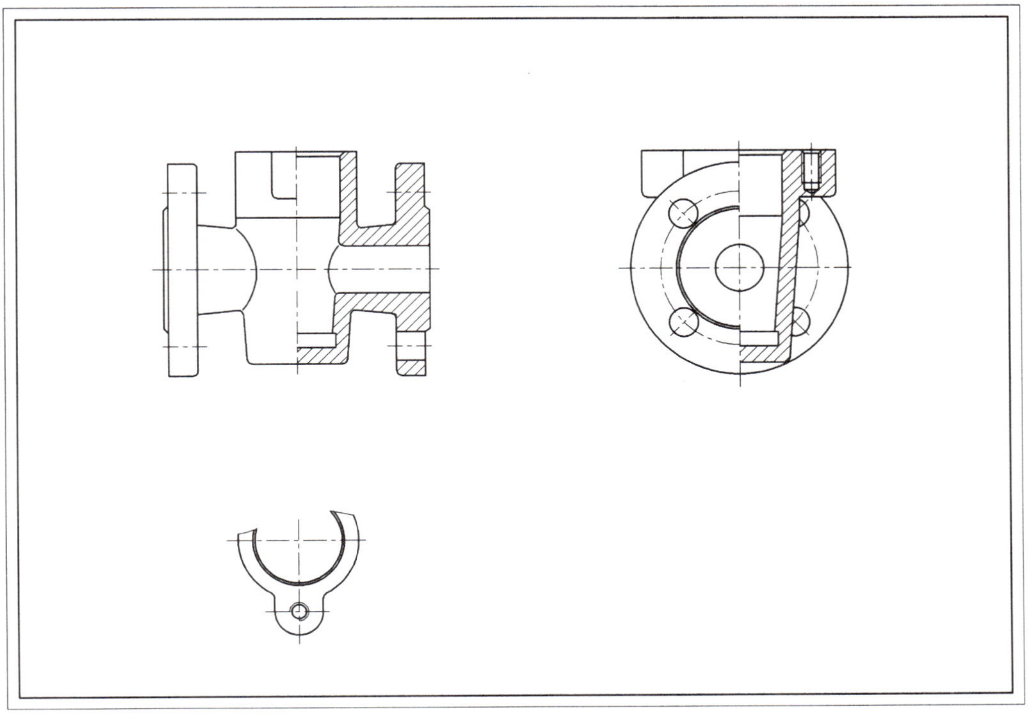

图 9-13　壳体零件图的绘制过程——剖面与断面填充

设计要求标注主要尺寸，再按工艺要求和形体特征标注其他尺寸。对旋塞的壳体而言，其最主要的设计基准为竖直方向和水平方向的回转中心轴心，最主要的工艺基准为上连接部分Ⅰ的上端面和双向法兰的端面。在尺寸标注的过程中应先抓住主要尺寸，如主视图上的 ϕ36H7、ϕ20、110，左视图上的 50、90。其他相关尺寸可按分形体的思路标注定位与定形尺寸，最后标注一些局部工艺结构的尺寸。

零件图中的尺寸公差一般会随尺寸标注完成，形位公差、表面粗糙度、基准符号等的标注可直接调入先前建好的“块”。尺寸标注与技术要求注写完成后的零件图如图 9-14 所示。

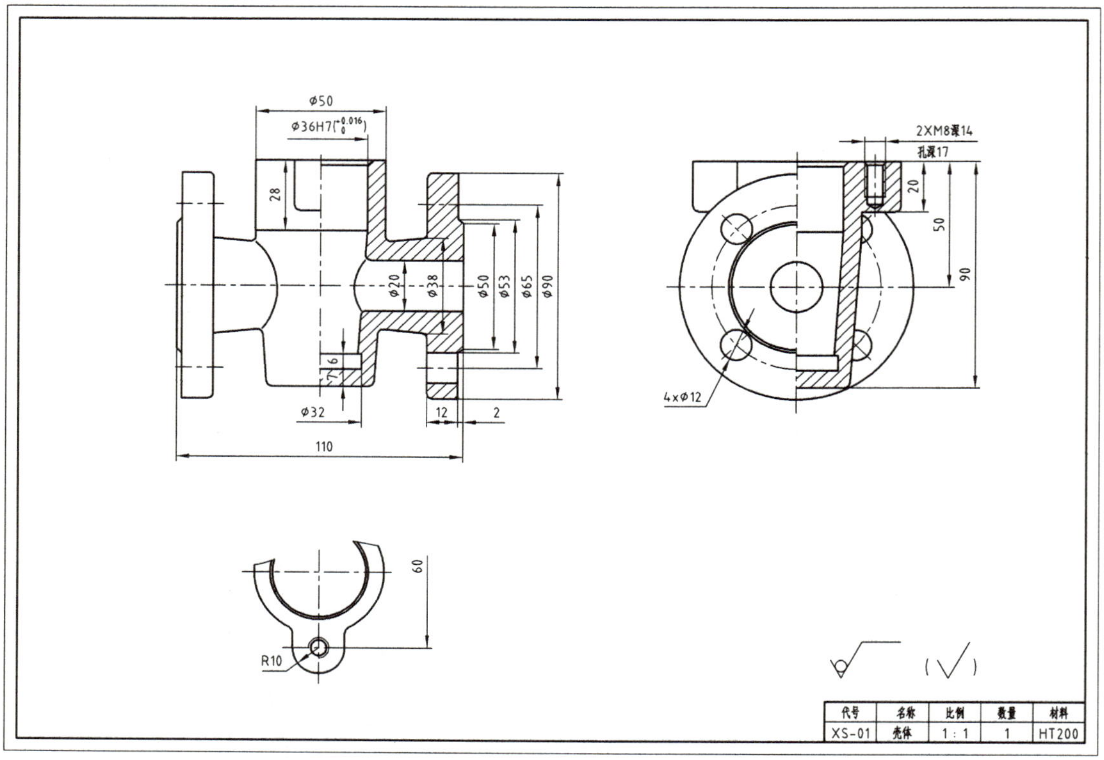

图 9-14　壳体零件图的绘制过程——尺寸标注

9.5.7　添加注释文字、填写标题栏

使用多行文字命令注释技术要求、向视图的标注，并修改和填写标题栏中的文字。最终形成的零件图如图 9-3 所示。

思考练习

1. 分析“分视图绘制”与“分形体绘制”两种零件图绘制基本思路的应用条件，分析并列举3～5个零件图。

2. 通过1个实例说明“先定位原则”在零件图绘制过程中的重要作用。

3. 练习设置标注样式，使在同一个AutoCAD文档中可使用不同比例绘制零件图，并可按真实尺寸直接标注。

4. 从四大类零件中各确定1个典型零件，对其进行必要的结构分析，并简述其零件图绘制思路和过程。

第10章 典型机械零件图的绘制

根据国家标准中是否对其进行标准化，零件可分为以螺纹连接件为代表的标准件、常用件和一般零件。一般零件又可根据其结构特点和功能分为轴套类零件、盘盖类零件、叉架类零件和箱体类零件。

本章将通过学习典型机械零件的绘制实例，提升读者对机械专业零件图的表达、识读及绘制技巧等综合能力。

10.1 绘制螺纹连接件

有一些零件被广泛地、大量地、频繁地用于各种机器之上。为了设计、制造和使用方便，国家标准将其型式、结构、材料、尺寸、精度及画法均予以标准化。这类零件称为标准件。

常见的螺纹连接件都属于标准件。在设计时，不必画出它们的零件图，但在装配图中应按规定画法画出。

10.1.1 绘制螺纹连接件的方法

常见螺纹连接件的画法有查表画法、比例画法和简化画法。

（1）查表画法：即按国家标准中规定的数据画图。根据螺纹连接件的公称直径 d（或 D），查阅有关标准，得出各部分尺寸后按图例进行绘制。

（2）比例画法：即螺纹连接件其他各部分尺寸都取与公称直径 d（或 D）成一定比例的数值来绘图的方法。

（3）简化画法：即在比例画法的基础上，省去螺纹连接件上的一些细部结构，如端部倒角、六角头螺栓头部及六角头螺母的双曲线、孔和螺钉头部槽口等。

为了提高绘图效率，推荐使用比例画法或简化画法绘制螺纹连接件。

10.1.2 比例画法绘制螺纹连接件

下面以“螺母 GB/T 6170　M16”（公称直径 D= 16 mm）为例，演示螺纹连接件的比例画法。

步骤 1　绘制基准线，如图 10-1 所示。

步骤 2　绘制左视图，两圆半径分别为 16 mm（D），13.6 mm（$0.85D$），正六边形内接于直径为 32 mm(2D)的圆，如图 10-2 所示。

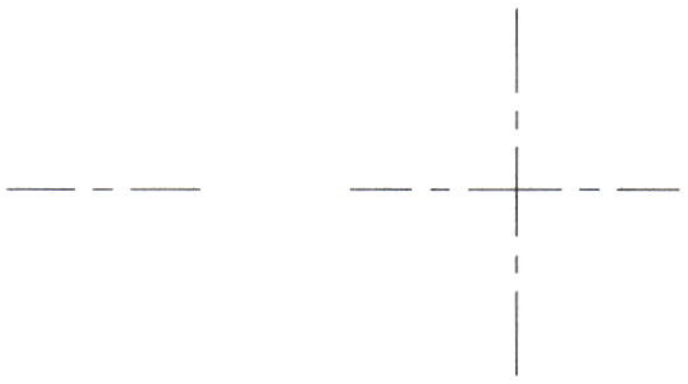

图 10-1　绘制基准线

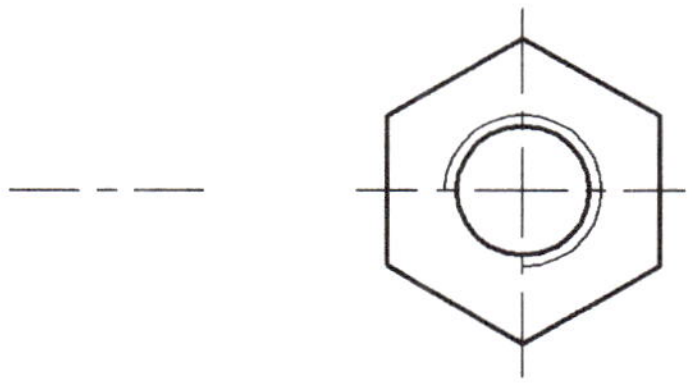

图 10-2　绘制左视图

步骤 3　绘制主视图，利用对象捕捉追踪(高平齐)，绘制如图 10-3 所示主视图，螺母厚度为 12.8 mm (0.8D)。

步骤 4　在左视图上绘制倒角圆，如图 10-4 所示。

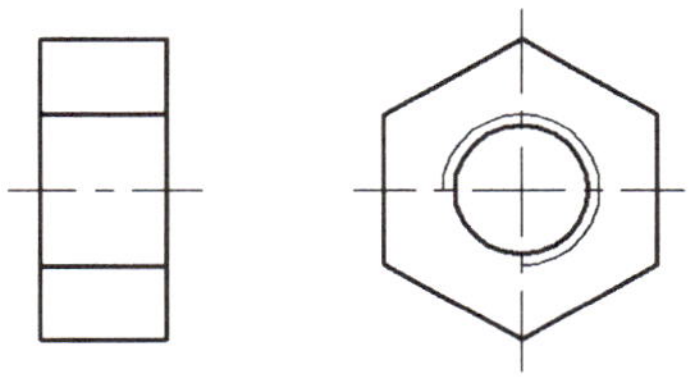

图 10-3　绘制主视图

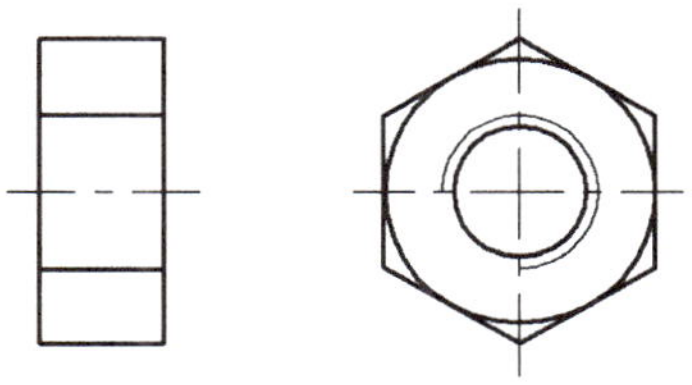

图 10-4　绘制倒角圆

步骤 5　如图 10-5 所示，从点 1 开始水平追踪 24 mm(1.5D)为圆心绘制半径为 24 mm (1.5D) 的圆，如图 10-6 所示。

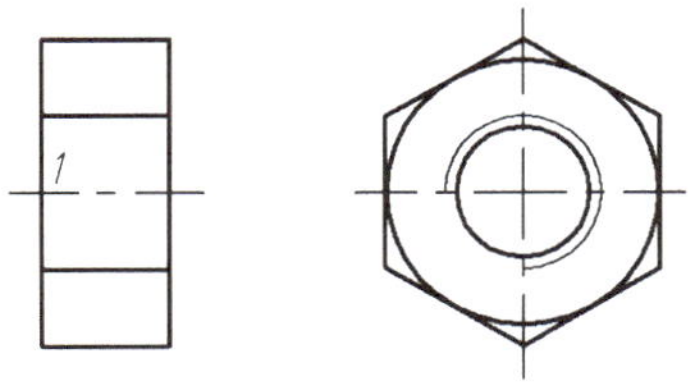

图 10-5　对象捕捉追踪圆心

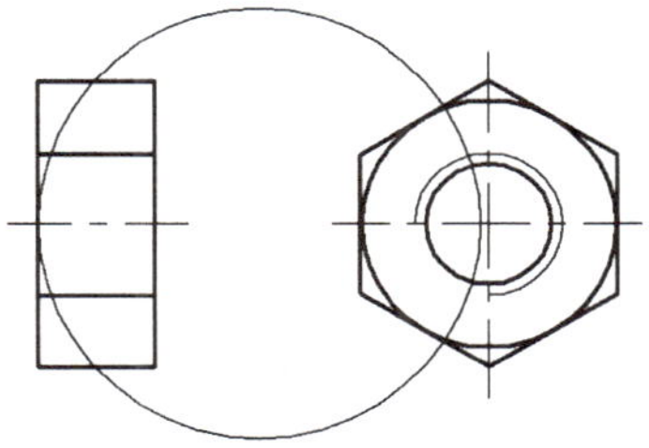

图 10-6　绘制直径 24 mm 的圆

步骤 6　修剪步骤 5 所绘圆，如图 10-7 所示。

步骤 7　绘制如图 10-8 所示直线。

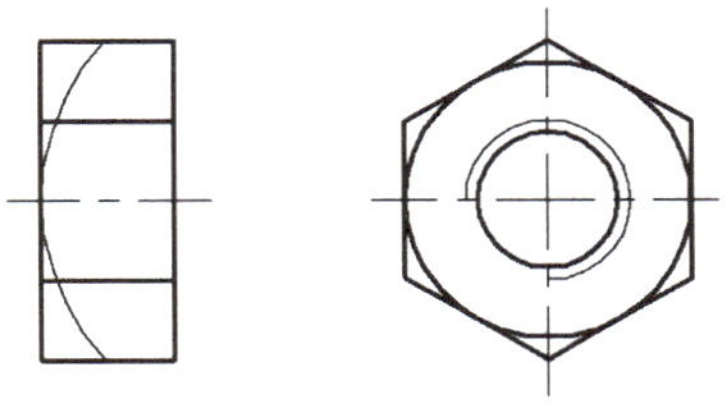

图 10-7　修剪直径 24 mm 的圆

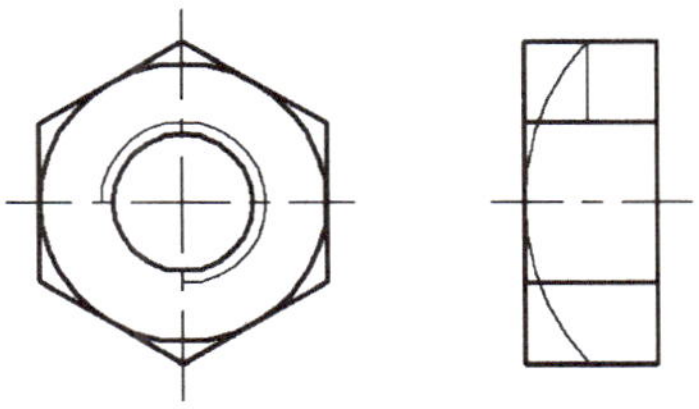

图 10-8　绘制竖直线

步骤 8 以步骤 7 中的直线中点为圆心，绘制与左端面线线切的圆，并修剪成如图 10-9 所示的结果。

步骤 9 绘制与步骤 8 中圆相切，并与竖直方向成 30°的直线，如图 10-10 所示。

步骤 10 修剪、修改线型并镜像得到最终结果，如图 10-11 所示。

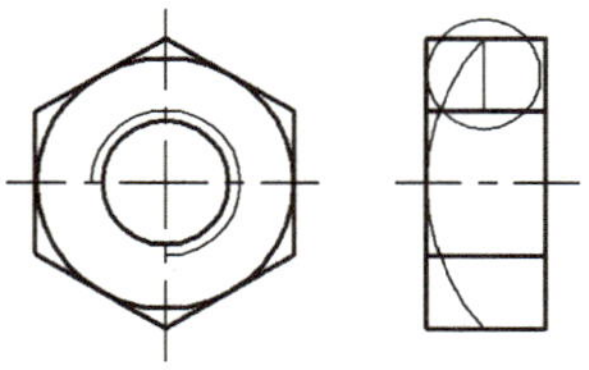

图 10-9 绘制圆

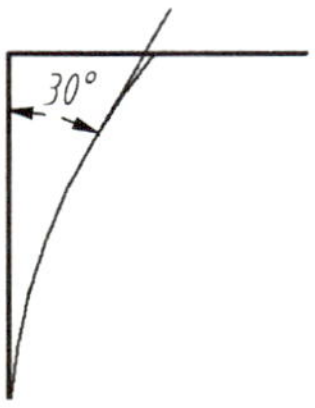

图 10-10 绘制 30°切线

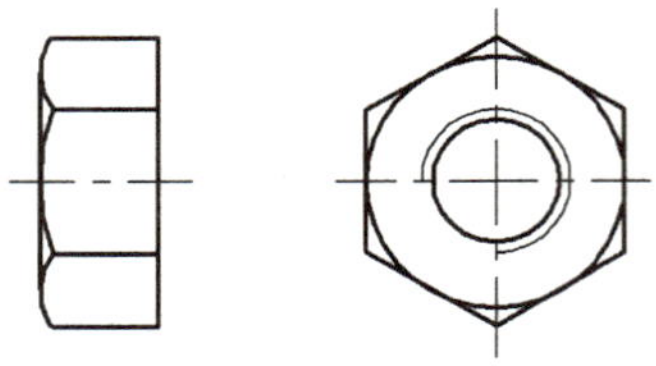

图 10-11 修整图形

10.1.3 简化画法绘制螺纹连接件

简化画法绘制螺纹连接件，省去了细节结构，以“螺母 GB/T 6170 M16”（公称直径 $D=16$ mm）为例，六角头螺母的双曲线可以被省略，故其绘制过程为 10.1.2 节中步骤 1—3，在此不再重复，结果如图 10-3 所示。

10.2 绘制轴套类零件

10.2.1 轴套类零件的结构特点

轴套类零件的结构一般比较简单，各组成部分多是同轴线的不同直径的回转体（圆柱或圆锥），且轴向尺寸大，径向尺寸相对小。这类零件一般起支承和传动零件的作用，因此常带有键槽、轴肩、螺纹及退刀槽、中心孔等结构。

10.2.2 轴套类零件的一般表达方案

1. 主视图的选择

轴套类零件常在车床、磨床上加工成形，选择主视图时，多按加工位置将轴线水平放置，以垂直轴线的方向作为主视图的投影方向。

2. 其他视图的选择

通常采用断面图、局部剖视图和局部放大图等表达方法表示键槽、退刀槽、中心孔等结构。

10.2.3 绘制轴零件图

如图 10-12 所示为轴零件图，下面以此为例，介绍轴套类零件绘制的步骤及技巧。

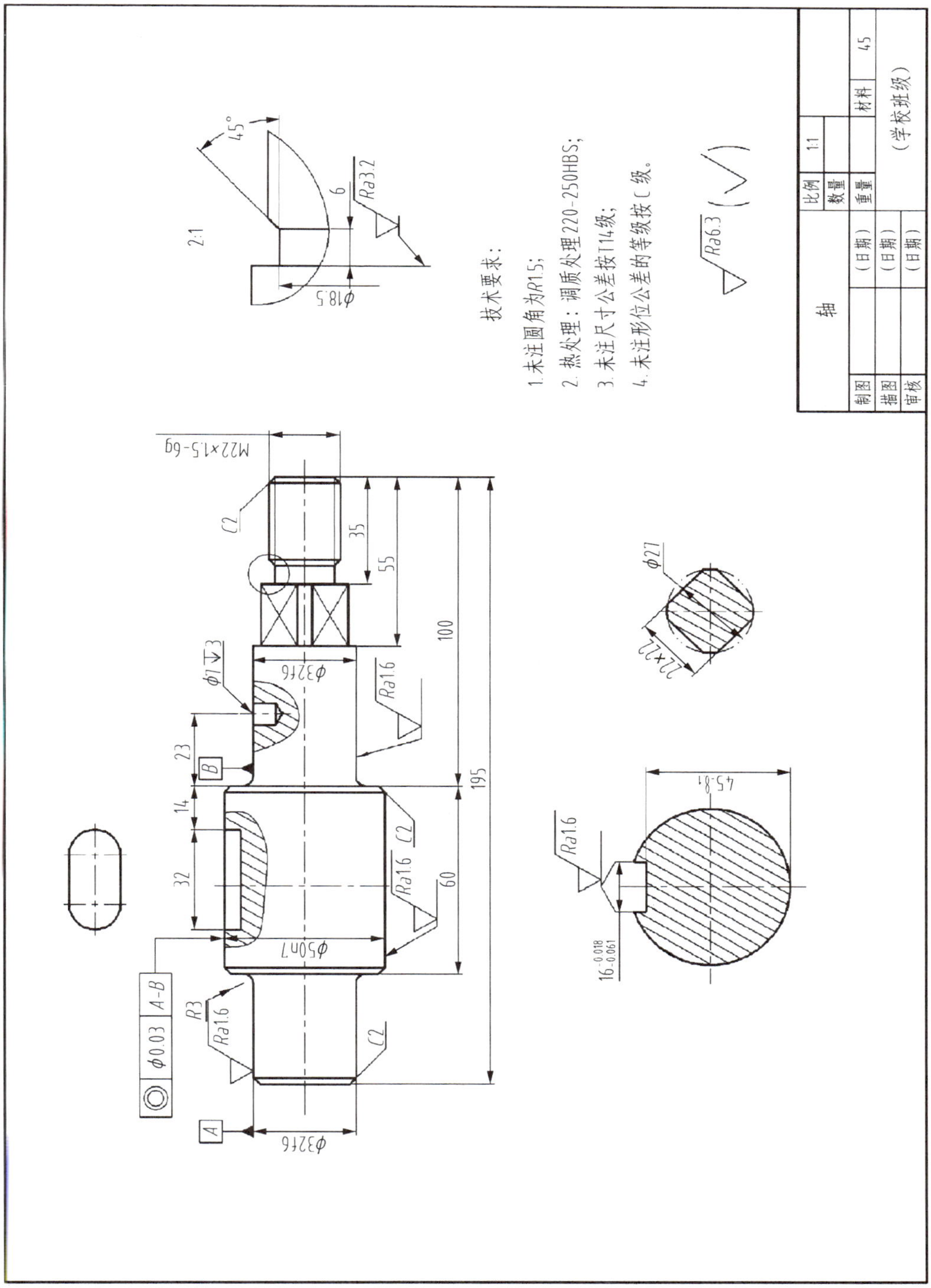
技术要求：
1. 未注圆角为R1.5;
2. 热处理：调质处理220-250HBS;
3. 未注尺寸公差按IT14级;
4. 未注形位公差的等级按C级。
轴
比例 1:1
数量
重量
材料 45
制图 （日期）
描图 （日期）
审核 （日期）
（学校班级）
M22×1.5-6g
φ32f6
φ50n7
φ27
22×22
φ18.5
Ra3.2
Ra1.6
Ra6.3
45°
2:1
195
100
60
55
35
32
23
14
6
R3
C2
A
B
A-B
φ0.03

图 10-12　轴零件图

步骤 1 利用机械样板文件创建“空白”零件工作图(参见 8.4.1 节)。

步骤 2 绘制主视图中心线,设置极轴追踪增量角为 30°,依次追踪 0°、90°,并在键盘输入相应的距离,结果如图 10-13 所示。

图 10-13 绘制主视图半边轮廓

步骤 3 绘制倒角、圆角及螺纹,并绘制由此产生的轮廓线,如图 10-14 所示。

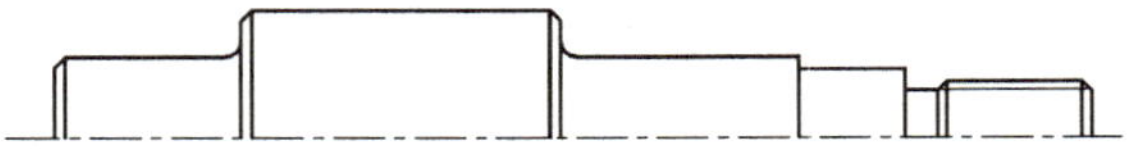

图 10-14 绘制倒角、圆角及螺纹

步骤 4 镜像轮廓,如图 10-15 所示。

步骤 5 利用偏移或者对象捕捉追踪定位,绘制键槽和盲孔,用样条曲线绘制局部剖视的界线并填充,如图 10-16 所示。

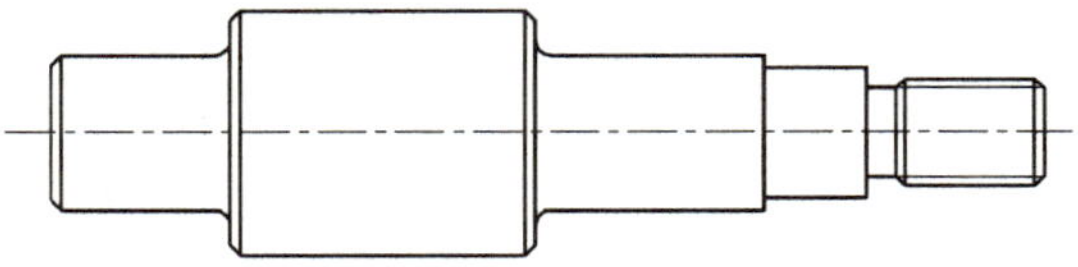

图 10-15 镜像轮廓

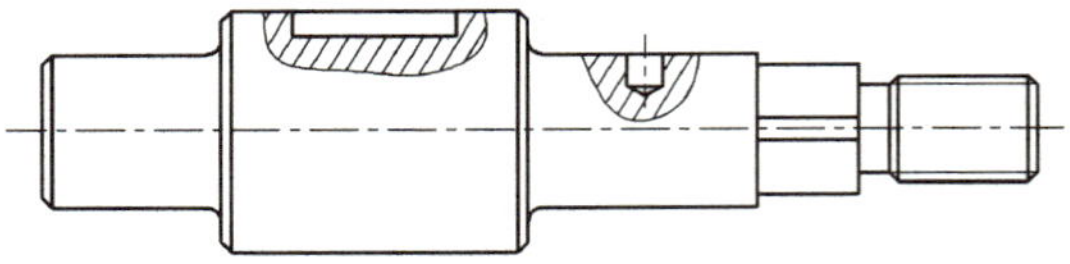

图 10-16 绘制键槽和盲孔

步骤 6 利用对象捕捉追踪定位,绘制键槽形状视图,如图 10-17 所示。

步骤 7 补充两处断面图(注意视图的位置),并根据断面图补充完善主视图,如图 10-18 所示。

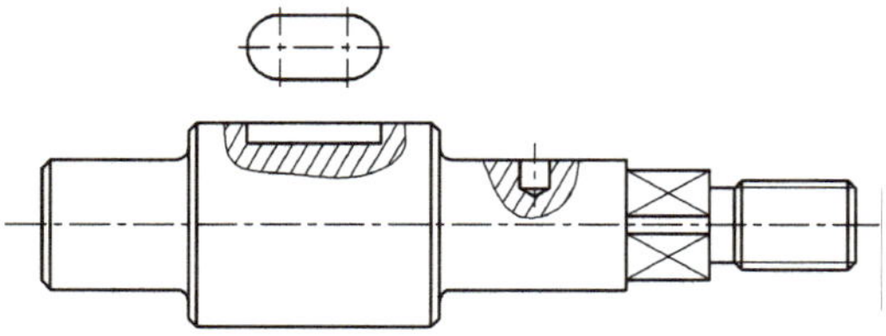

图 10-17 绘制键槽形状视图

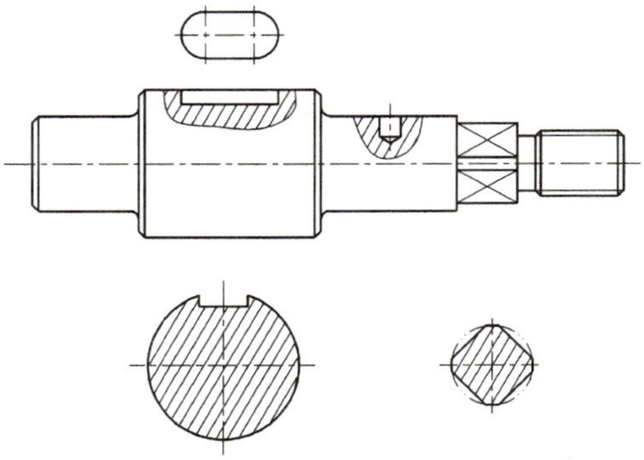

图 10-18 绘制两处断面、补充主视图

步骤 8　绘制局部放大图。首先在主视图要放大的部位画一细实线圆，然后选择被该圆包容和与该圆相交的对象至相应位置，并使用缩放命令放大 2 倍，最后用样条曲线绘制局部放大图的界线（注意只在实体部分有线），修剪成如图 10-19 所示结果。

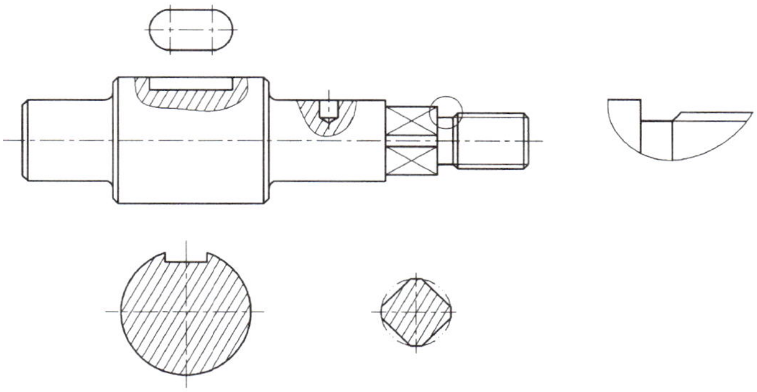

图 10-19　绘制局部放大图

步骤 9　将视图合理布局至图框，如图 10-20 所示。

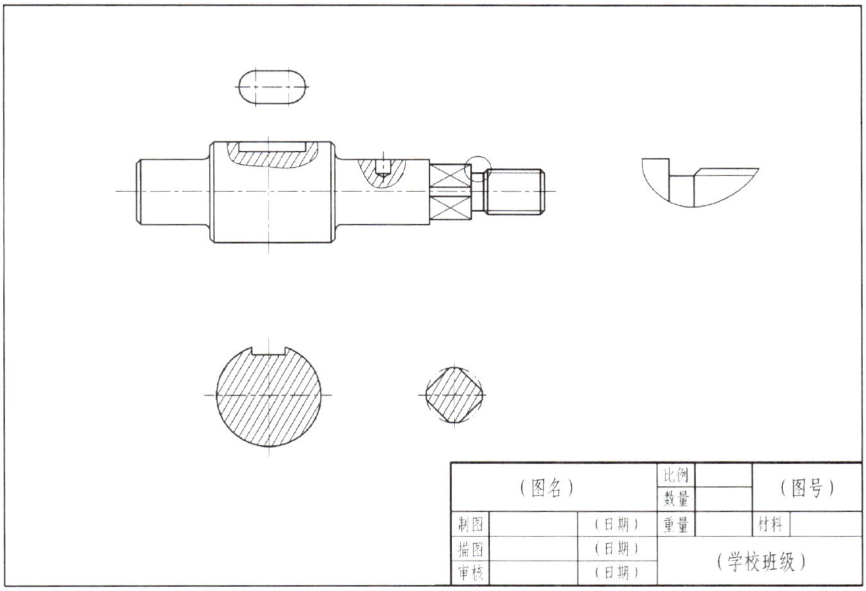

图 10-20　将视图合理布置在图框内

步骤 10　标注各视图尺寸，如图 10-21 所示。

步骤 11　标注表面粗糙度。依次插入表面粗糙度块（样板文件中已设置），并按图纸要求设置，如图 10-22 所示。

步骤 12　标注形位公差。基准符号可直接插入基准符号块（样板文件中已设置），形位公差通过形位公差对话框添加设置，如图 10-23 所示。

步骤 13　注写技术要求，填写标题栏信息，完成图纸绘制，如图 10-12 所示。

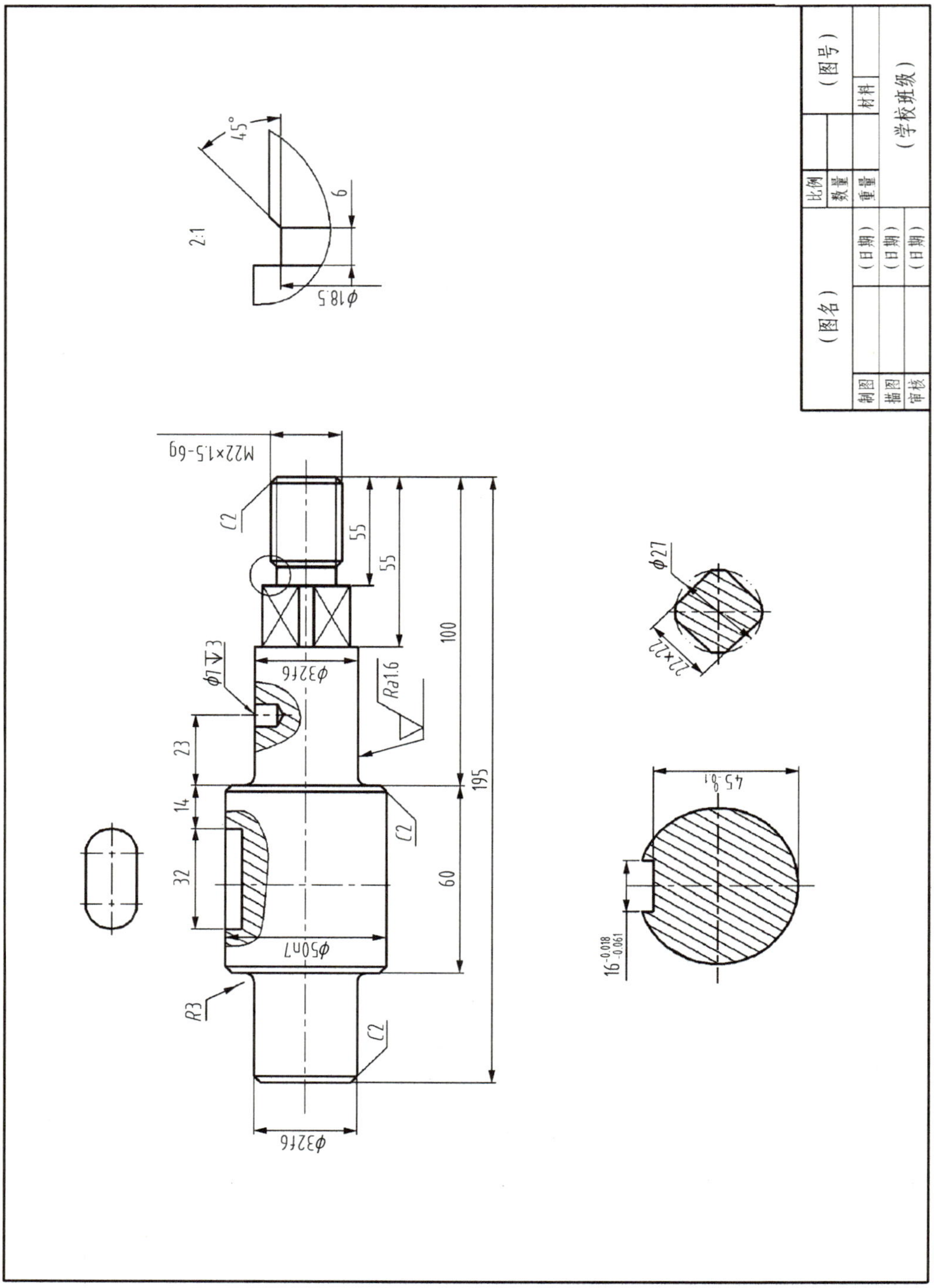
(图名)
(图号)
比例
数量
重量
材料
制图
描图
审核
(日期)
(学校班级)
M22×1.5-6g
ϕ32f6
ϕ50n7
ϕ18.5
ϕ27
2:1
45°
Ra1.6
R3
C2
195
100
60
55
23
14
32
6

图 10-21　标注尺寸

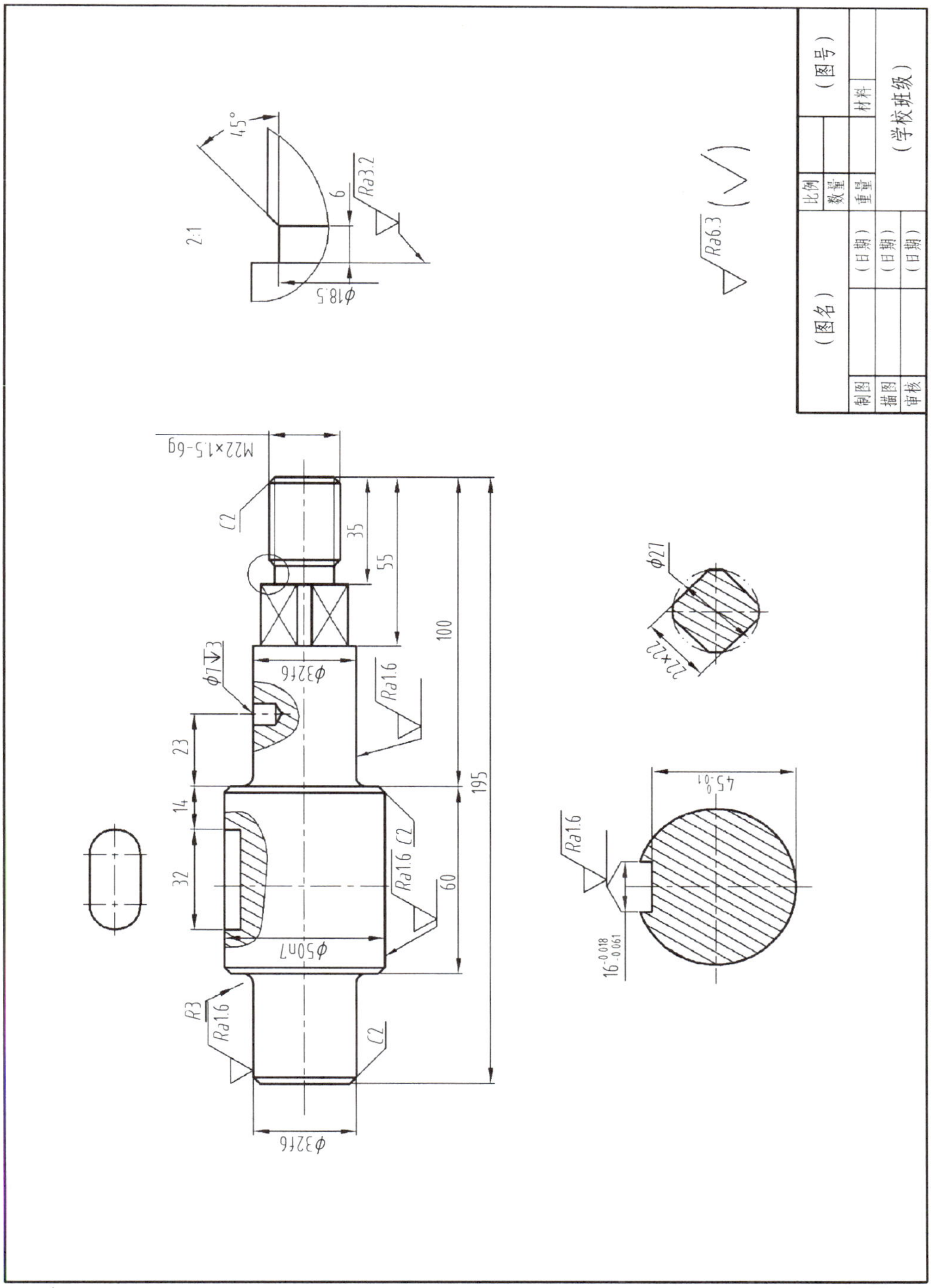

图 10-22　标注表面粗糙度

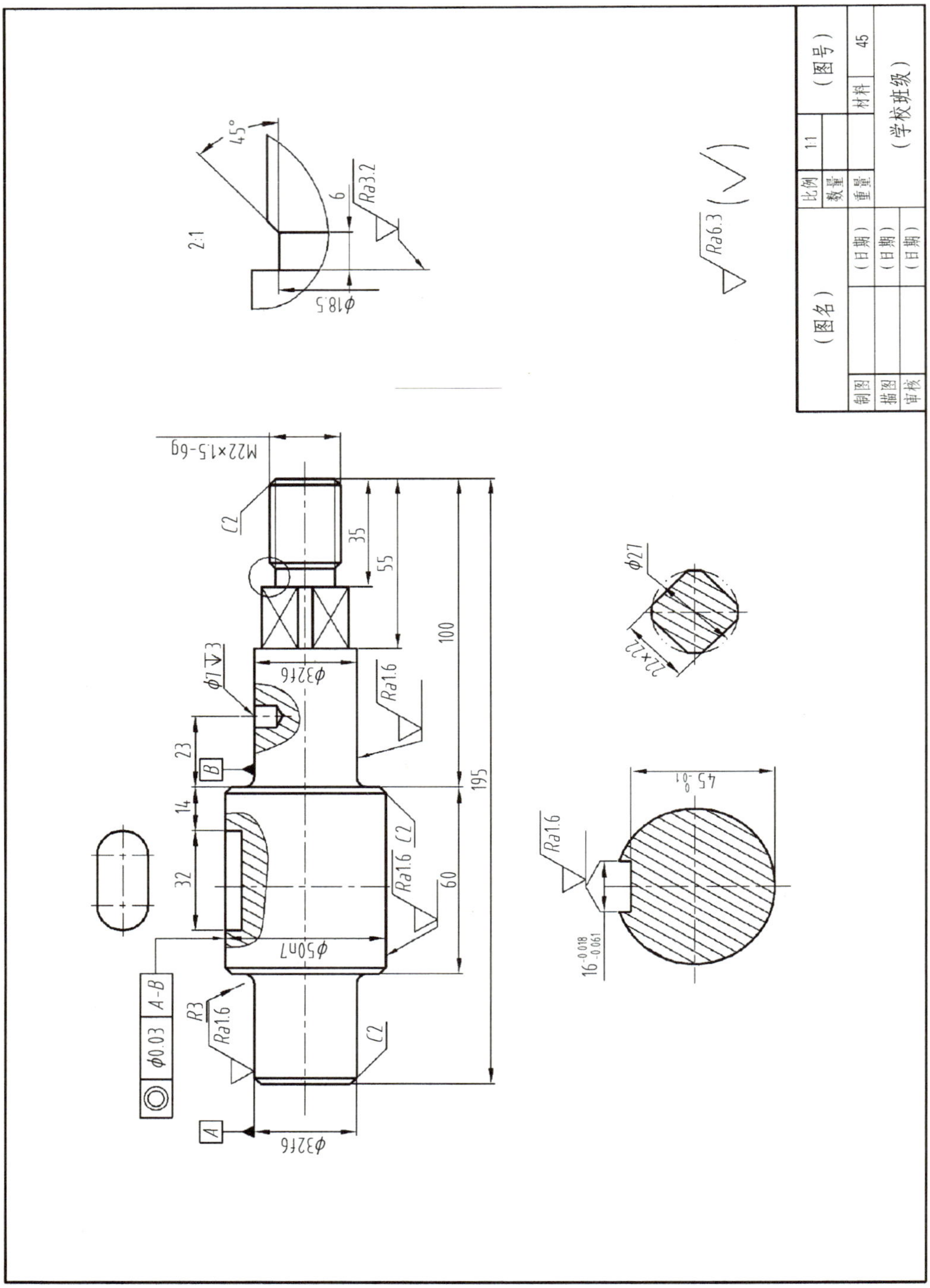

图 10-23　标注形位公差

10.3　绘制盘盖类零件

10.3.1　盘盖类零件的结构特点

盘盖类零件的主体结构是同轴线回转体或其他平板形，且厚度方向的尺寸比其他两个方向的尺寸小，包括各种端盖、皮带轮、齿轮等盘状传动件。端盖在机器中起密封和支承轴、轴承或轴套的作用，往往有一个端面是与其他零件连接的重要接触面，因此，常设有安装孔、支承孔等。盘状传动件（如齿轮、皮带轮等）一般带有键槽，通常以一个端面与其他零件接触定位。

10.3.2　盘盖类零件的一般表达方案

1. 主视图的选择

与轴套类零件一样，盘盖类零件常在车床上加工成形，选择主视图时，应按加工位置将轴线水平放置，以垂直轴线的方向作为主视图的投影方向，并用主视图表示内部结构及其相对位置。

2. 其他视图的选择

有关零件的外形和各种孔、肋、轮辐等的数量及其分布状况，通常选用左（或右）视图来补充说明。如果还有细小结构，则需增加局部放大图。

10.3.3　绘制传动箱盖零件图

如图 10-24 所示为传动箱盖零件图，下面以此为例，介绍盘盖类零件绘制的步骤及技巧。

步骤 1　利用机械样板文件创建“空白”零件工作图（参见 8.4.1 节）。

步骤 2　绘制左视图中心线，并按图纸数据绘制 7 个同心圆，如图 10-25 所示。

步骤 3　绘制端面阶梯孔，如图 10-26 所示。

步骤 4　环形阵列阶梯孔，如图 10-27 所示。

步骤 5　绘制凸台结构，如图 10-28 所示。

步骤 6　环形阵列凸台结构，如图 10-29 所示。

步骤 7　利用对象捕捉追踪，绘制主视图半边主轮廓，如图 10-30 所示。

步骤 8　修整主视图半边轮廓，如图 10-31 所示。

步骤 9　镜像主视图轮廓并填充，如图 10-32 所示。

步骤 10　将视图合理布局至图框，如图 10-33 所示。

步骤 11　标注各视图尺寸，如图 10-34 所示。

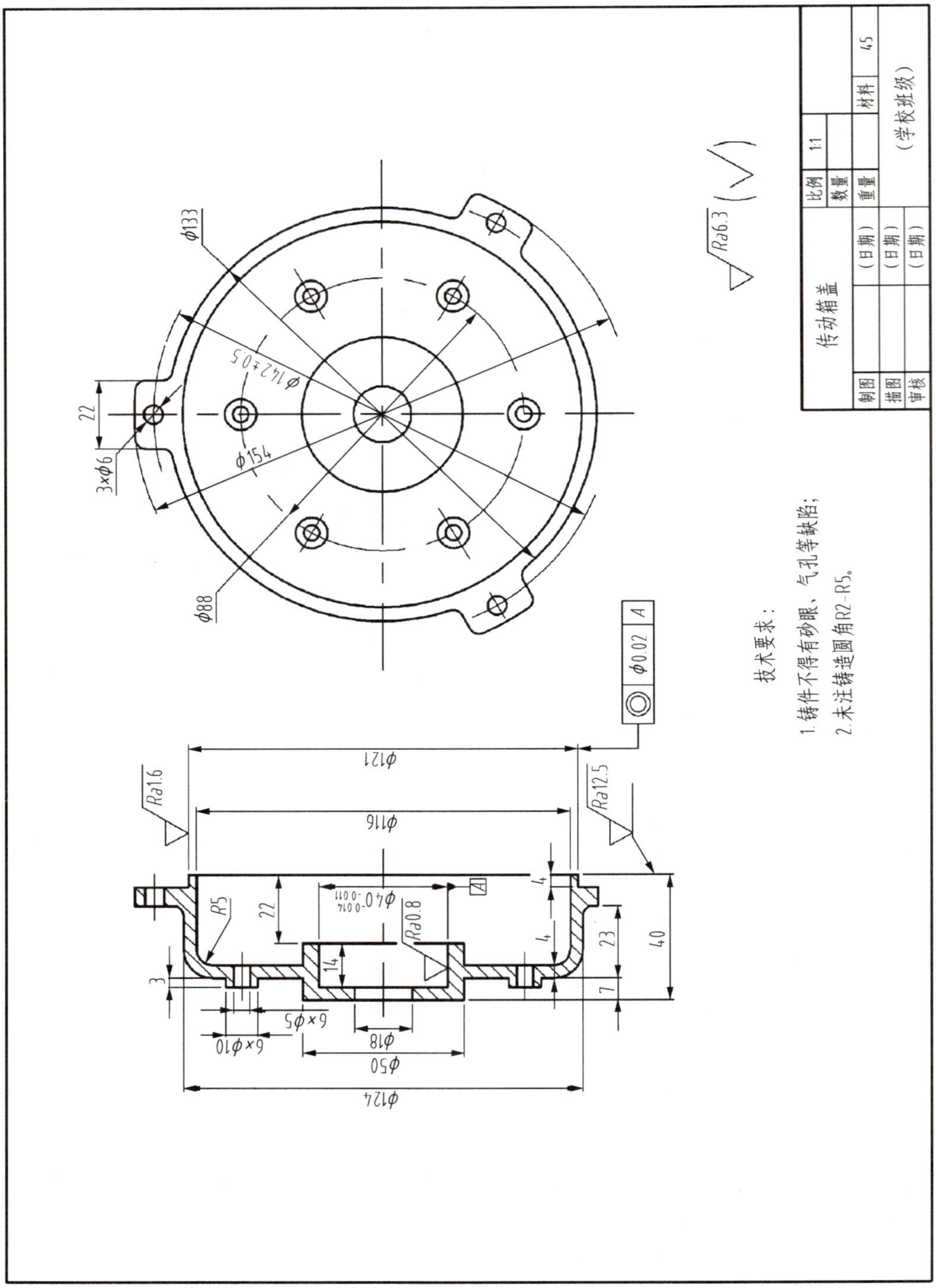

图 10-24　传动箱盖零件图

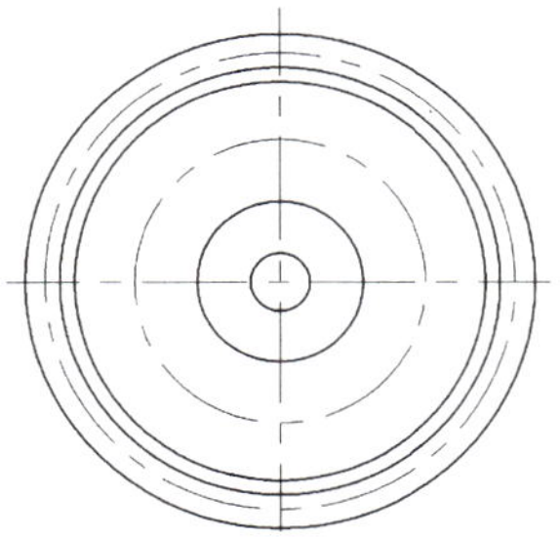

图 10-25　绘制左视图同心圆

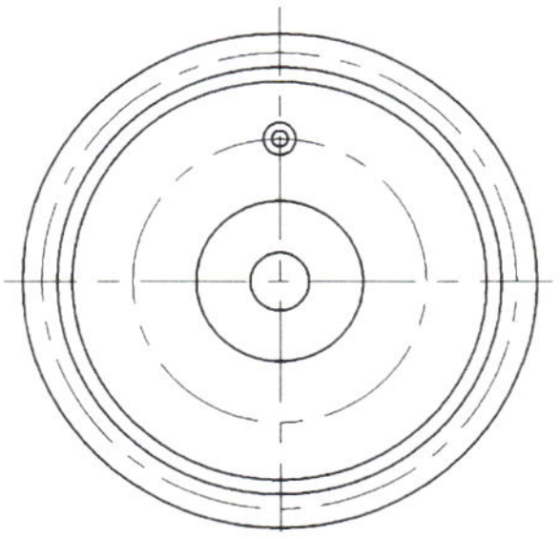

图 10-26　绘制阶梯孔

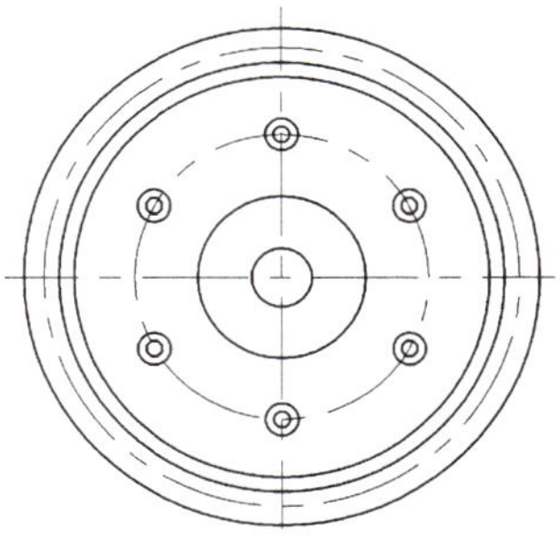

图 10-27　环形阵列阶梯孔

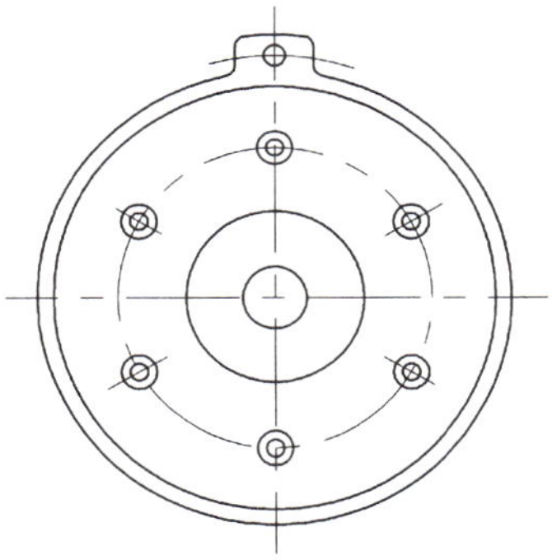

图 10-28　绘制凸台结构

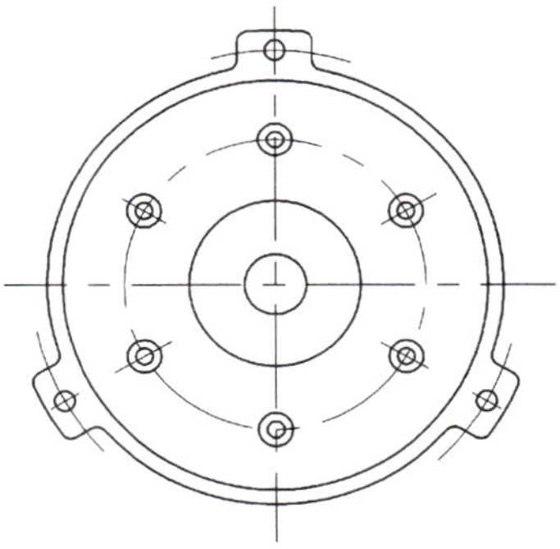

图 10-29　环形阵列凸台结构

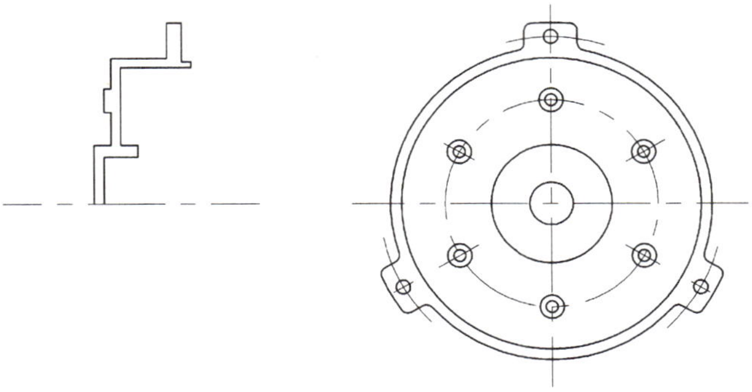

图 10-30　绘制主视图半边主轮廓

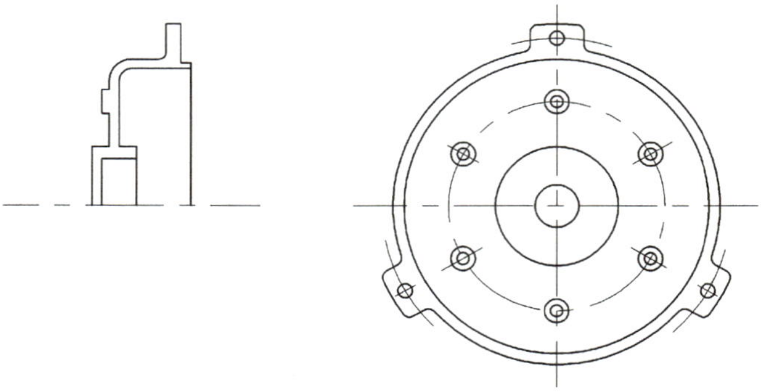

图 10-31　修整主视图半边轮廓

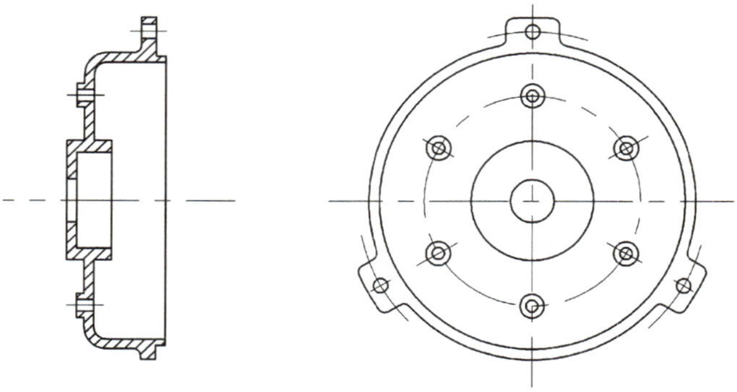

图 10-32　镜像主视图轮廓并填充

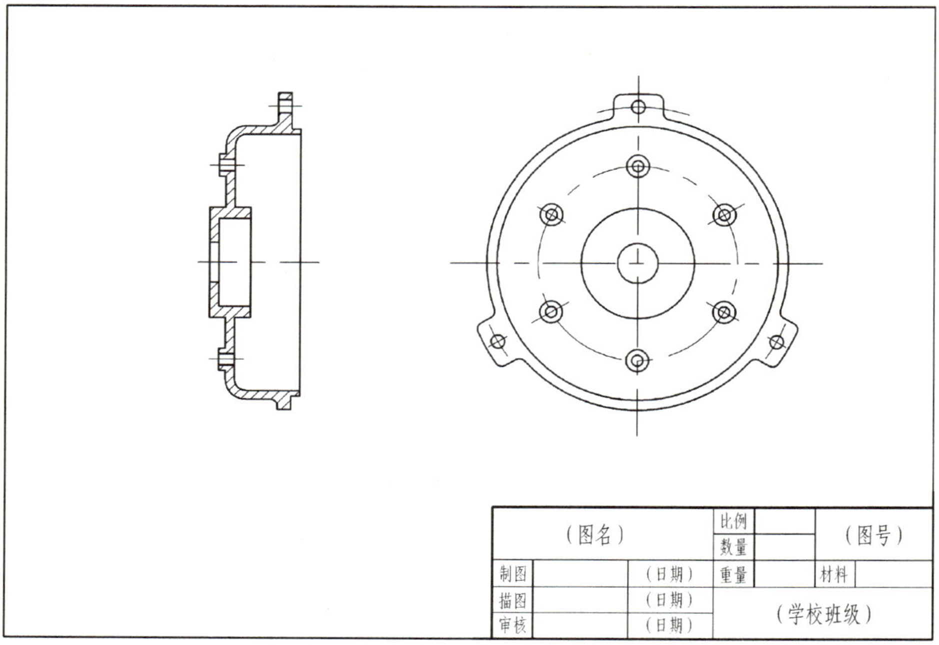

图 10-33　将视图合理布局至图框

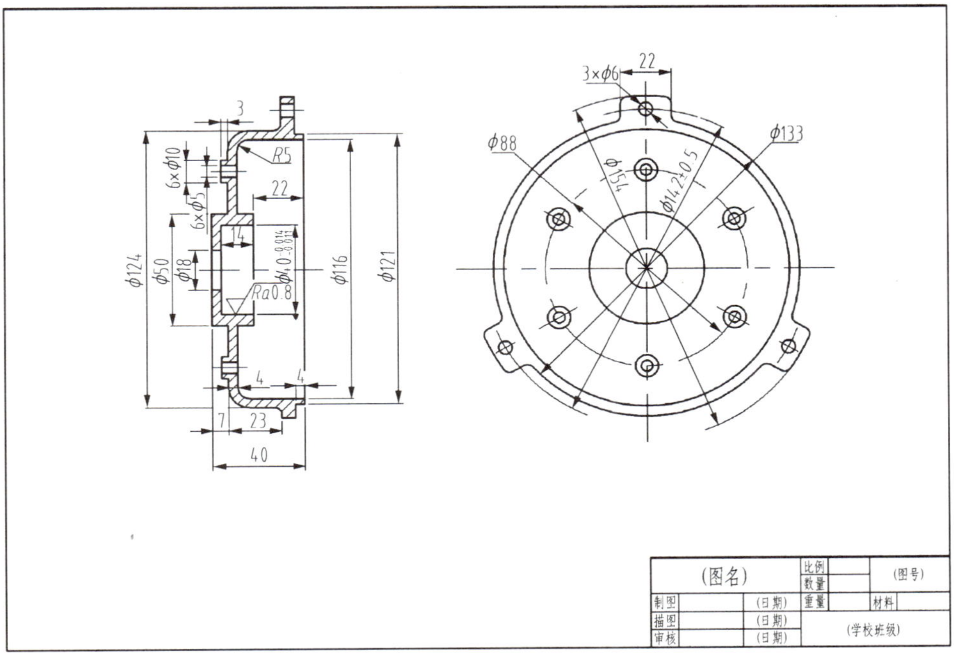

图 10-34　标注各视图尺寸

步骤 12　标注表面粗糙度。依次插入表面粗糙度块(样板文件中已设置),并按图纸要求设置,如图 10-35 所示。

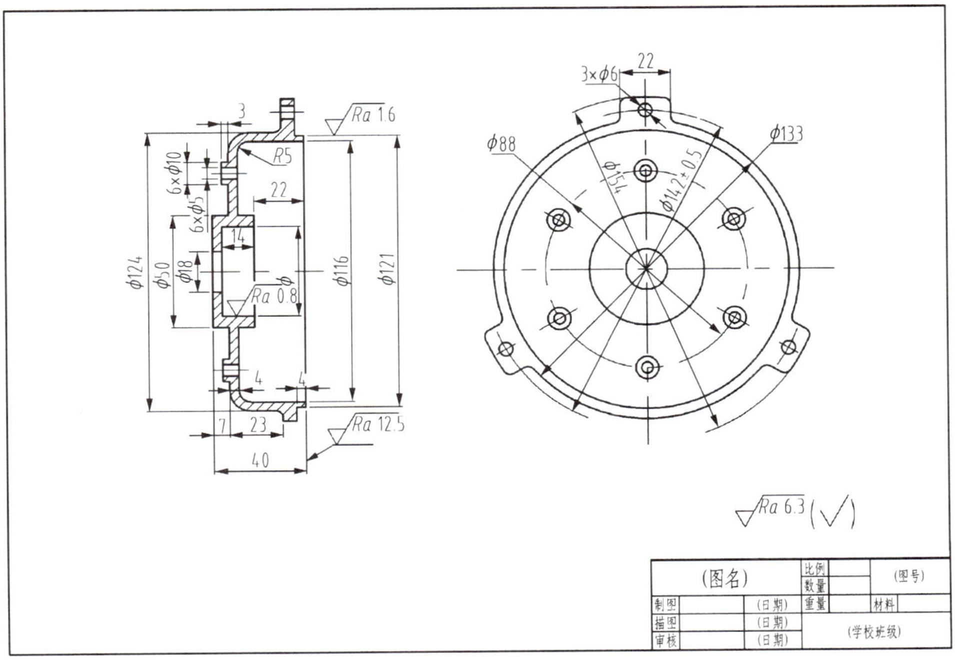

图 10-35　标注表面粗糙度

步骤 13 标注形位公差。基准符号可直接插入基准符号块（样板文件中已设置），形位公差通过形位公差对话框添加设置，如图 10-36 所示。

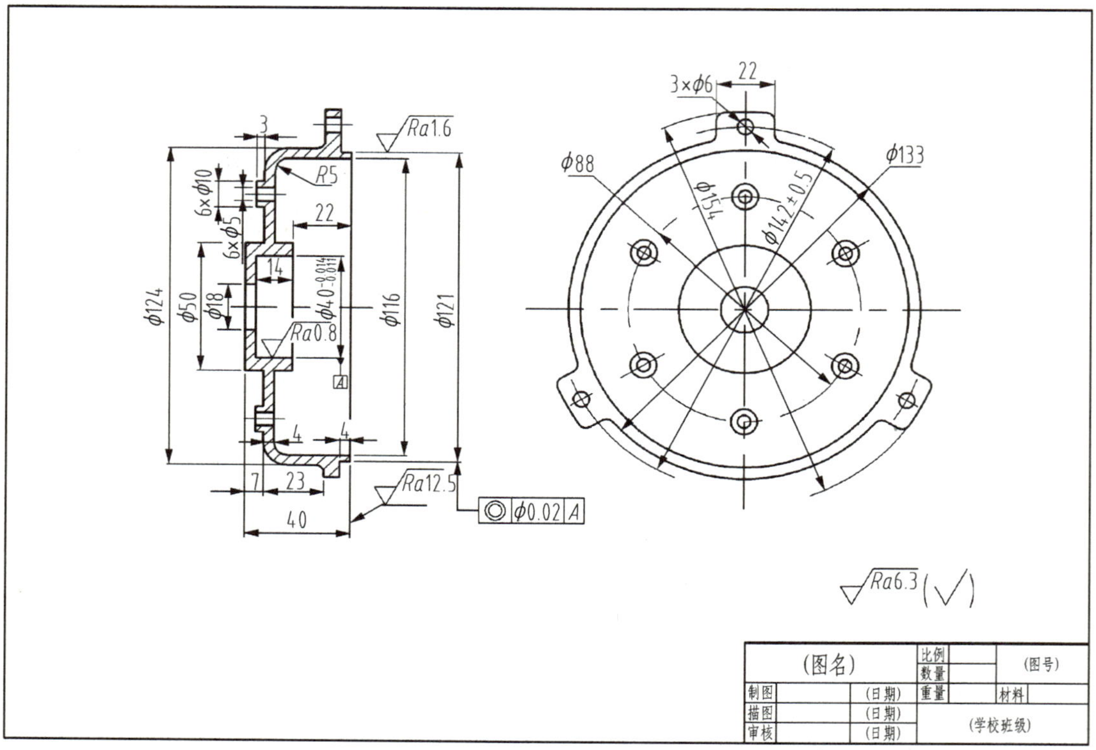

图 10-36 标注形位公差

步骤 14 注写技术要求，填写标题栏信息，完成图纸绘制，如图 10-24 所示。

10.4 绘制叉架类零件

10.4.1 叉架类零件的结构特点

叉架类零件的结构差异很大，其结构按作用可大致分为工作、支承与连接 3 个部分，并常有倾斜结构出现，多见于连杆、拨叉、支架、摇杆等，一般起连接、支承、操纵调节作用。

10.4.2 叉架类零件的一般表达方案

1. 主视图的选择

鉴于叉架类零件的功用以及在机械加工过程中的位置不大固定，因此在选择主视图时，这类零件常以工作位置放置，并结合其主要结构特征来选择主视图。

2. 其他视图的选择

因叉架类零件形状变化大，所以视图数量也有较大的伸缩性。它们的倾斜结构常用斜视图或斜剖视图来表示。安装孔、安装板、支承板、肋板等结构常采用局部剖和移出断面表示。

10.4.3　绘制托脚零件图

如图 10-37 所示为托脚零件图，下面以此为例，介绍叉架类零件绘制的步骤及技巧。

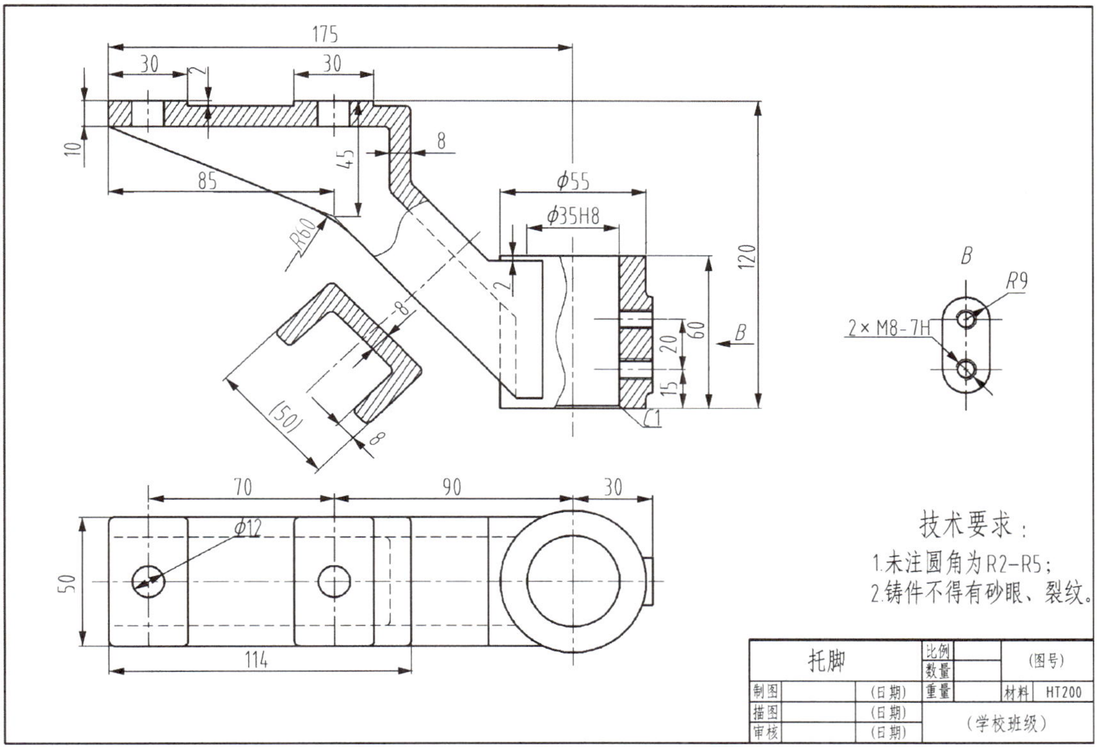

图 10-37　托脚零件图

步骤 1　利用机械样板文件创建"空白"零件工作图(参见 8.4.1 节)。

步骤 2　绘制俯视图中心线，并按图纸数据绘制图形轮廓，如图 10-38 所示。

步骤 3　利用对象捕捉追踪，绘制主视图大概轮廓，如图 10-39 所示。

步骤 4　补充主视图细部结构，如图 10-40 所示。

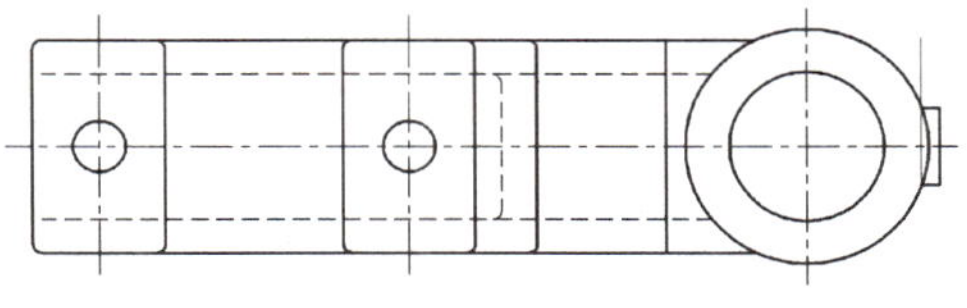

图 10-38　绘制俯视图中心线

步骤 5　绘制断面图和局部视图，如图 10-41 所示。

步骤 6　将视图合理布局至图框，如图 10-42 所示。

步骤 7 标注各视图尺寸，如图 10-43 所示。

步骤 8 注写技术要求，填写标题栏信息，完成图纸绘制，如图 10-37 所示。

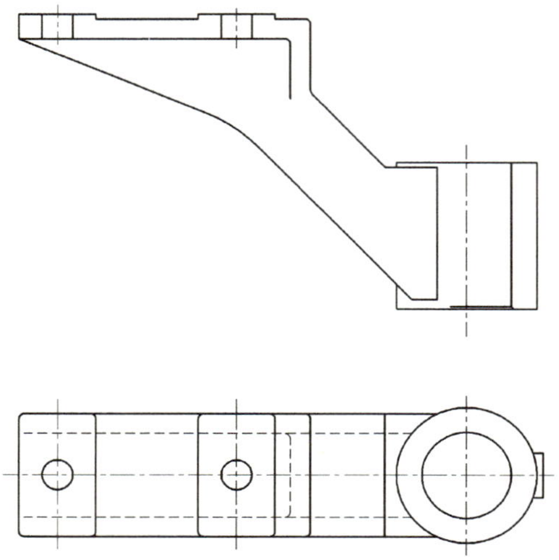

图 10-39 绘制主视图大概轮廓

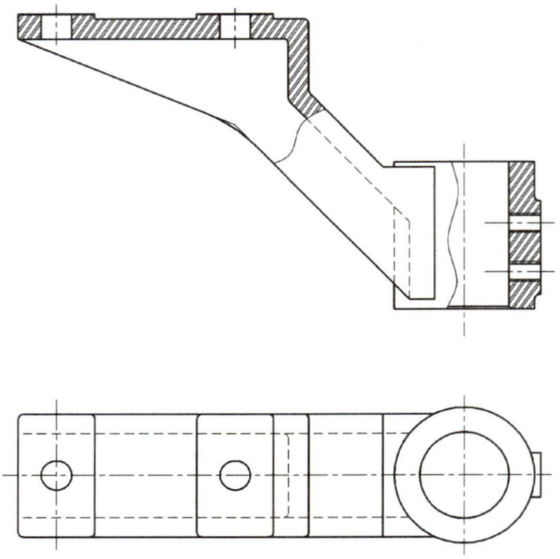

图 10-40 补充主视图细部结构

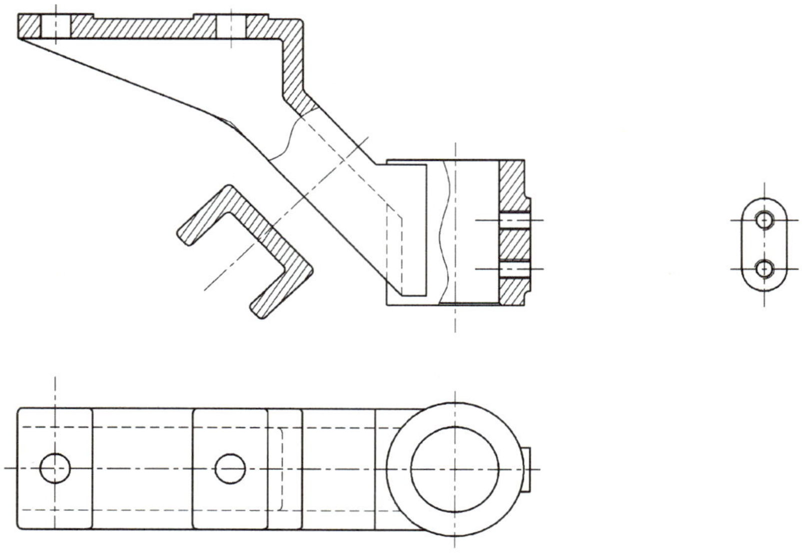

图 10-41 绘制断面图和局部视图

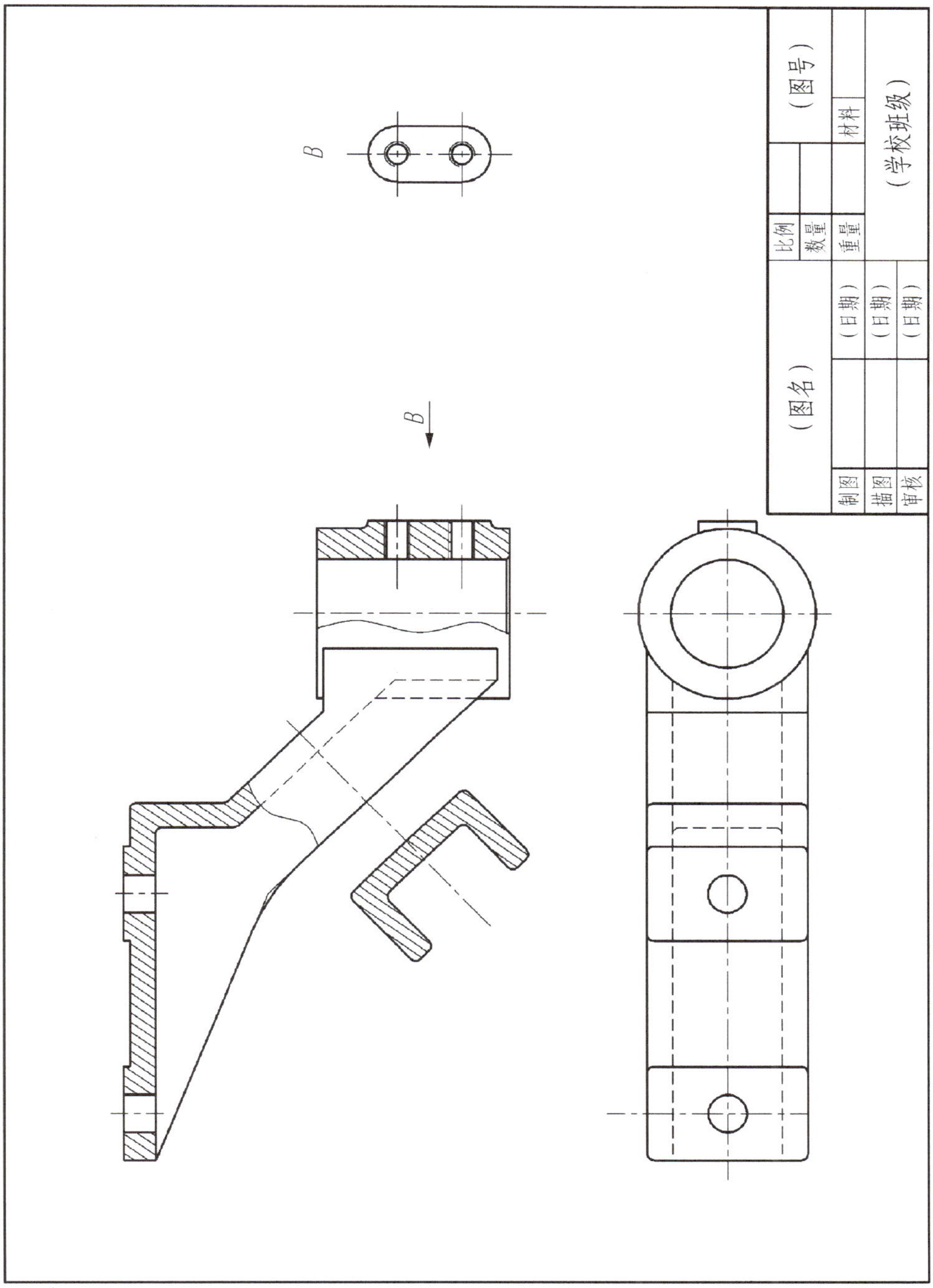

图 10-42　将视图合理布置至图框

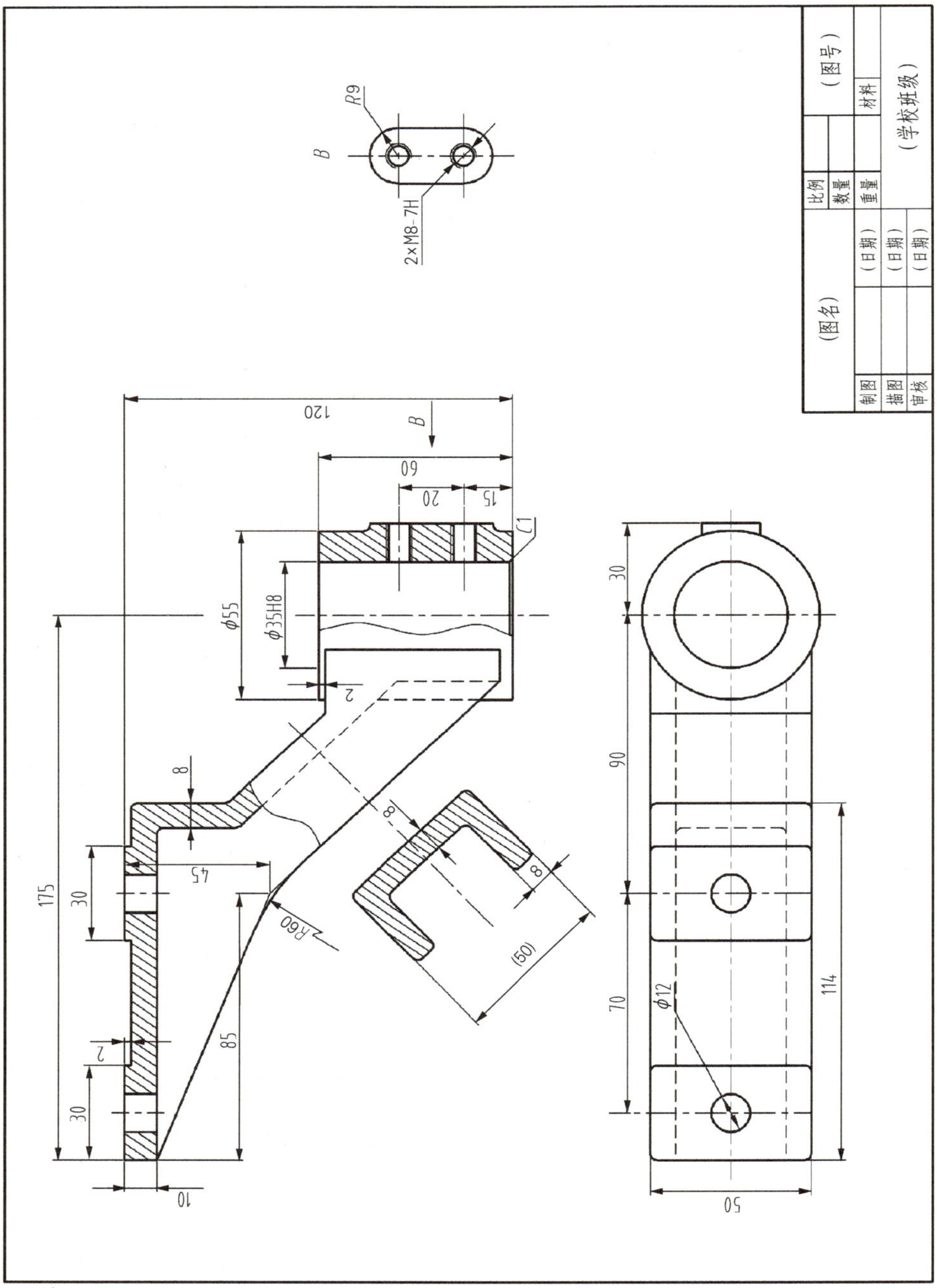

图 10-43 标注各视图尺寸

10.5 绘制箱体类零件

10.5.1 箱体类零件的结构特点

箱体类零件是组成机器或部件的主要零件之一，其内、外结构形状一般较复杂，多为铸件。它们主要用来支承、包容和保护运动零件或其他零件，因此，这类零件多为有一定壁厚的中空腔体，箱壁上伴有支承孔和与其他零件装配的孔或螺孔结构。为使运动零件得到润滑与冷却，箱体内常存放有润滑油，因此，有注油孔、放油孔和观察孔等结构。为了使它与其他零件或机座装配在一起，这类零件有安装底板、安装孔等结构。

10.5.2 箱体类零件的一般表达方案

1. 主视图的选择

选择主视图时，箱体类零件常按零件的工作位置放置，以垂直主要轴孔中心线的方向作为主视图的投影方向，常采用通过主要轴孔的单一剖切平面、阶梯剖、旋转剖及全剖视图来表达内部结构形状，或者沿着主要轴孔中心线的方向作为主视图的投影方向，主视图着重表达零件的外形。

2. 其他视图的选择

对于主视图上未表达清楚的零件内部结构和形状，需采用其他基本视图，或在基本视图上取剖视来表达。对于局部结构常用局部视图、局部剖视图、斜视图、断面等来表达。

10.5.3 绘制涡轮箱零件图

如图 10-44 所示为涡轮箱零件图，下面以此为例，介绍箱体类零件绘制的步骤及技巧。

步骤 1　利用机械样板文件创建“空白”零件工作图(参见 8.4.1 节)。

步骤 2　绘制回转体主视图，如图 10-45 所示。

步骤 3　利用对象捕捉追踪，由主视图绘制左视图，如图 10-46 所示。

步骤 4　将左视图向下复制，并顺时针旋转 90°，利用对象捕捉追踪由此图定位宽度、由主视图定位长度，绘制回转体的俯视图，如图 10-47 所示。

步骤 5　绘制底板俯视图，并利用对象捕捉追踪和底板高度数据，完成底板主视图的绘制，如图 10-48 所示。

步骤 6　将俯视图向右复制，中心与左视图在一条竖直线上，并绕中心逆时针旋转 90°，利用对象捕捉追踪由此图定位宽度、由主视图定位高度，绘制底板的左视图，如图 10-49 所示。

步骤 7　绘制底板与回转体连接部分，先由主视图开始绘制，然后绘制左视图，最后完成俯视图的绘制，如图 10-50 所示。

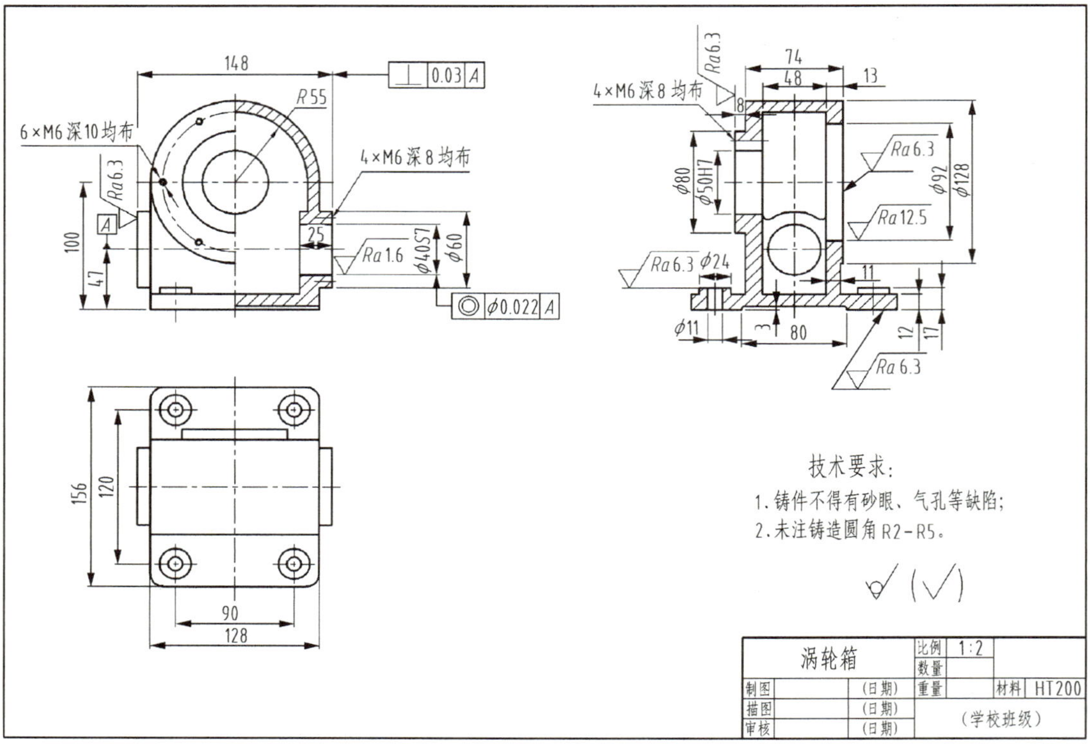

图 10-44　涡轮箱零件图

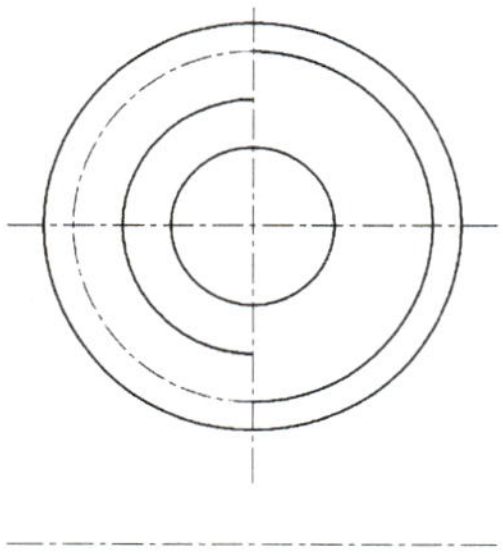

图 10-45　绘制回转体主视图

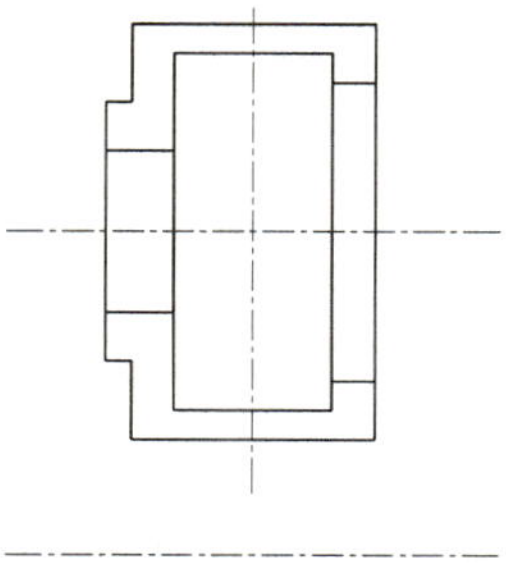

图 10-46　绘制回转体左视图

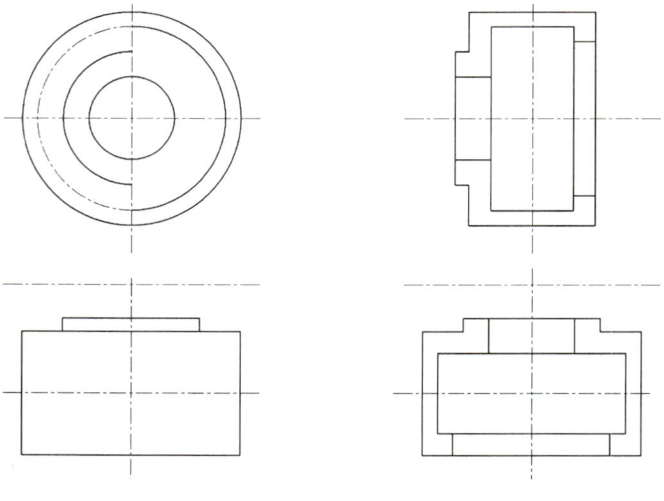

图 10-47　配合回转体主、左视图完成俯视图

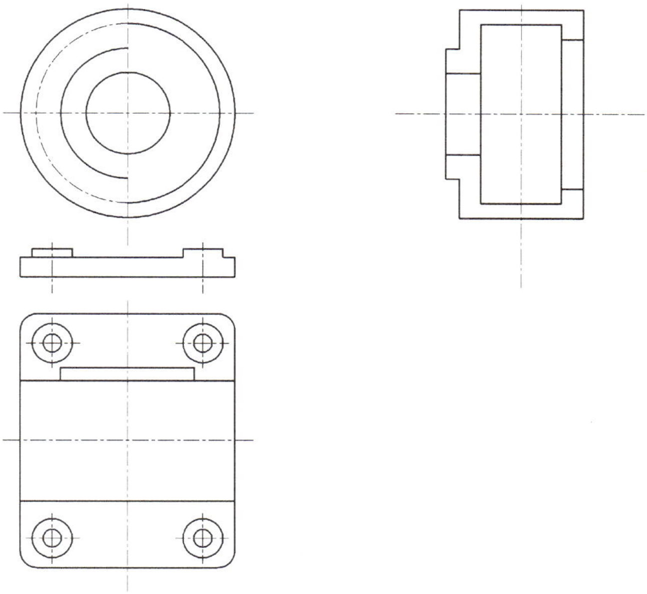

图 10-48　绘制底板俯视图、主视图

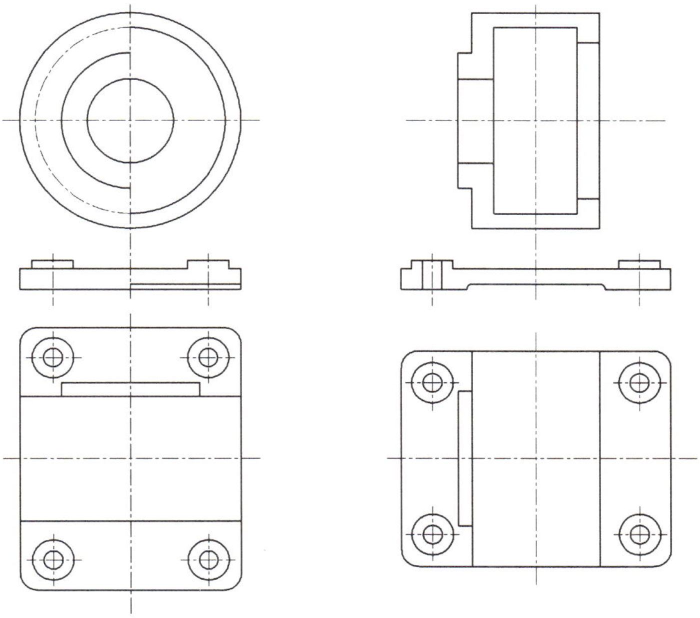

图 10-49　配合底板主、俯视图完成左视图

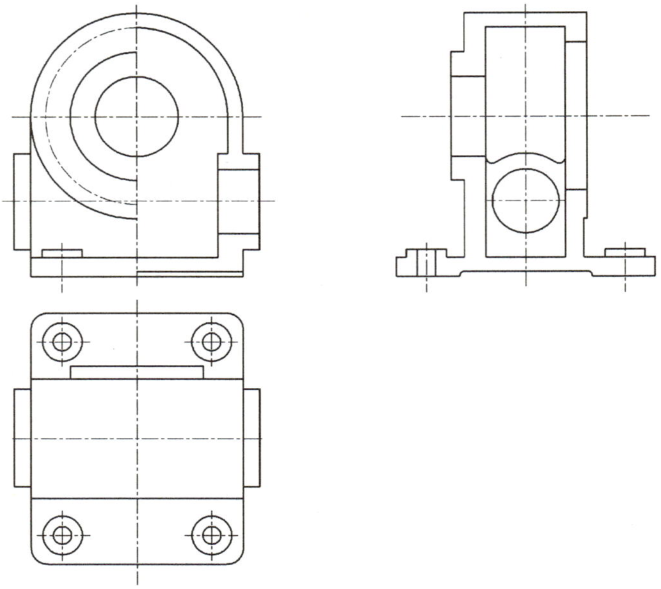

图 10-50　绘制底板与回转体连接部分

步骤 8　绘制螺纹孔，并填充图形，如图 10-51 所示。

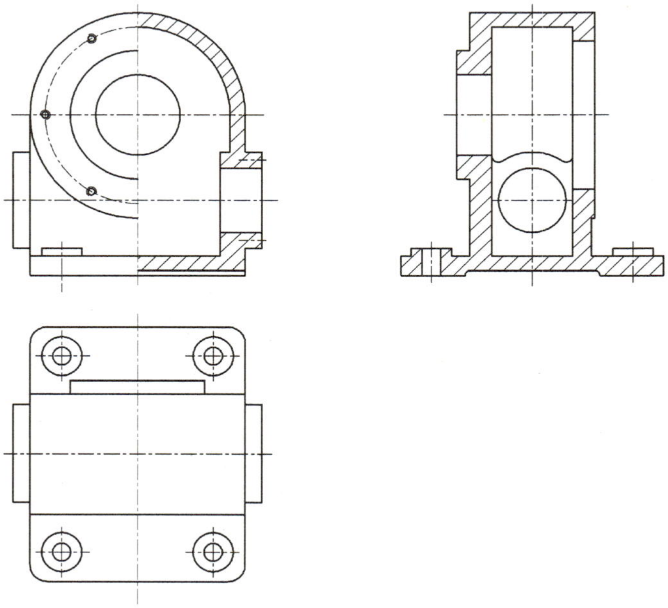

图 10-51　绘制螺纹孔等细部结构并填充

步骤 9　缩放所有视图，并合理布置在图框内。选中所有视图对象，使用缩放命令，缩放比例为 0.5，并将各视图放置到 A3 图框内，同时调整各视图位置（注意保持视图间的对应关系），如图 10-52 所示。

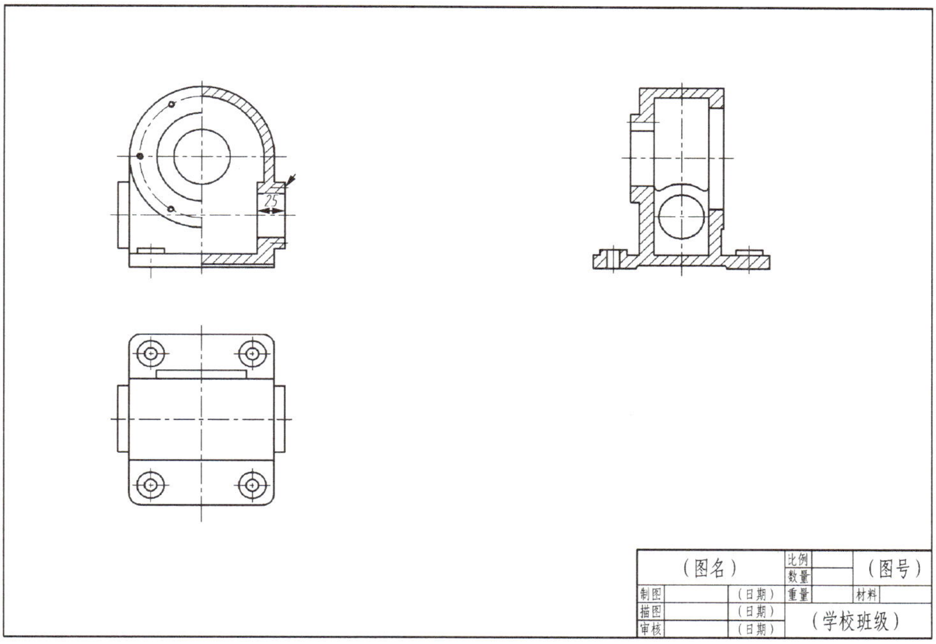

图 10-52　缩放并合理布局视图至图框

步骤 10　标注尺寸。打开标注样式管理器，调整标注总体比例因子设置为 2，完成各视图的尺寸标注，如图 10-53 所示。

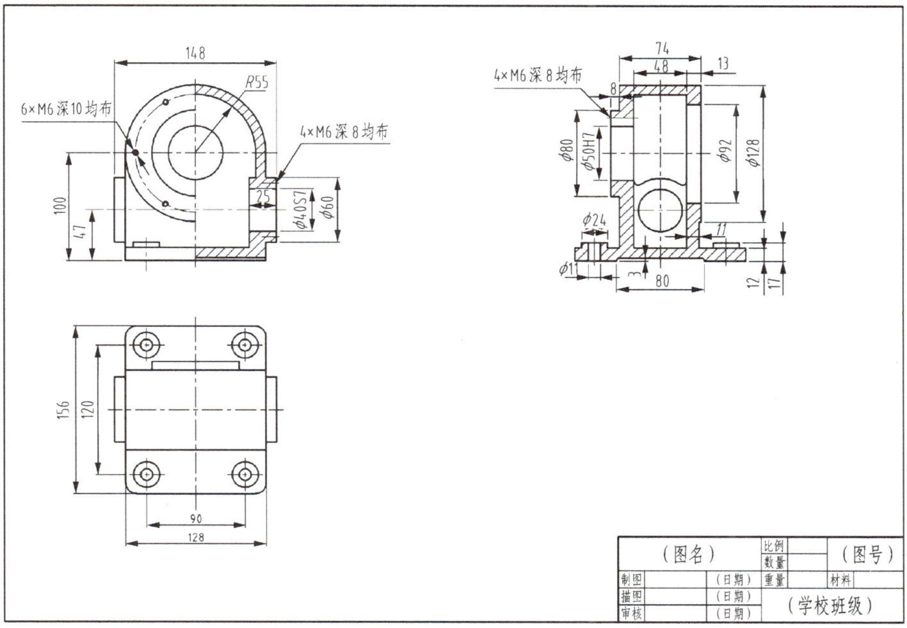

图 10-53　标注各视图尺寸

步骤 11 标注表面粗糙度。依次插入表面粗糙度块(样板文件中已设置),并按图纸要求设置,如图 10-54 所示。

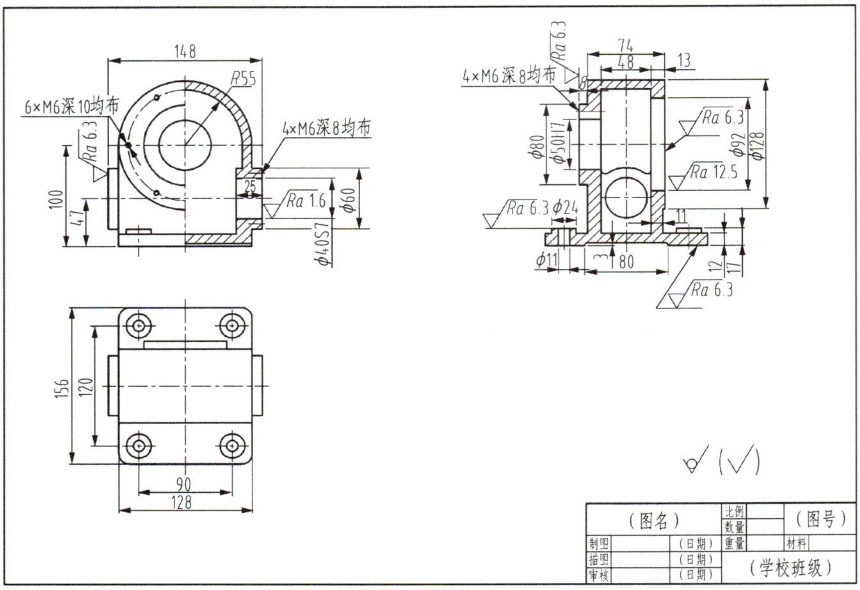

图 10-54 标注表面粗糙度

步骤 12 标注形位公差。基准符号可直接插入基准符号块(样板文件中已设置),形位公差通过形位公差对话框添加设置,如图 10-55 所示。

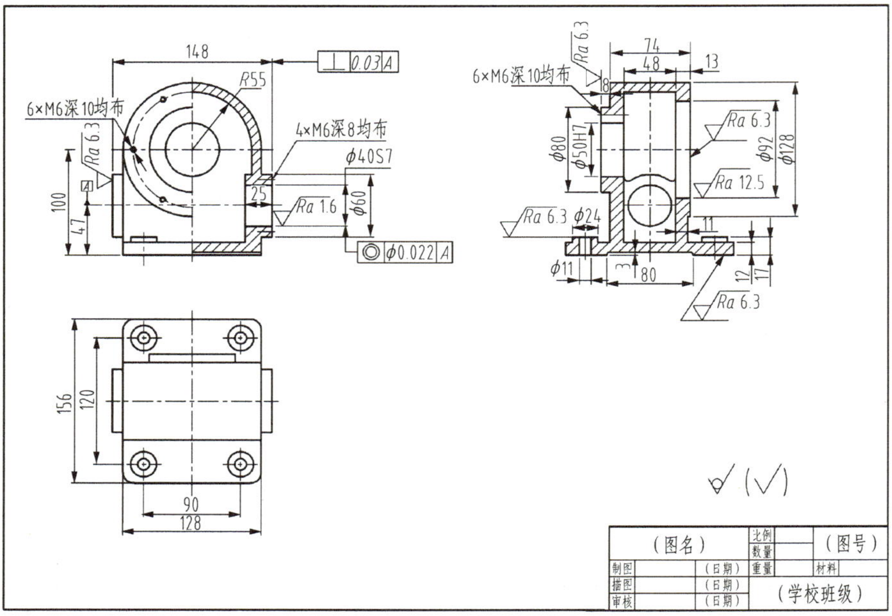

图 10-55 标注形位公差

步骤 13　注写技术要求，填写标题栏信息，完成图纸绘制，如图 10-44 所示。

思考练习

1. 一般零件可分为几类？每一类的结构特点和常用表达方法是什么？
2. 绘制如图 10-56 所示螺钉零件图。

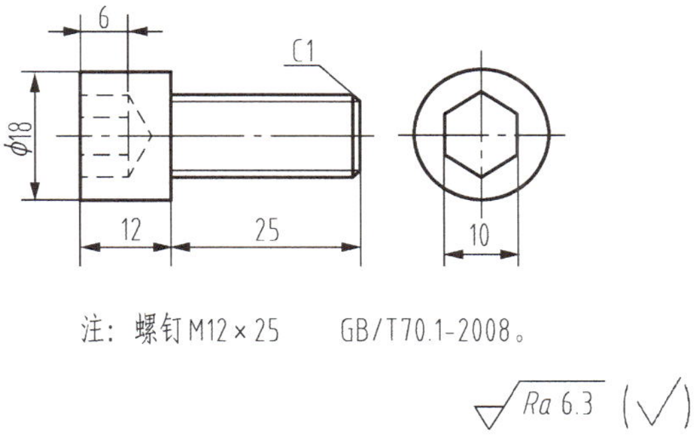

图 10-56　螺钉零件图

3. 绘制如图 10-57 所示涡轮轴零件图（材料：45）。

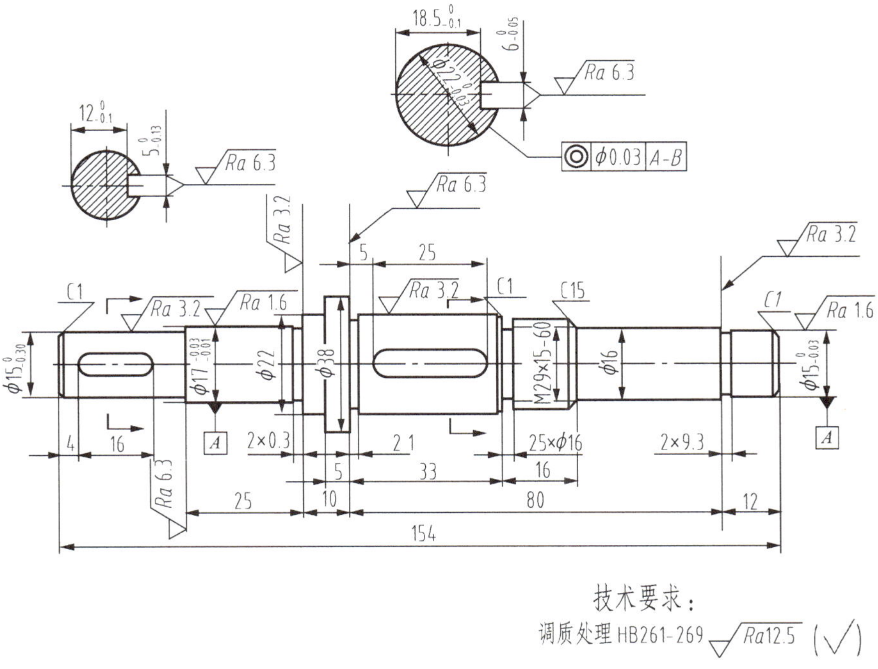

图 10-57　涡轮轴零件图

4．绘制如图 10-58 所示端盖零件图(材料：HT150)。

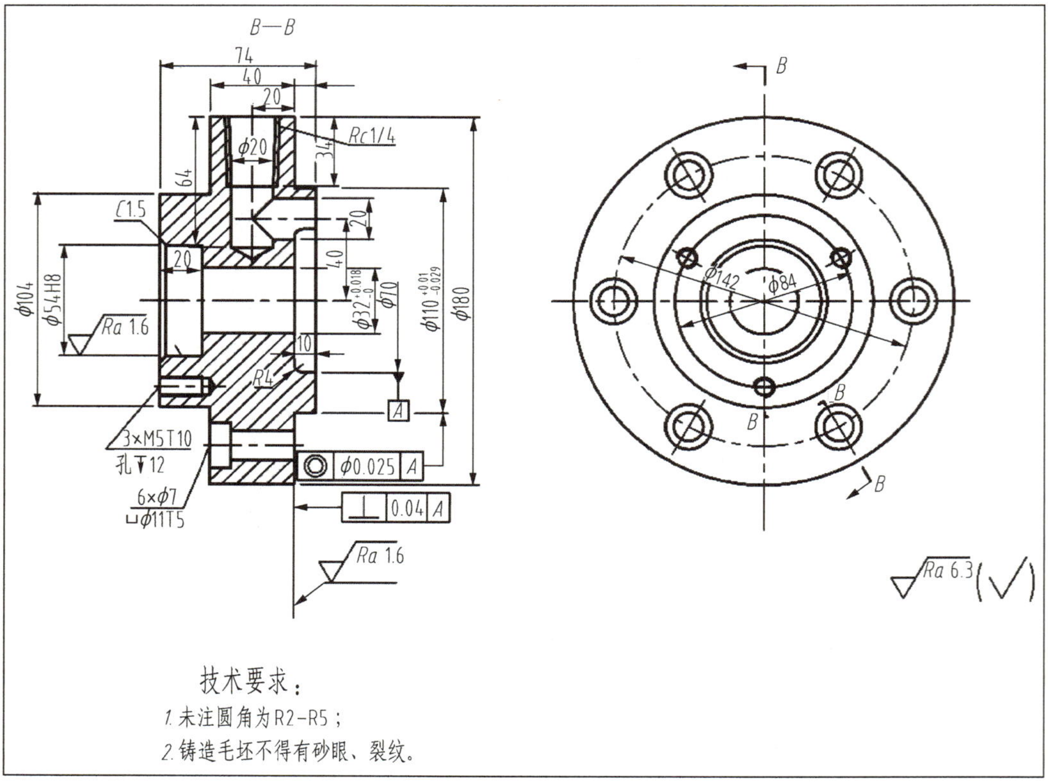

图 10-58　端盖零件图

5．绘制如图 10-59 所示箱体零件图(材料：HT200)。

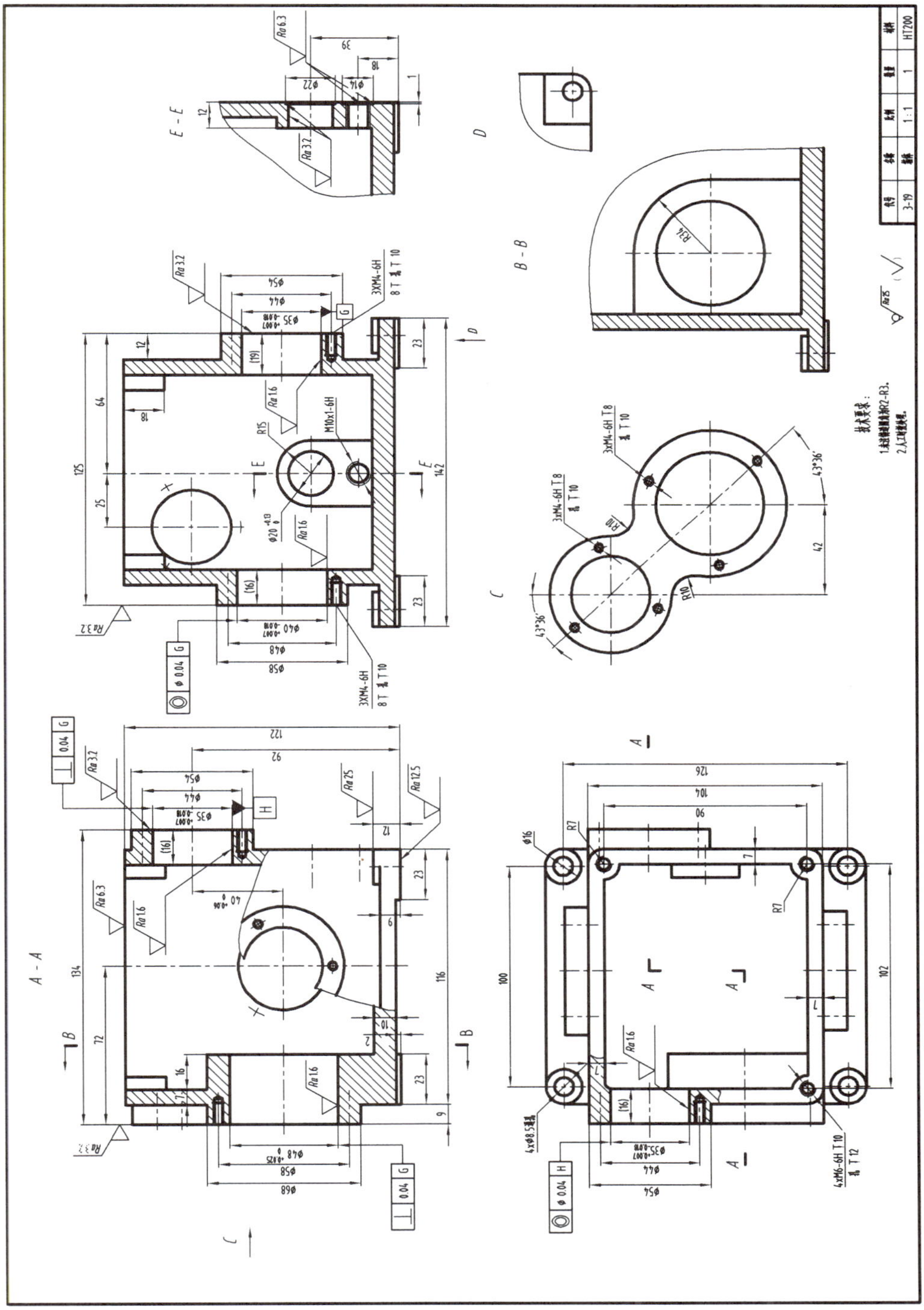

图 10-59　箱体零件图

第11章 绘制装配图

装配图是表达机器或部件的图样，主要表达其工作原理和装配关系。表达一台完整机器的装配图，称为总装配图。表达机器中某个部件的装配图称为部件装配图。完整的装配图由一组视图、尺寸标注、技术要求、明细栏和标题栏组成。

本章主要介绍在 AutoCAD 中绘制部件装配图（以下简称装配图）的基本思路、原则、基本方法和绘图过程。

11.1 绘制装配图的基本思路

在机器或其部件的开发设计过程中，一般先设计并绘制装配图，然后再根据装配图进行零件设计并绘制零件图。在学习过程中通常会要求先掌握零件图的绘制，然后由零件图拼绘制装配图。

11.1.1 按设计意图绘制装配图

按设计意图绘制装配图，即先绘制装配图，再根据装配图和加工要求绘制零件图。这种模式下，装配图是在装配示意图的基础上逐步完善形成的，即先通过中心轴线和装配主线的定位明确各零件的位置关系，用较为简单的图线勾勒各零件的相应视图，之后再逐步分析各零件在装配图中的具体形状，进行细化设计。总之，在这种思路中，装配图上的所有图线都需要设计者逐一绘制。本章仅在此对这种方法做简单介绍，不作绘制要求。

11.1.2 由零件图拼画装配图

对学习者而言，在绘制装配图之前已经完整地绘制出部件各个零件的零件图。在这种情况下，可以较为方便地复制和粘贴相关零件视图，也可以通过插入图形文件（如使用块、外部参照、设计中心等）的形式调用相关零件视图，从而较为快速地拼画出装配图的主体结构。对于无法从零件图中获得的少量视图或结构，可直接参照相关零件的结构绘制。总之，在这种思路中，装配图上的大部分图形是从零件图上直接获得之后修整而来的，不需要进行过多的绘制，重在利用和修整，绘图较少。本章主要以这种思路为主。

11.2 由零件图拼画装配图的一些注意事项

11.2.1 零件图中多余信息的处理

在复制或调用零件图相关视图至装配图时，只需要视图上的轮廓线和中心轴线。此时需要保留零件图上的可见轮廓线（粗实线）和主要中心轴线（细点画线）。对尺寸标注、技术要求注释（表面粗糙度等）、剖面区域（剖面线与细波浪线）、不可见轮廓线（细虚线）、假想轮廓线（细双点画线）进行修整，即删除不需要的，修改需保留图线的属性（如将不可见轮廓线改成可见轮廓线）。以上删改主要通过"图层"对图元对象的管理来实现。

（1）复制一份所需要的零件图，通过"图层"相关命令的操作，将需要保留的非粗实线和中心线（主要是一些不可见和假想轮廓的投影）图线的线型变更为粗实线（即归粗实线图层来管理）。

（2）打开"图层特性管理器"，选中 "粗实线"和"中心线"图层，并将二者锁定（此时这两个图层不能被操作）。

（3）框选需要的视图或区域，使用"删除"命令，即除已被锁定的"粗实线"和"中心线"图层上的需要图形外，将其他图层上的多余图形全部删除。

（4）打开"图层特性管理器"，解锁"粗实线"和"中心线"图层。

11.2.2 零件视图的修整

零件视图的修整主要涉及以下几个问题。

第一，因装配图和零件图对同一零件表达方法的不一致，需要变更内外部表达。如图 9-2 所示壳体零件图中主视图为半剖，而如图 11-1 所示旋塞装配图中壳体零件的主视图为全剖。需要将壳体零件图的主视图由半剖修整为全剖。有时也会出现相反的情况，如零件图采用的是剖视，而装配图需要视图。

第二，整装配图中所需要的视图在零件图中并未给出。此时需充分利用相关零件图中的各视图对应关系补画出装配图所需要的零件视图。

第三，零件图中的同一个视图在装配图中两次（如图 11-1 所示塞子的同一视图在装配图中使用两次）或多次使用，表达要求有时也会不同。这时需要提早对所需视图进行复制备份，根据不同需要进行针对性修改。

11.2.3 标准件及填充材料的处理

标准件和填充材料并没有零件图，在装配图的绘制过程中需要单独绘制或通过插入图形文件的形式完成。

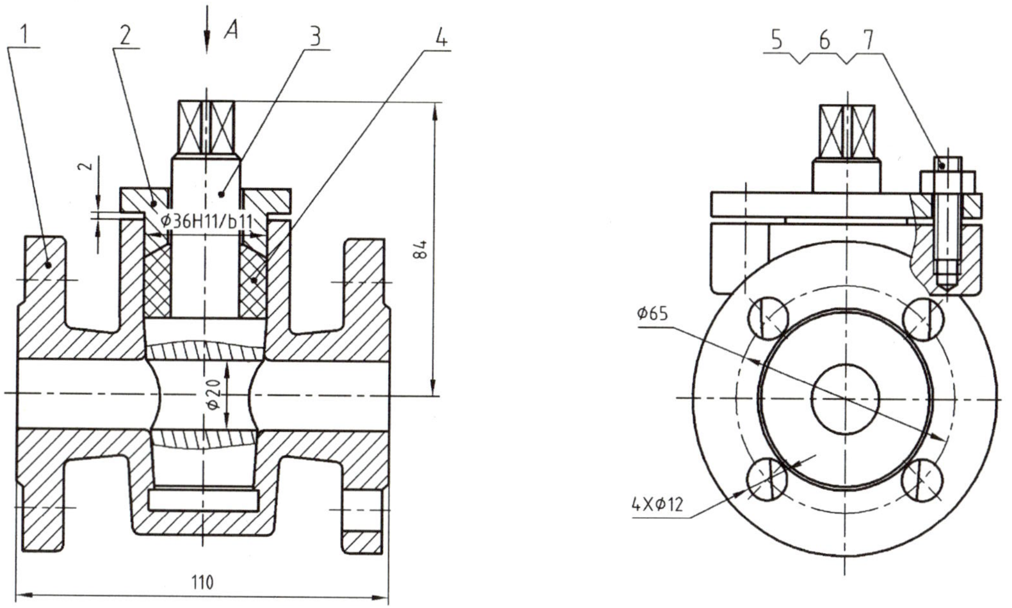

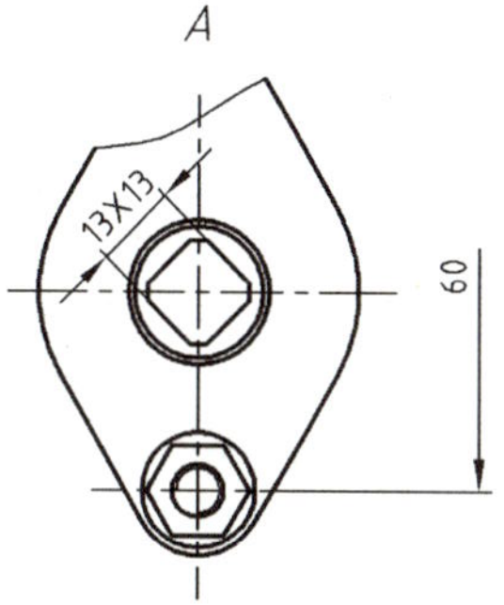

技术要求：

1.旋塞转动要灵活，不能有卡阻现象；

2.要进行密封试验。

序号	代号	名称	材料	数量	备注
7	GB/T 898	螺柱	Q235A	2	M8x30
6	GB/T 95	垫圈	Q235A	2	8
5	GB/T 6170	螺母	Q235A	2	M8
4		填料	石棉盘根		
3	XS-03	塞子	20Cr	1	
2	XS-02	填料压盖	HT200	1	
1	XS-01	壳体	HT200	1	

旋塞装配图		比例	1:1	XS-00
		共 张，第 张		
制图	(学生姓名)	(学生学号)	(学校班级)	
审核	(教师姓名)	(审核日期)		

图 11-1 旋塞装配图

对于常见的螺纹连接件、滚动轴承等标准件可通过 AutoCAD 的设计中心逐个调入，也可以按比例画法提前绘制好常见的几种螺栓连接、螺钉连接及双头螺柱连接形式，存储为可定义属性的"块"，使用时直接调入修整即可。图 11-1 左视图中的双头螺柱连接就是调入后修改过轴向长度的"块"。

对于键、销等标准件和填充材料而言，它们的外部轮廓边界通常与其他零件的轮廓边界重合，没有必要完整绘制其视图，只在装配图上直接绘制所需轮廓范围即可。

11.3 由零件图拼画装配图的基本方法

修整完成的零件视图拼画装配图的最主要问题有两个：其一，零件之间的定位；其二，零件之间互为参照修整后，被遮盖图线。在这个过程中通常会根据装配的难易程度和零件的结构特征选择不同的方法，下面介绍四种常用的方法。需要说明的是，这四种方法在使用过程中各有利弊，需根据装配的实际情况综合选用。

11.3.1 复制组合相关视图

复制组合相关视图是拼画装配图最简便的方法，即将对应的视图逐一复制到相应位置，并及时修整图线。这种方法最大的特点是快速，对于各零件间定位关系、接触情况较为明确，前后遮挡较少的装配较为适用。但是当遇到各零件之间定位关系、接触情况较为复杂，需要相互为参照修整图线较多的情况时，很容易因为图线的从属和前后关系混乱造成修整效率低下。同时，一旦发生某一个零件的定位错误，则需要逐条选择这个零件视图的图线，再进行集体移动，操作较为繁琐，也很容易漏选图线。

11.3.2 利用"颜色"区分零件

当多个零件的视图拼装在一起时，同一颜色很难区分不同零件，这对于图线的修整会造成较大影响。在调入零件视图之前可对不同零件的视图图线设置不同的颜色，以提高分辨效率。此种方法建议与 11.3.1 节所介绍的方法联合使用。但是该方法并不能从根本上改变零件定位失误而造成的影响。

11.3.3 利用"图块"定位图形

在将零件视图拼入装配图时，可先将零件定义成"块"，将其以"块"的形式插入装配图中。这种方法中插入的零件视图始终是一个整体，能保证较为快速和准确地为零件视图进行定位，即使定位错误也可以较为方便地进行位置变更。但是这种方法在需要修整图线时就需要对块进行操作，如果分解"块"，将失去其定位优势。

11.3.4 利用“图块”编辑图形

针对上一种方法，在“块”需要修整图线时可以使用“在位编辑块”命令。具体操作过程为：选择需要操作的块，单击鼠标右键，选择“在位编辑块”（此时其他图形暗色显示，不能被操作，但可作为修剪、延伸等命令的参照边界条件），对其所包含的图形按需要进行修整，单击鼠标右键，选择“关闭 REFEDIT 任务”，即完成了对“块”的编辑。需要说明的是，虽然此种方法较为稳妥，但是从建立“块”、插入“块”到在位编辑“块”，其操作过程较为冗杂，所耗费的时间较多，若前三种方法可快速、准确地解决问题，应尽量使用前三种。

11.4 由零件图拼画装配图的主要过程

下面以旋塞装配图的绘制来说明在 AutoCAD 中由零件图拼画装配图的主要过程，旋塞的装配图如图 11-1 所示，零件图如图 9-1 和图 9-3 所示。

11.4.1 分析部件并确定绘图思路

如图 11-1 所示，旋塞是最常见的一种阀体，可控制经过流体的通止和流量。其主要由壳体 1、压盖 2 和塞子 3 等零件组成，使用时，将壳体 1 两端的法兰接入相关管道或设备，塞子 3 下端开圆孔的锥部插入壳体 1 内腔，与其下端开有通孔的锥孔配合，在壳体 1 内腔上部通过双头螺柱连接压紧填料和压盖。工作时，随着塞子 3 的旋转，控制经过旋塞流体的流量和通止状态。

旋塞的装配图中，主视图沿着装配主线（壳体 1、塞子 3、压盖 2 的中心轴线重合）采用了全剖，主要表达各零件的位置关系。左视图以表达外部结构为主，局部剖部分主要表达压盖与壳体的连接情况。A 向视图一方面体现了双头螺柱连接的分布情况，另一方面体现了塞子端部的结构形式。

由以上分析可确定旋塞装配图绘制的基本思路为先修整复制壳体，再依次拼画压盖、壳体，最后补充双头螺柱连接。

11.4.2 利用机械样板文件新建图形文件

根据对部件和各零件的分析，可确定使用 A3 横置图幅按 1 ∶ 1 绘制部件装配图。新建 DWG 文档，选择已经提前建立的“A3 横置装配图”样板文件作为模板开始绘图。调入模板后绘图准备情况如图 11-2 所示。

11.4.3 修整并复制主体零件需视图

复制如图 9-3 所示壳体零件视图，对其各视图进行修整，主要操作如下。

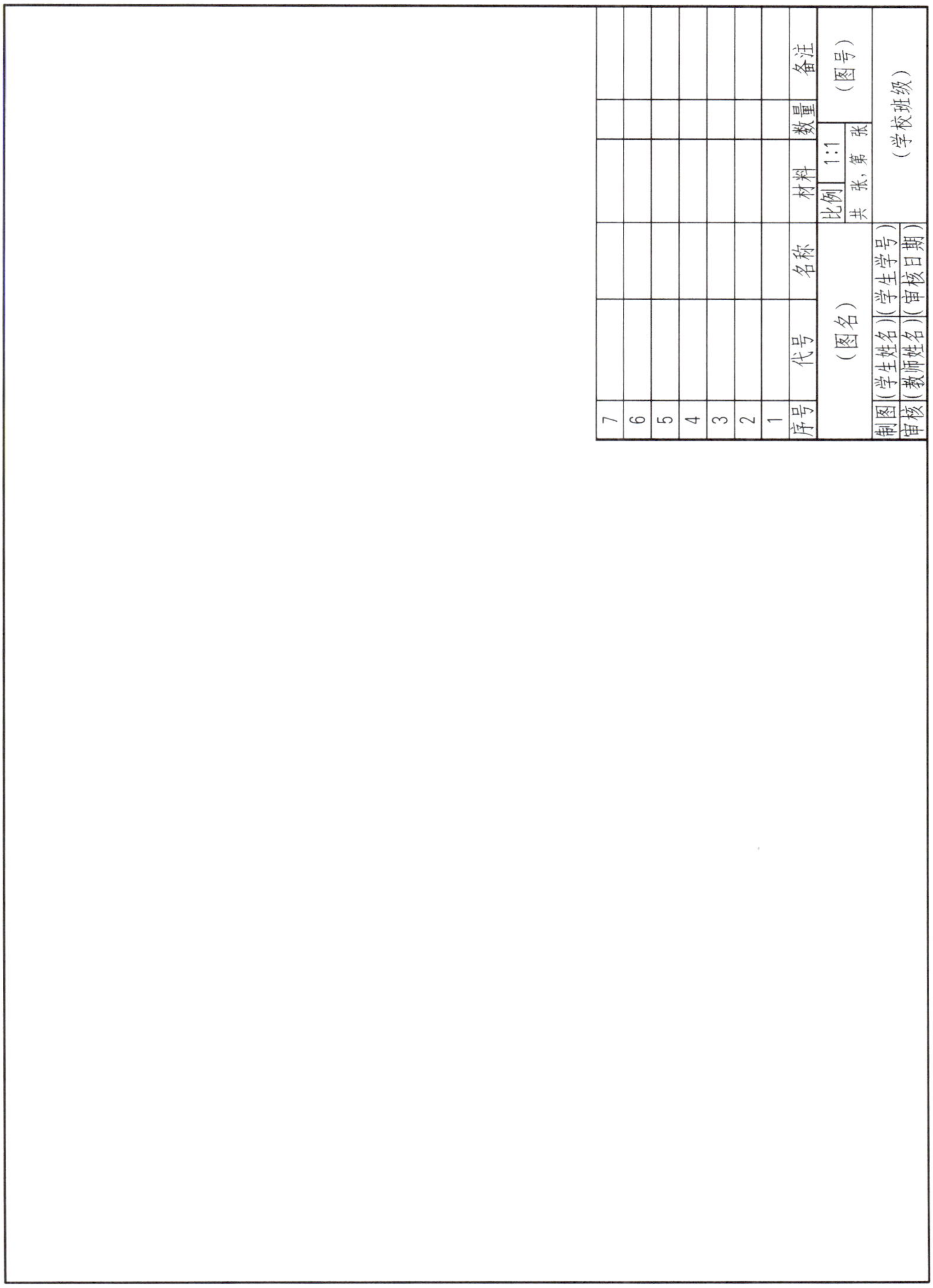

图 11-2　“A3 横置装配图”样板文件应用后的装配图界面

（1）删除多余图线，锁定“粗实线”和“中心线”图层，全选图形，使用“删除”命令，使图形只剩下粗实线与中心线。

（2）修整主视图，将其由半剖改为全剖，删除左侧视图部分，镜像右侧剖视部分。

（3）修整左视图，将其由半剖改为全剖，删除右侧视图部分，镜像左侧剖视部分。

（4）复制修整好的零件图视图至配图文档，调整位置，如图 11-3 所示。

11.4.4 逐个引入其他零件所需视图，并逐一修整

复制如图 9-1 所示压盖零件图，对其各视图进行修整，主要操作如下。

（1）删除多余图线，锁定“粗实线”和“中心线”图层，全选图形，使用“删除”命令，使图形只剩下粗实线与中心线。

（2）将主视图旋转 90°，使其水平放置，复制 1 次；一个视图修整为左视，修整上端部的长度即可，形成“视图 1”；另一个视图仅更改上端部为视图，下端部删除，形成“视图 2”。

（3）保留左视图中心轴线和外部轮廓线，删除内部轮廓线，形成“视图 3”。

（4）更改压盖各修整好的视图的颜色。

（5）将“视图 2”直接复制至装配图左视，使“视图 2”与壳体左视图中心轴线重合，使“视图 2”中压盖底板下端面与壳体上表面的距离为 2 mm，删除“视图 2”中心轴线，以壳体上表面为边界修剪“视图 2”超出壳体上表面的图线。

（6）将“视图 3”直接复制至装配图俯视位置。

（7）将“视图 1”直接复制至装配图主视图，使“视图 1”与壳体主视图中心轴线重合，使“视图 1”中压盖底板下端面与距离壳体上表面的距离为 2 mm，删除“视图 1”中心轴线。修整壳体主视图被压盖主视图遮住的图线。

压盖视图拼入后装配图如图 11-4 所示。

复制如图 9-4 所示的塞子零件图，对其各视图进行修整，主要操作如下。

（1）删除多余图线，锁定“粗实线”和“中心线”图层，全选图形，使用“删除”命令，使图形只剩下粗实线与中心线。

（2）将主视图旋转 90°，使其竖直放置，补画端被删除的“X”型细实线，复制 1 次；一个视图待用，形成“视图 1”；另一个视图仅保留上端部分，下端部删除，形成“视图 2”。

（3）保留断面中心轴线和外部轮廓线，并绘制直径为 $\phi18$ 和 $\phi20$ 的两个同心圆，形成“视图 3”。

（4）将“视图 3”直接复制至装配图俯视中心位置。

（5）将“视图 2”直接复制至装配图左视，使“视图 2”与壳体左视图中心轴线重合，使“视图 2”顶端与壳体水平中心轴线在高度方向上的距离为 84 mm，删除“视图 2”中心轴线，以压盖上表面为边界修剪“视图 2”超出压盖上表面的图线。

（6）将“视图 1”做成“块”，插入壳体主视图，插入基准点为如图 11-5 所示 A 主视图两中心轴线交点，使“视图 1”与壳体中心轴线重合，且二者的锥面素线完全重合。修整压盖和

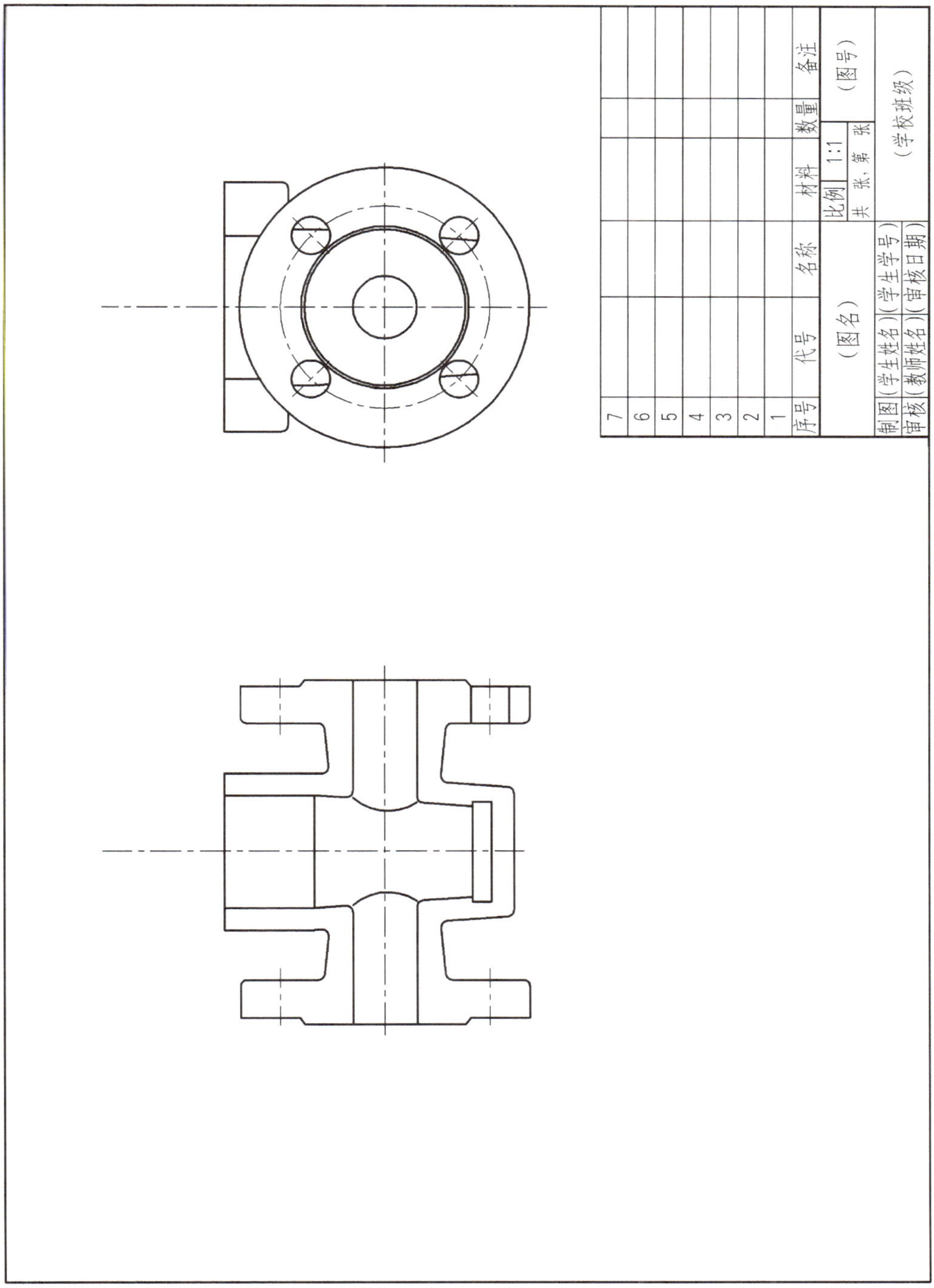

图 11-3　修整、复制壳体视图后的装配图

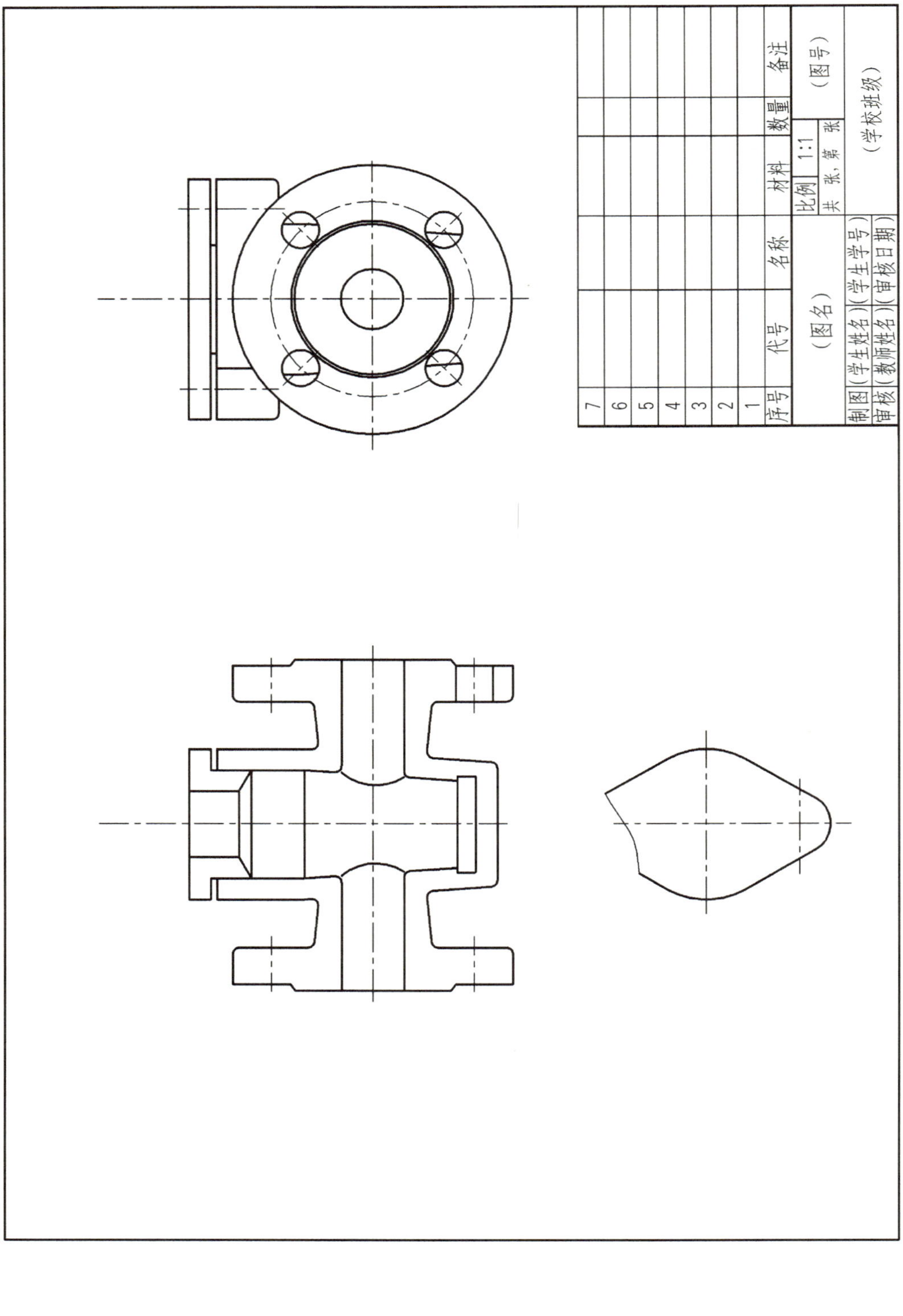

图 11-4 修整、拼入压盖视图后的装配图

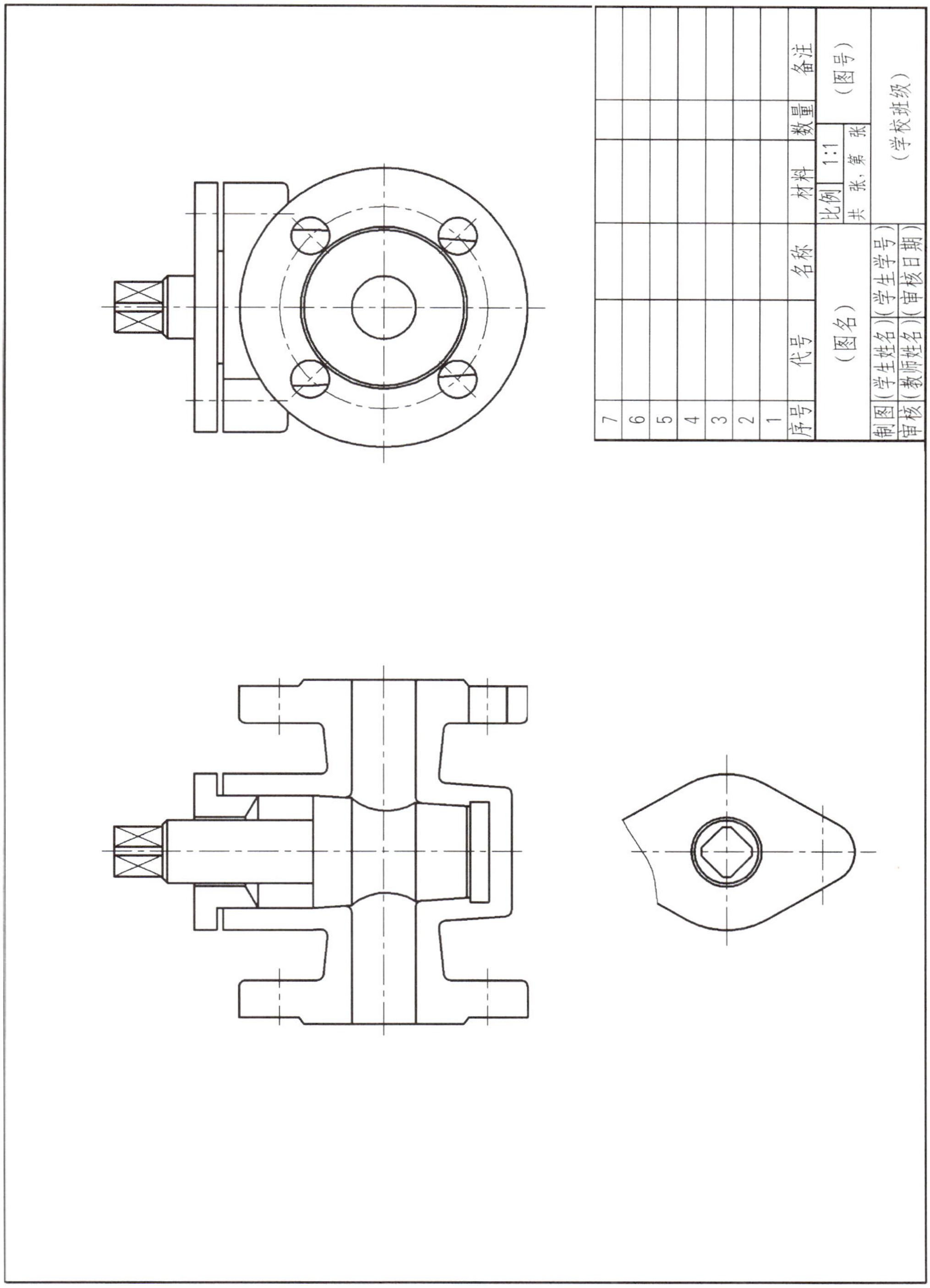

图 11-5　修整、拼入塞子视图后的装配图

壳体被塞子主视图遮盖的图线。

塞子视图拼入后装配图如图 11-5 所示。

11.4.5 完善表达并补充其他视图

在旋塞装配图的表达方案中，主视图上需通过“填充”命令完成对石棉盘根（填料）投影的处理，左视图和 A 向视图中需要分别补画双头螺柱连接的径向视图和轴向剖视图。具体操作如下。

（1）删除主视图中压盖最下端图线，使用“填充”命令，选择表示非金属材料的剖面线，填充石棉盘根（填料）所占投影区域。

（2）从“设计中心”调出六角螺母径向视图，放置在装配图 A 向视图下部中心轴线相交位置，同时绘制 ϕ18 的圆作为平垫圈的 A 向投影。

（3）在装配图左视图的右侧（前方一侧）绘制细波浪线，将细波浪线包络的区域有视图修整为剖视，沿着保留的中心轴线的位置绘制双头螺栓连接，或调用先前已在样板文件中建立的“双头螺栓连接”块，并对其做适应性修整。

完成石棉盘根和标准件投影绘制的装配图，如图 11-6 所示。

11.4.6 填充各零件的剖面及断面

装配图上剖面及断面填充的要求有：第一，同一张装配图中不同零件的剖面线形式（剖面线疏密与倾斜角度）不同，这是区分零件的关键；第二，同一零件在同一张装配图样中的各个视图上，其剖面线方向必须一致；第三，两个零件相邻时，其剖面线的倾斜方向应相反，如有第三个零件相邻，则采用疏密间距不同的剖面线，最好与同方向的剖面线错开。

图 11-7 为完成剖面填充的旋塞装配图。

11.4.7 标注尺寸

装配图上一般标注以下几种尺寸：性能尺寸（规格尺寸）、装配尺寸（配合尺寸和相对位置尺寸）、外形尺寸、安装尺寸、总体尺寸以及其他重要尺寸。

如图 11-8 所示，在旋塞的装配图中共有 9 个尺寸。其中孔径 ϕ20 为性能尺寸，主视图中的 ϕ36H11/b11 为装配尺寸中的配合尺寸，主视图中的 84、2 和 A 向视图中的 64 为装配尺寸中的相对位置尺寸，左视图中的 ϕ65 和 4×ϕ12 为安装尺寸，俯视图中的 13×13 为外形尺寸，主视图中的 110 为总体尺寸。

完成尺寸标注的装配图如图 11-8 所示。

11.4.8 注写零件编号、技术要求并填写明细表和标题栏

装配图上零件序号的标注要求如下。

（1）字号要比尺寸数字大两号。序号应注在图形轮廓线的外边，并填写在指引线的横

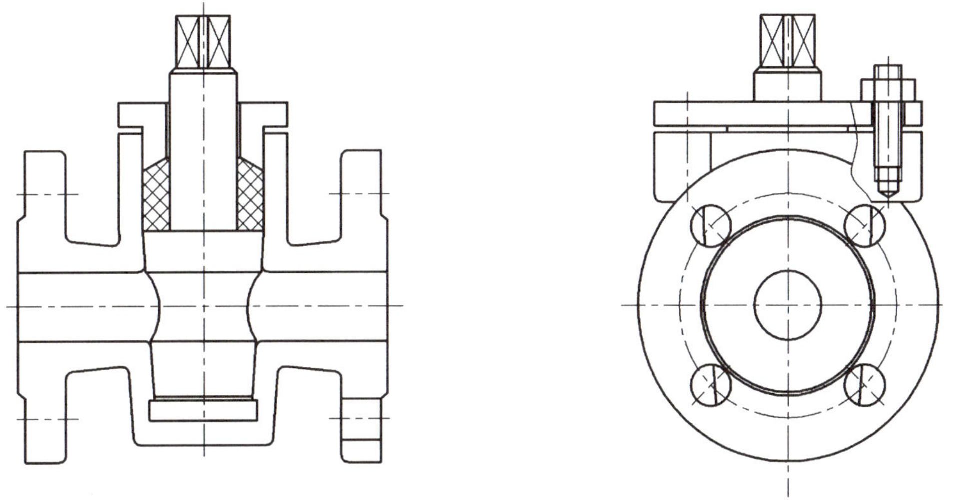

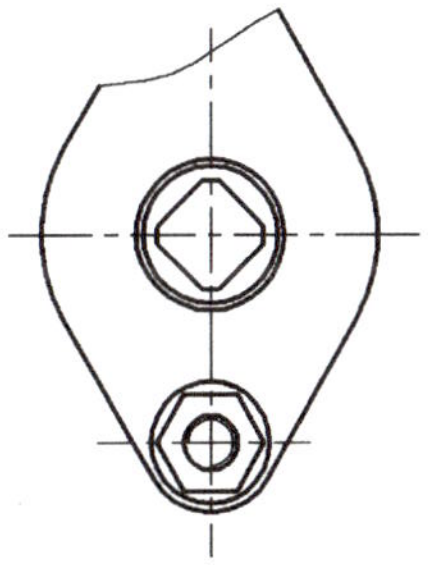

7					
6					
5					
4					
3					
2					
1					
序号	代号	名称	材料	数量	备注

（图名）		比例	1:1	（图号）
		共　张，第　张		
制图	（学生姓名）	（学生学号）	（学校班级）	
审核	（教师姓名）	（审核日期）		

图 11-6　完成石棉盘根和标准件投影绘制的装配图

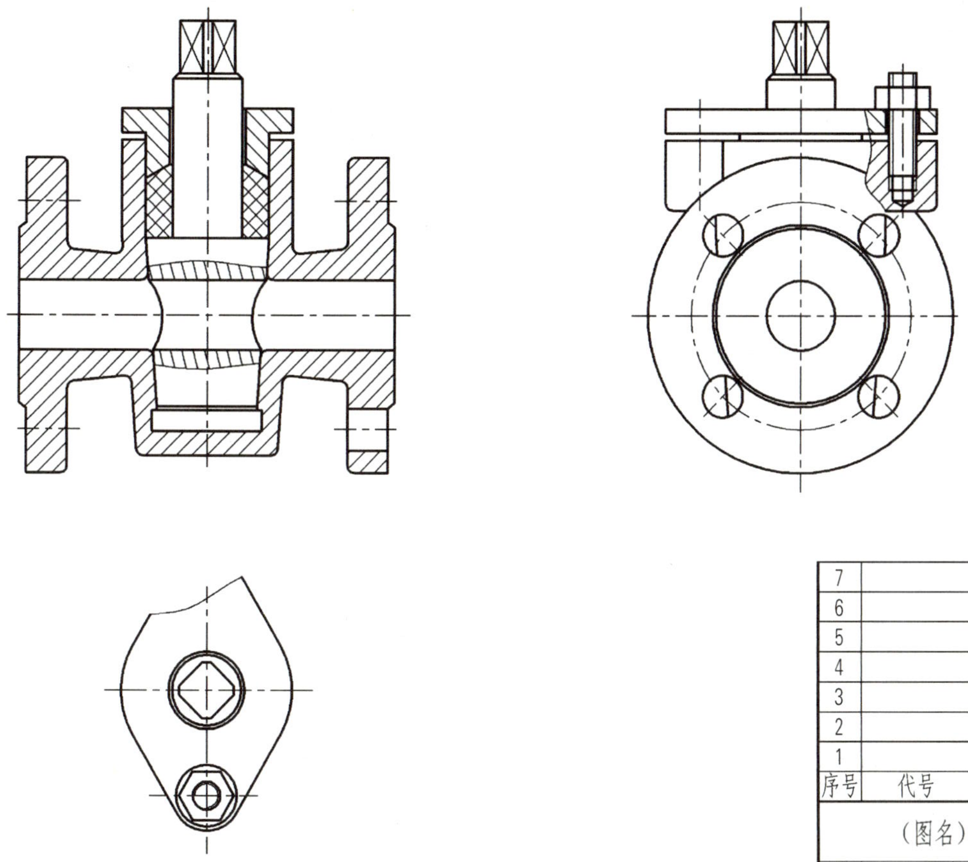

7					
6					
5					
4					
3					
2					
1					
序号	代号	名称	材料	数量	备注
(图名)			比例 1:1 共 张，第 张		(图号)
制图	(学生姓名)	(学生学号)	(学校班级)		
审核	(教师姓名)	(审核日期)			

图 11-7　完成剖面填充的装配图

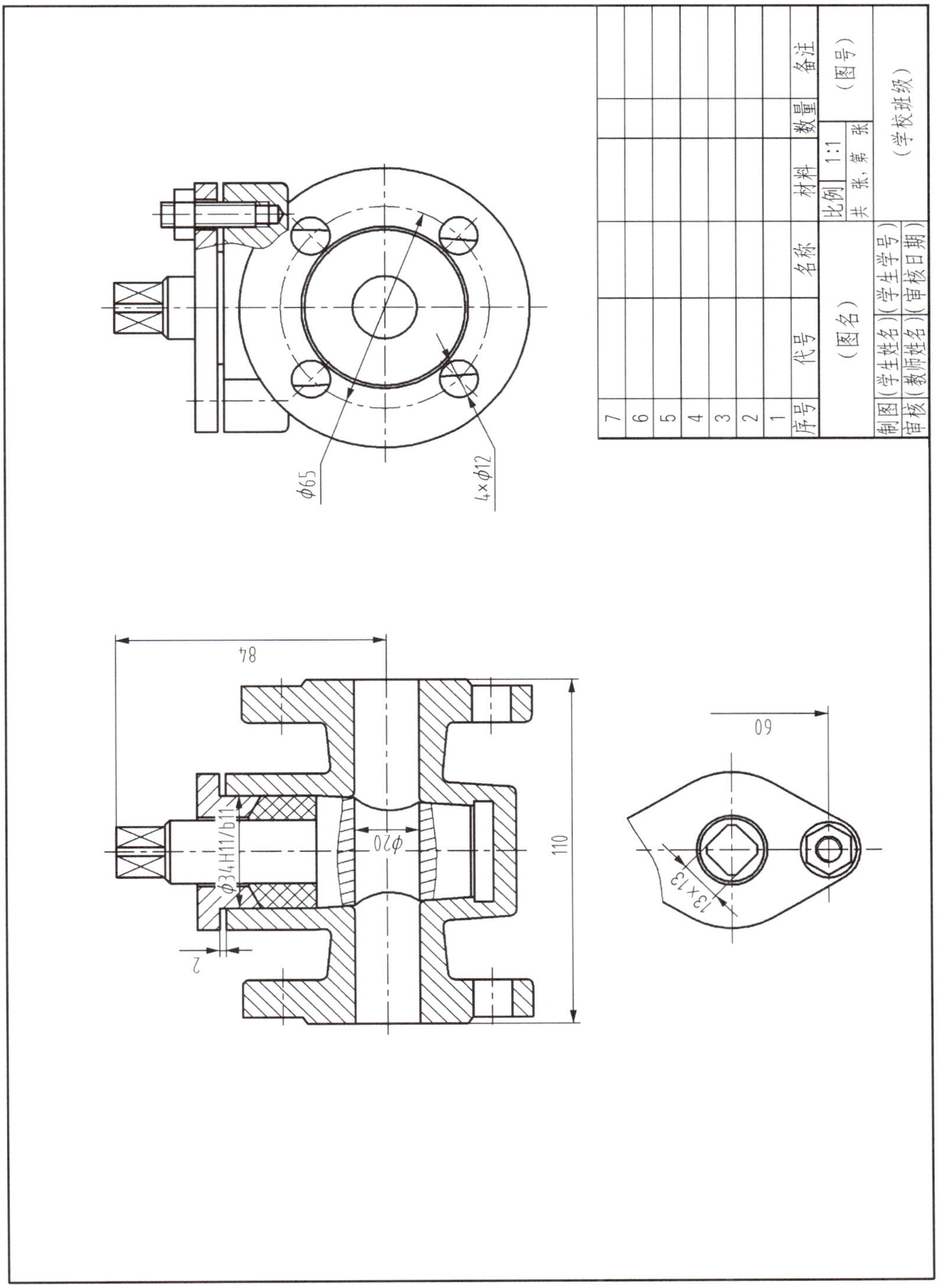

图 11-8　完成尺寸标注的装配图

线上或圆圈内，也允许直接写在指引线附近。横线或圆圈用细实线画出。

(2) 指引线应从所指零件的可见轮廓内引出，并在末端画一个小圆点。若在所指部分内不宜画圆点时，可在指引线末端画出箭头指向该部分的轮廓。

(3) 指引线尽可能分布均匀且不要彼此相交，也不要过长。指引线通过有剖面线的区域时，要尽量不与剖面线平行，必要时可画成折线，但只允许弯折一次。

(4) 每一种零件在各视图上只编一个序号。

(5) 序号要沿水平或垂直方向按顺时针或逆时针次序排列整齐。

装配图上的技术要求一般注写在标题栏的附近，“技术要求”字样应居中且比其内容大一个字号。技术要求的内容一般为装配过程中的注意事项、装配后应满足的要求、检验与试验的条件和要求、操作要求、部件的性能和规格参数、装运和使用时的注意事项以及涂饰要求等。

装配图的明细栏在标题栏上方，左边外框线为粗实线，内格线和顶线为细实线。如果空间不够，也可在标题栏的左方再画一列。明细栏中的零件序号编写顺序是从下往上，以便增加零件时，可以继续向上画格。

注写了零件编号、技术要求，填写了明细表和标题栏后，就绘制完成了一张完整的装配图。旋塞的装配图如图 11-1 所示。

思考练习

1. 分析并对比由零件图拼画装配图的各种方法，简述其优势、不足和应用条件。

2. 简要总结修整零件相关视图以达到装配图要求过程中常用的思路和方法，简述其优势、不足和应用条件。

3. 任意选择一套机械部件，对其进行必要的结构分析，并简述由其零件图拼画装配图的思路和过程。

第12章 典型机械部件装配图的绘制

本章主要以手压阀、平口虎钳两组典型部件装配图的绘制为例，分析在 AutoCAD 中由零件图拼画装配图的具体操作思路与过程。

12.1 手压阀装配图的绘制

12.1.1 手压阀结构分析与绘图思路确定

如图 12-1 所示为手压阀装配图，手压阀是吸入和排出液体的一种手动阀门。当握住手柄 8 向下压紧阀杆 7 时，弹簧 3 被压缩阀杆 7 向下移动，液体出入口相通(壳体 4 左右侧孔状结构)；当手柄 8 抬起时，阀杆 7 下端锥状结构向上紧贴阀体 4，液体不再通过。

手压阀的装配以两条主要装配主线展开：竖直方向和水平方向(前后)。装配图中，主视图沿着竖直方向装配主线(图上投影为竖直方向中心轴线)采用了全剖，主要表达各零件的装配关系。左视图采用局部剖，剖视部分沿着水平方向装配主线以表达手柄 8、销钉 10、开口销 11 在壳体 4 上端部的装配关系，视图部分主要表达阀体 4 左端的外部连接结构。俯视图采用视图形式，进一步体现相关零件的装配关系。

由以上分析可确定手压阀配图绘制的基本思路为先修整复制阀体 4，再沿着竖直方向装配主线依次拼画调节螺母 1、垫片 2、螺套 6、阀杆 7、填料 5 和弹簧 3，最后沿着水平方向(前后)装配主线依次拼画手柄 8、球头 9、销钉 10 和开口销 11。

手压阀各零件图如图 12-2、图 12-3 和图 12-4 所示。

12.1.2 利用机械样板文件新建图形文件

根据对部件和各零件的分析，可确定使用 A3 横置图幅按 1 ∶ 1 绘制部件装配图。新建 DWG 文档，选择已经提前建立的“A3 横置装配图”样板文件作为模板开始绘图。

12.1.3 修整并复制“阀体”零件所需视图

复制如图 12-2 所示壳体零件的视图，对其各视图进行修整，主要操作如下。

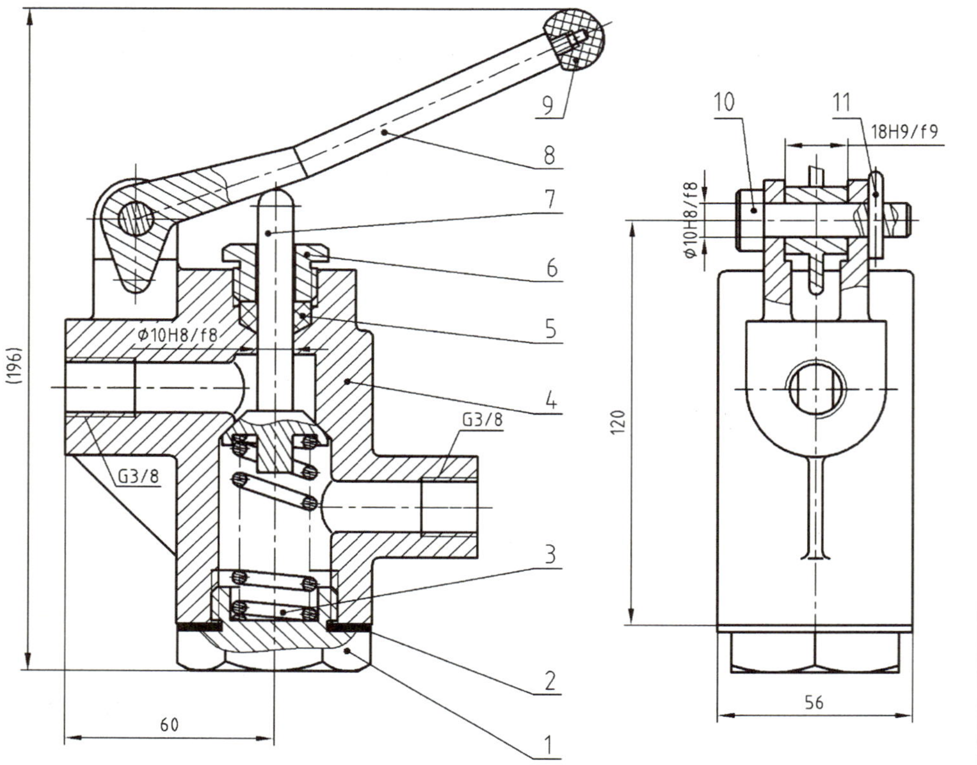

拆去零件8、9

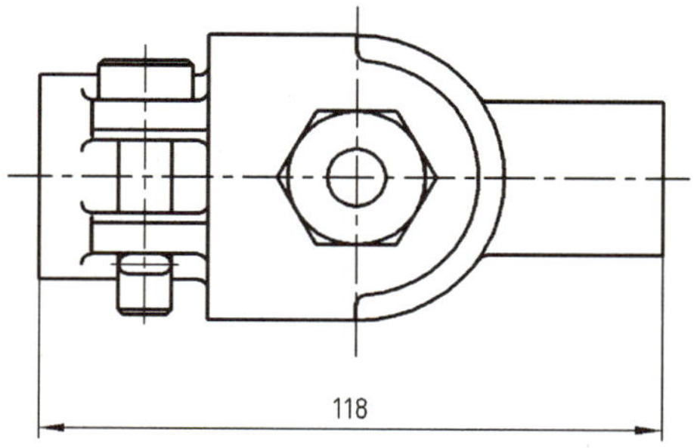

技术要求：

1. 各接触面及密封处均不允许漏油；
2. 内表面应涂底漆并涂灰色耐油油漆，外表面涂底漆并涂浅灰色油漆。

序号	代号	名称	材料	数量	备注
11	GB/T91	开口销	Q235	1	4X25
10	SYF-06	销钉	20	1	
9	SYF-07	球头	胶木	1	
8	SYF-04	手柄	20	1	
7	SYF-05	阀杆	45	1	
6	SYF-03	螺套	Q235A	1	
5		填料	石棉绳		
4	SYF-01	阀体	HT150	1	
3		弹簧	60CrVA	1	
2		垫片	纸	1	
1	SYF-02	调节螺母	Q235A	1	

手压阀装配图		比例	1:1	SYF-00
		共 张，第 张		
制图	(学生姓名)	(学生学号)	(学校班级)	
审核	(教师姓名)	(审核日期)		

图 12-1　手压阀装配图

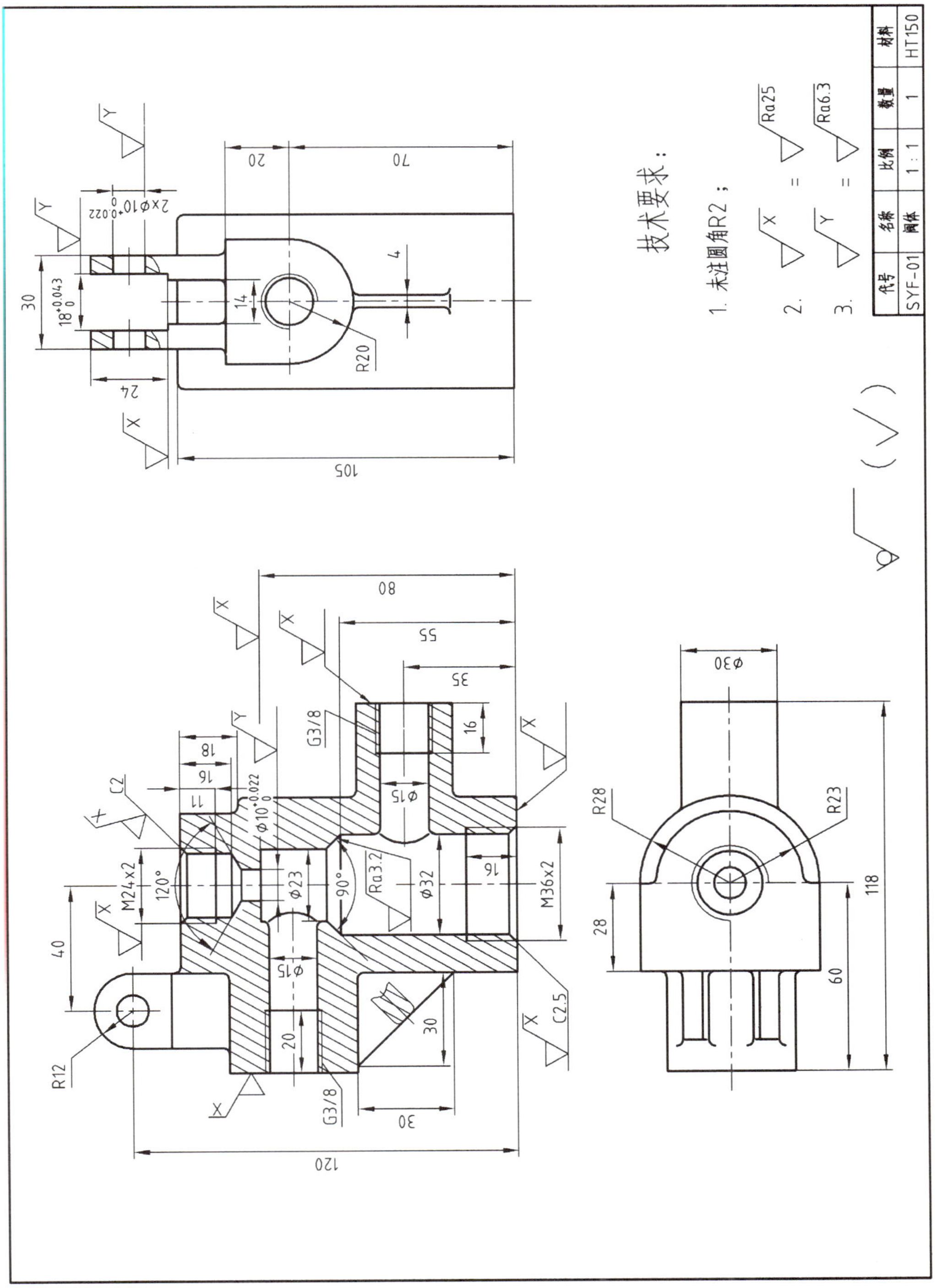

图 12-2　手压阀零件图——阀体

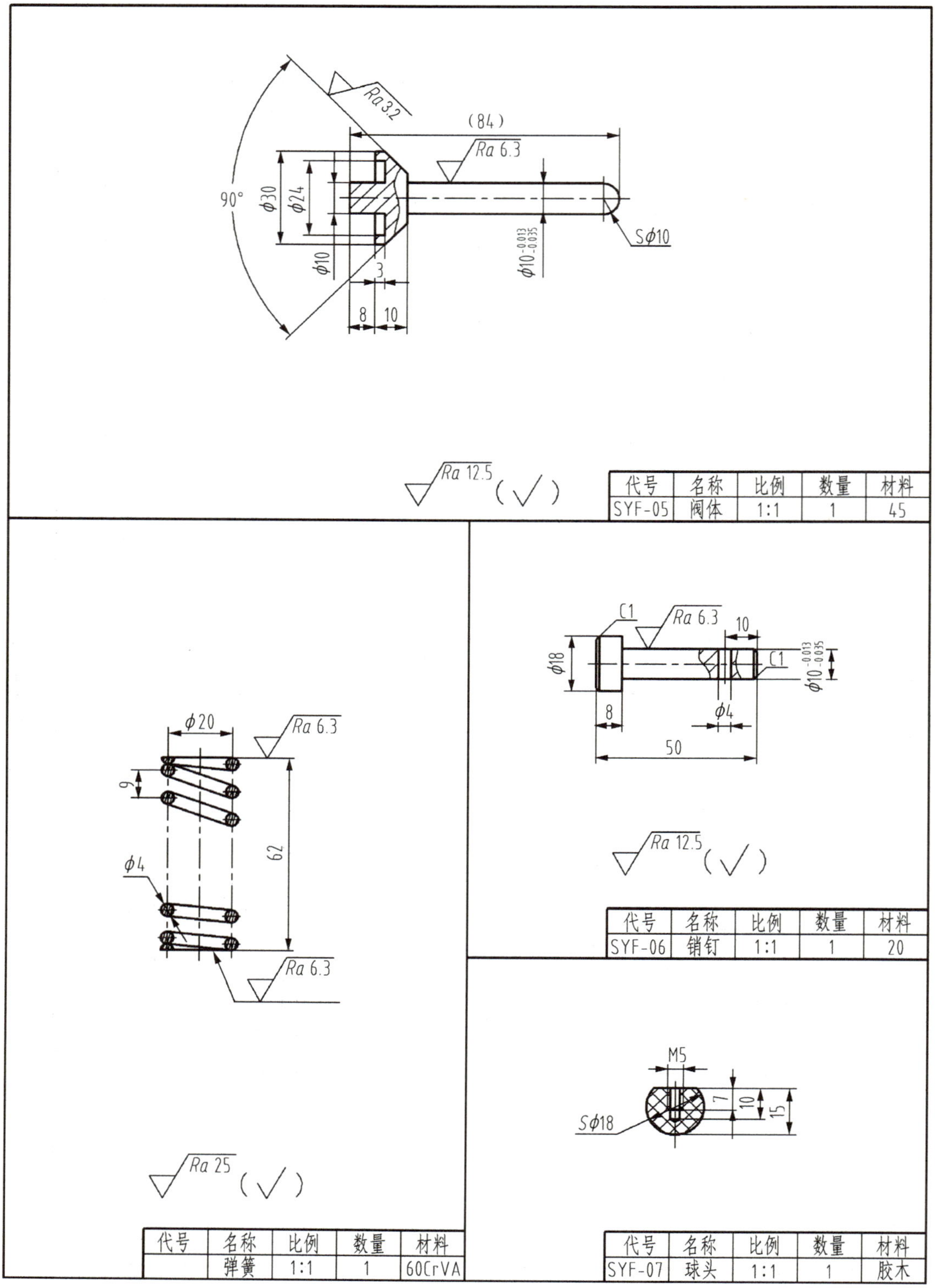

图 12-3　手压阀零件图——阀杆、弹簧、球头

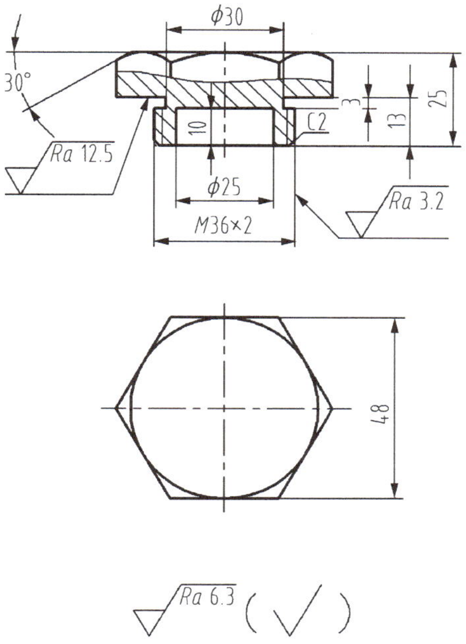

代号	名称	比例	数量	材料
SYF-02	调节螺母	1:1	1	Q235-A

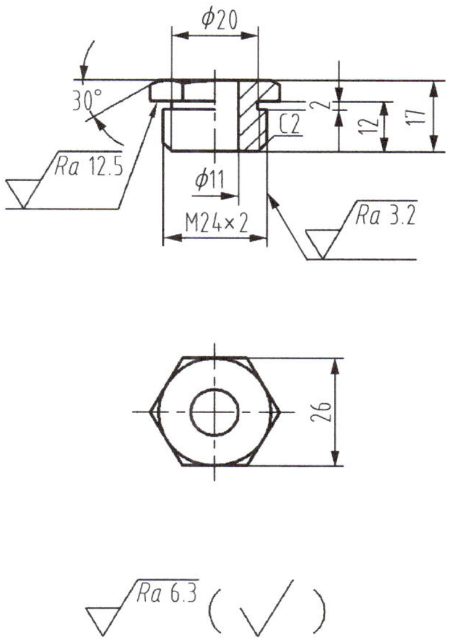

代号	名称	比例	数量	材料
SYF-03	螺套	1:1	1	Q235-A

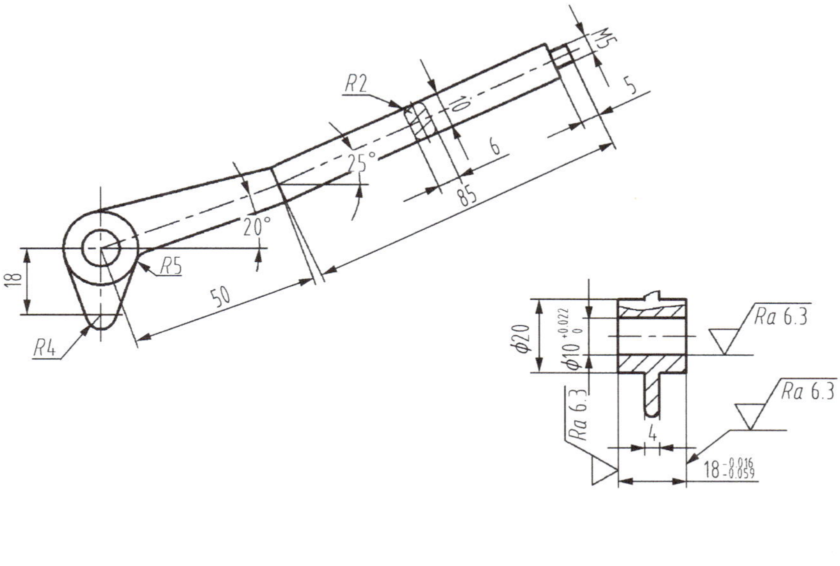

代号	名称	比例	数量	材料
SYF-04	手柄	1:1	1	20

图 12-4　手压阀零件图——调节螺母、螺套、手柄

(1) 变换所需保留细实线(如主、俯、左视图 6 处螺纹孔外径、左视图细波浪线)为粗实线。

(2) 删除多余图线,锁定“粗实线”和“中心线”图层,全选图形,使用“删除”命令,使图形只剩下粗实线与中心线,然后解锁。

(3) 将(1)项所涉及图线一次选中,操作图层,变为细实线。

(4) 删除主、俯视图上两处不需要的圆。

(5) 复制修整好的视图至装配图图框内,如图 12-5 所示。

12.1.4 沿竖直方向装配主线装配零件并修整视图

1. 装配调节螺母 1、垫片 2

步骤 1 保留调节螺母各视图,删除尺寸标注与技术要求。

步骤 2 按装配图需要,根据调节螺母主、俯视图补画左视图(局部)。

步骤 3 旋转主、左视图 180°,达到装配位置要求,删除俯视图。

步骤 4 分别复制主、左视图至装配图,与阀体 4 中心轴线重合,且距离其下底面 2 mm。

步骤 5 修整图线,如主视图上螺纹旋合部分等。

步骤 6 直接绘制垫片 2 主、左视图的投影,并用非金属材料剖面线填充或涂黑其主视图。

调节螺母 1、垫片 2 装配后如图 12-6 所示。

2. 装配螺套 6

步骤 1 保留螺套各视图,删除尺寸标注与技术要求。

步骤 2 将螺套主视图由半剖修改为全剖。

步骤 3 分别复制修整好的螺套主、俯视图至装配图,主视图与阀体 4 中心轴线重合,且距离其上表面 2 mm,俯视图与阀体 4 俯视图中心轴线交点。

步骤 4 修整图线,如主视图上螺纹旋合部分等。

螺套 6 装配后如图 12-7 所示。

3. 装配阀杆 7、填料 5

步骤 1 删除阀杆视图上的尺寸标注、技术要求、剖面线。

步骤 2 将阀杆视图逆时针旋转 90°,建立“块”。

步骤 3 在装配主视图上插入阀杆视图建立的“块”,其中心轴线与阀体 4 中心轴线重合,下端 90°锥面与阀体 4 中部 90°锥面重合。

步骤 4 分解插入并定位准确的阀杆视图“块”,修整被其遮挡的阀体 4、螺套 6 相关图线。

步骤 5 注意填补左视图螺纹孔内部可看见的阀杆投影图线。

步骤 6 修整填料区域,用非金属材料剖面线填充。

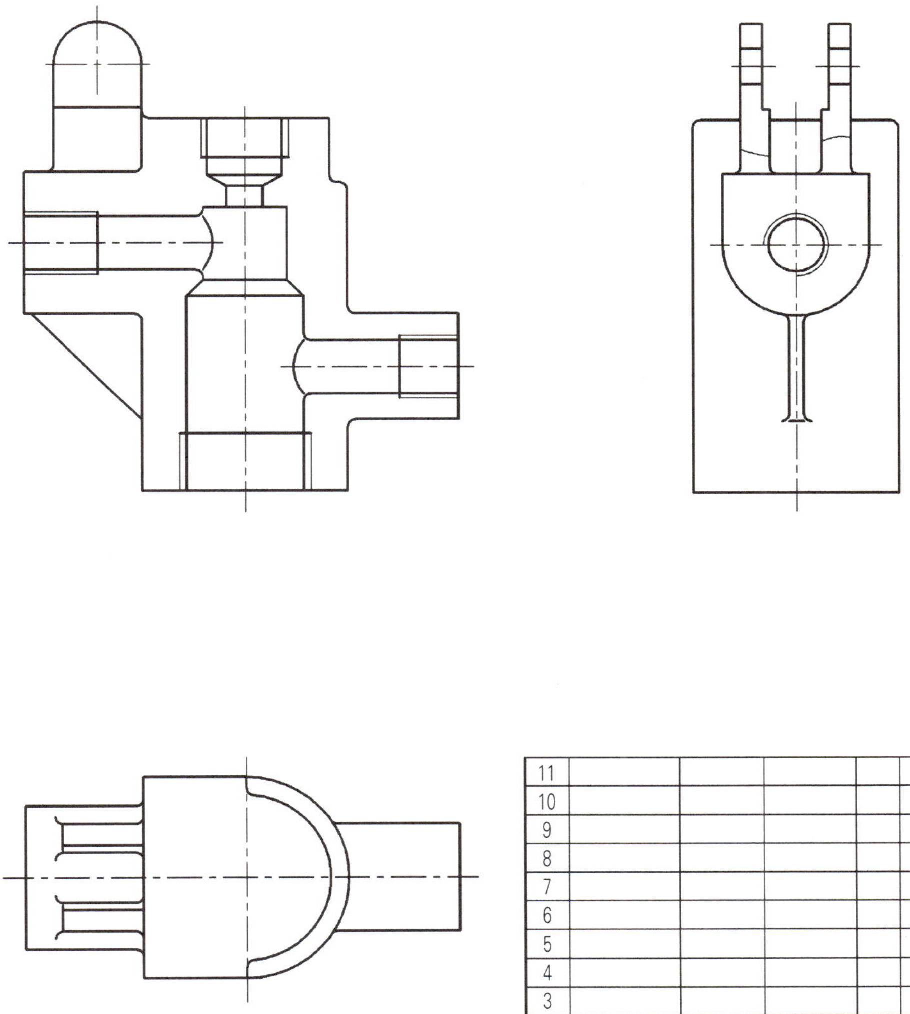

11					
10					
9					
8					
7					
6					
5					
4					
3					
2					
1					
序号	代号	名称	材料	数量	备注

（图名）		比例	1:1	（图号）
		共　张，第　张		
制图	（学生姓名）	（学生学号）	（学校班级）	
审核	（教师姓名）	（审核日期）		

图 12-5　手压阀装配图绘制过程——主体零件阀体

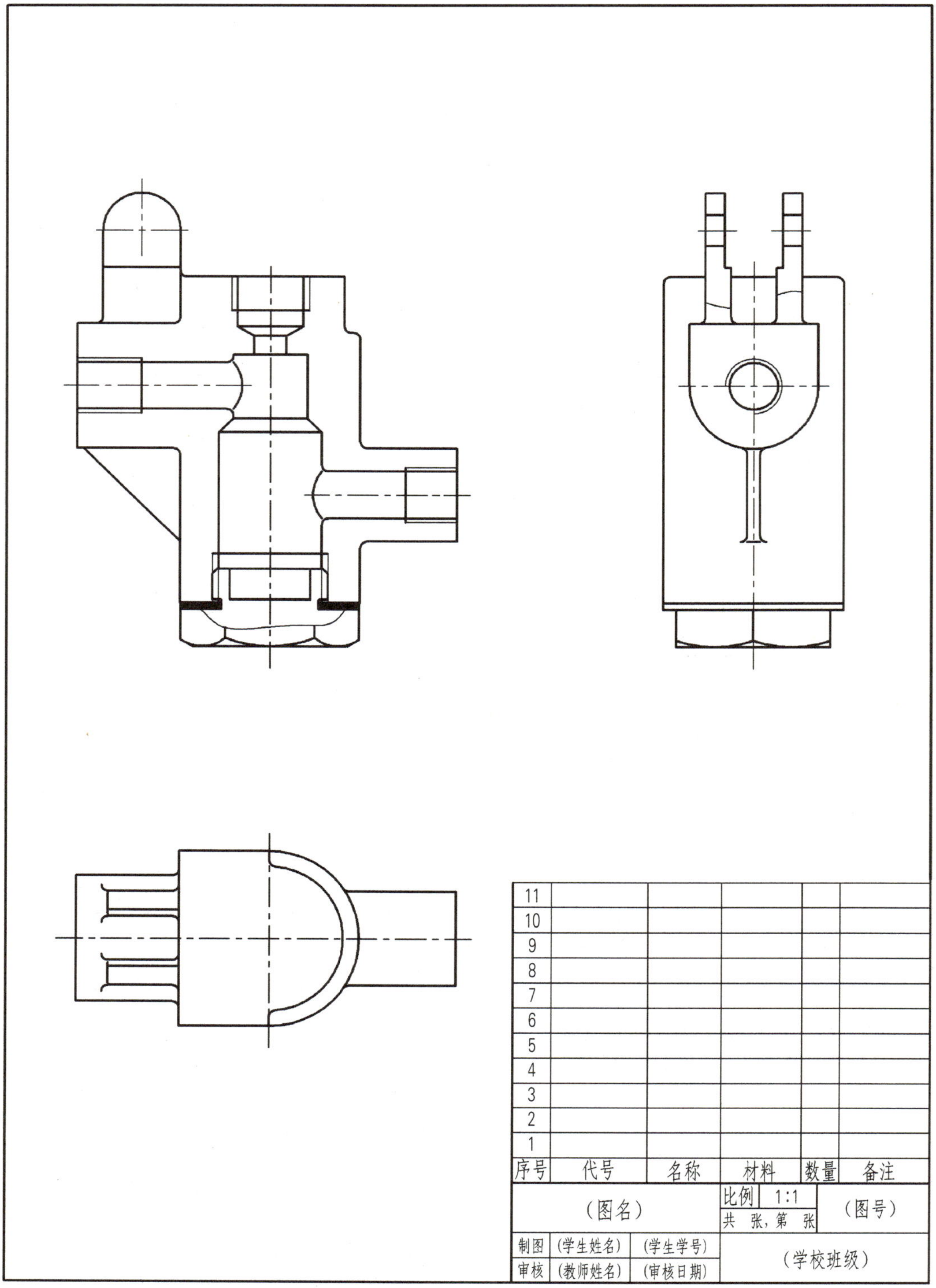

图 12-6　手压阀装配图绘制过程——装配螺母、垫片

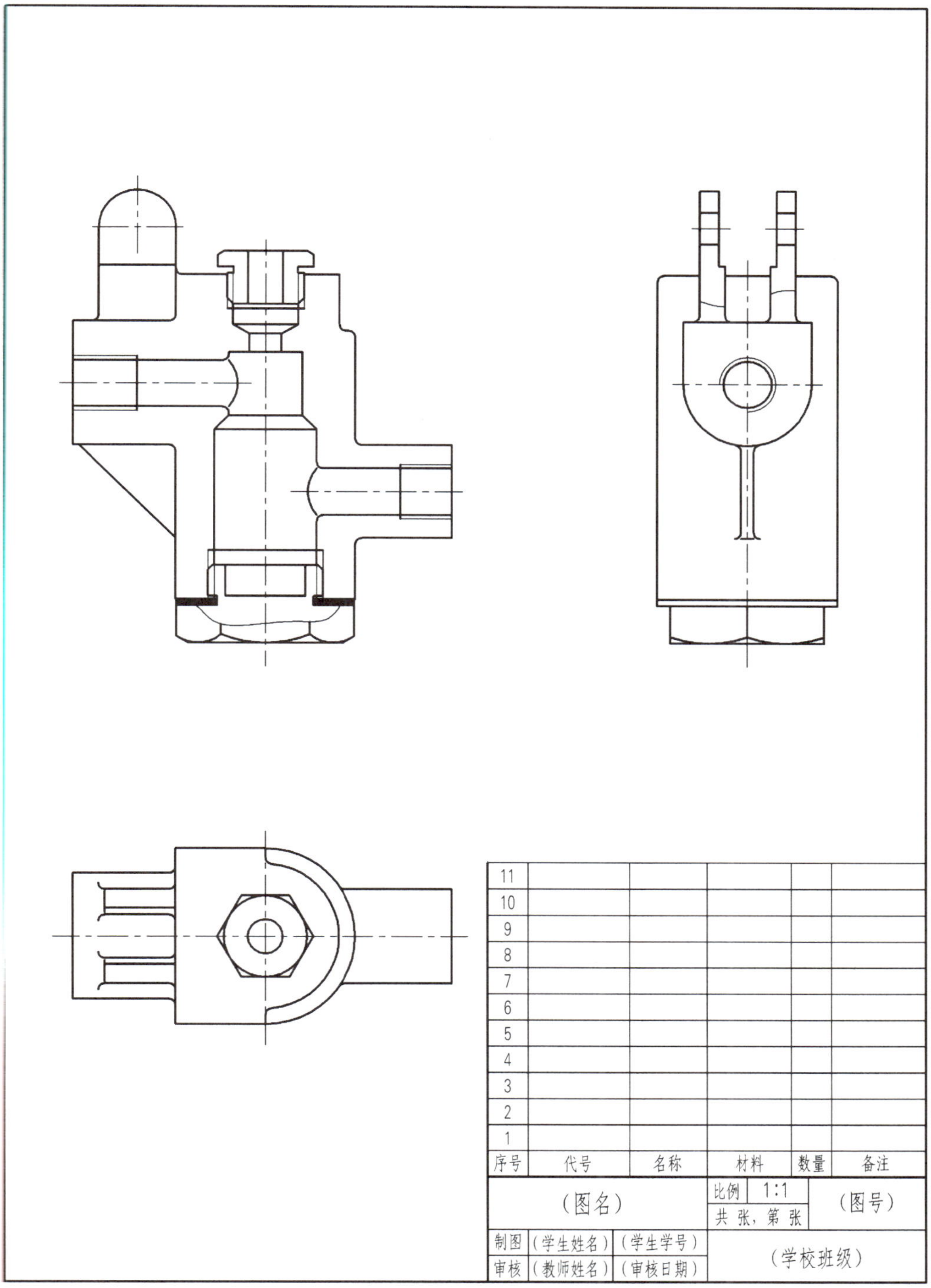

图 12-7　手压阀装配图绘制过程——装配螺套

阀杆 7、填料 5 装配后如图 12-8 所示。

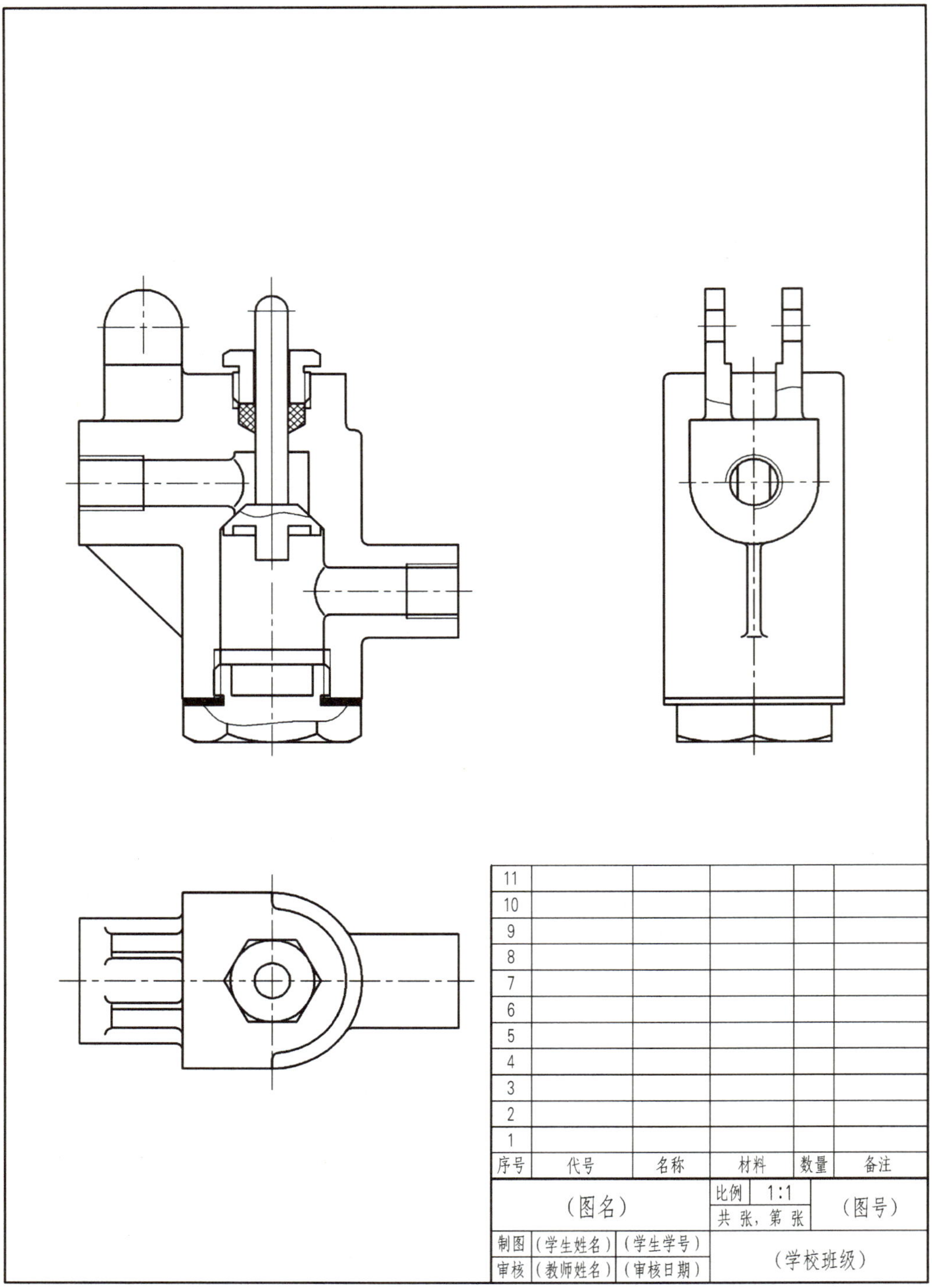

图 12-8　手压阀装配图绘制过程——装配阀杆、填料

4. 装配弹簧 3

步骤 1　删除弹簧视图上的尺寸标注、技术要求、剖面线，修整中径中心线。

步骤 2　复制弹簧上半部分、中心轴线、中径轴线至阀杆 7 下部内腔，使其与阀杆 7 中心轴线重合，上端面与阀杆 7 下部内腔上表面重合。

步骤 3　复制弹簧下半部分至调节螺母 1 上部内腔，使其与调节螺母 1 中心轴线重合，下端面与调节螺母 1 上部内腔下表面重合。

步骤 4　修整被弹簧遮挡的阀杆 7、调节螺母 1 相关图线，注意以弹簧中径轴线为界限。

弹簧 3 装配后如图 12-9 所示。

12.1.5　沿水平方向装配主线装配零件并修整视图

1. 装配手柄 8

步骤 1　删除手柄视图上的断面、尺寸标注、技术要求、剖面线，修整中径中心线。

步骤 2　将手柄主视图改为局部剖，修整局部视图上部结构。

步骤 3　复制修整好的手柄主视图，使其与阀体 4 主视图左上部中心轴线重合，上端面与阀杆 7 下部内腔上表面重合。

步骤 4　复制修整好的手柄局部视图，使其中心孔状结构中心轴线与阀体 4 左视图上部中心轴线重合，前后端面与阀体 4 半圆头结构内侧重合。

步骤 5　修整阀体 4 被手柄弹簧遮挡的图线。

手柄 8 装配后如图 12-10 所示。

2. 装配球头 9、销钉 10、开口销 11

步骤 1　删除球头视图上的尺寸标注和剖面线，使其逆时针旋转 135°。

步骤 2　复制球头视图至装配图主视图，使其与手柄 8 中心轴线重合，二者端部螺纹结构旋合。

步骤 3　删除销钉视图上的尺寸标注、技术要求和剖面线，作为其视图 1。

步骤 4　复制销钉视图 1 一次，删除其上的孔状结构及其细波浪线，顺时针旋转 90°，作为其视图 2。

步骤 5　复制销钉视图 1 至装配图左视图，使其与阀体 4 左视图上部中心轴线重合，销钉头部右端面与阀体 4 半圆头结构外侧重合。

步骤 6　复制销钉视图 2 至装配图俯视图，使其与阀体 4 左侧半圆头结构中心轴线重合，销钉头部右端面与阀体 4 半圆头结构外侧重合。

步骤 7　按装配位置、标准件标记及画法要求绘制开口销在装配图俯、左视图上的投影。

球头 9、销钉 10、开口销 11 装配后如图 12-11 所示。

12.1.6　填充各零件的剖面及断面

各零件的剖面及断面的标注应注意分零件逐一进行，确保同一零件所有视图剖面线一致，不同零件剖面线不一致。填充完成后装配图如图 12-12 所示。

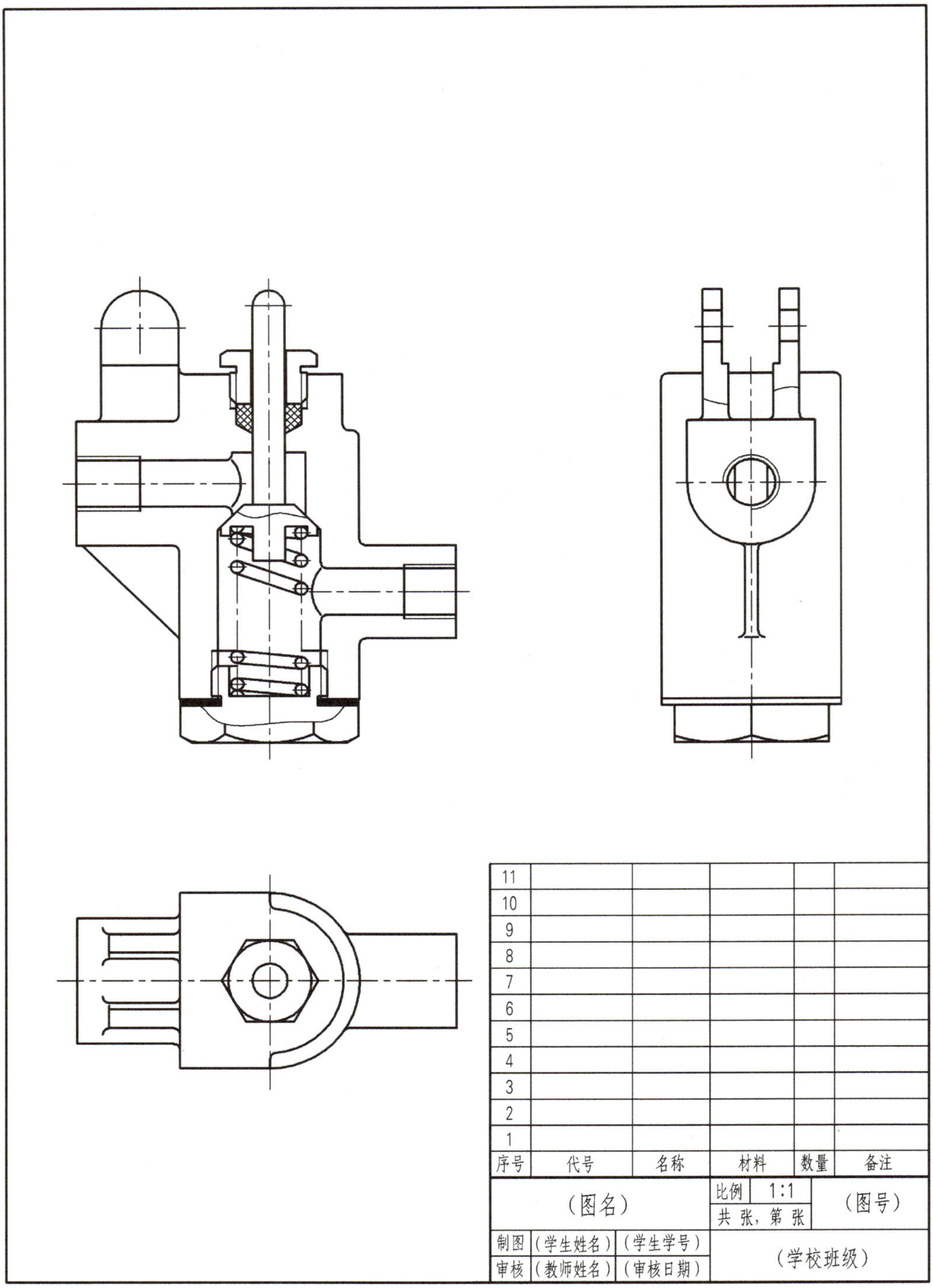

图 12-9　手压阀装配图绘制过程——装配弹簧

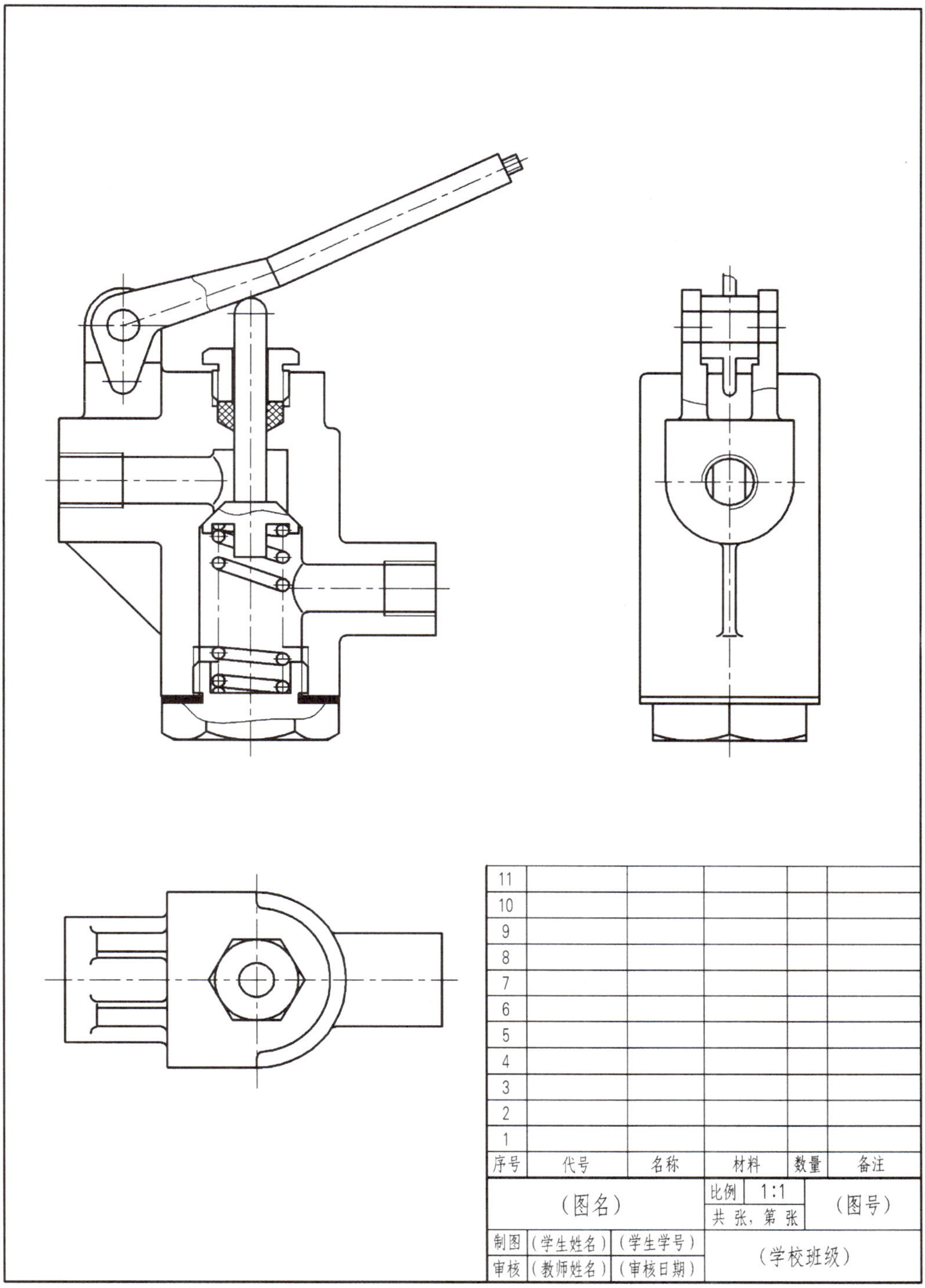

图 12-10　手压阀装配图绘制过程——装配手柄

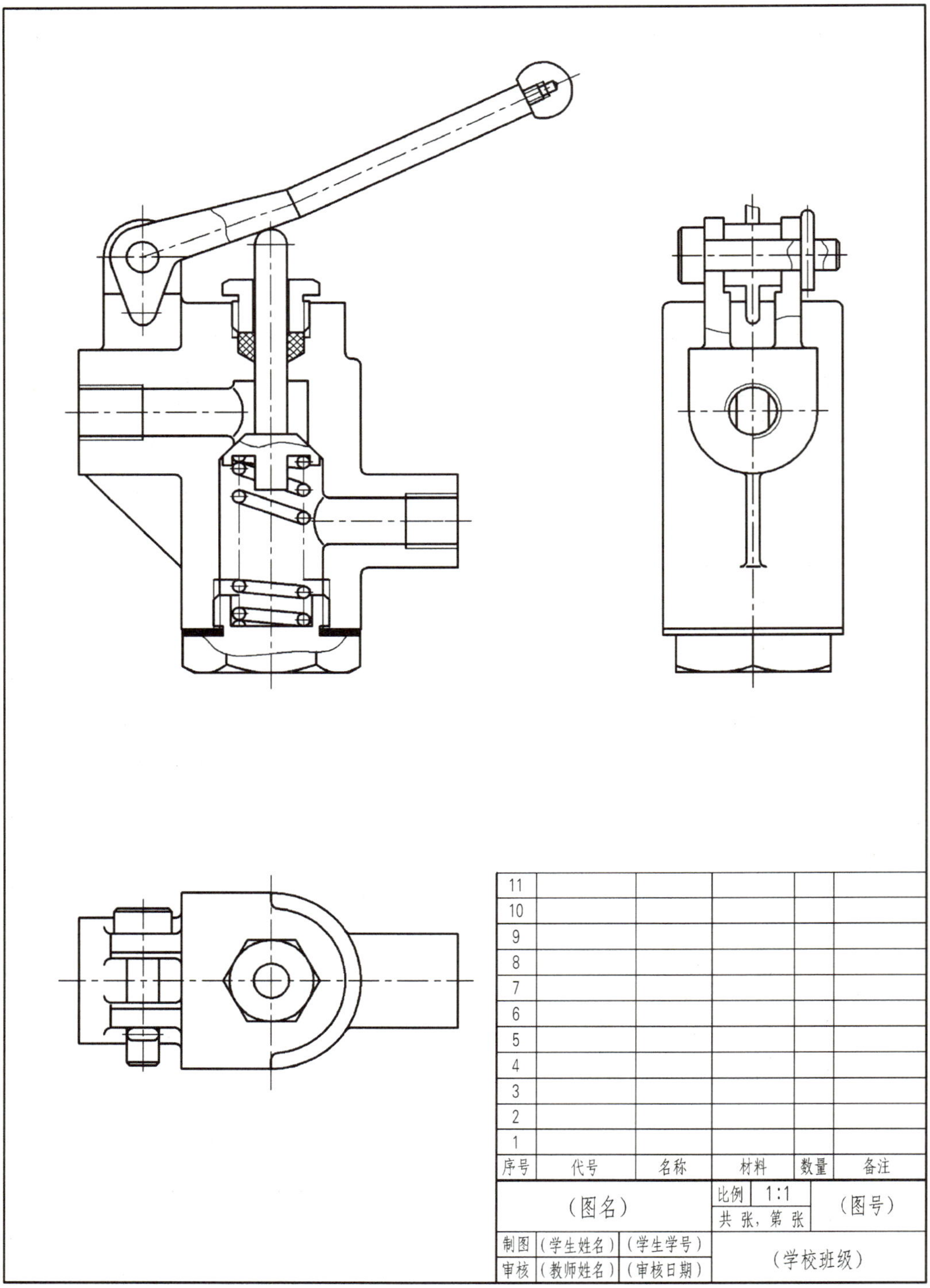

图 12-11　手压阀装配图绘制过程——装配球头、销钉、开口销

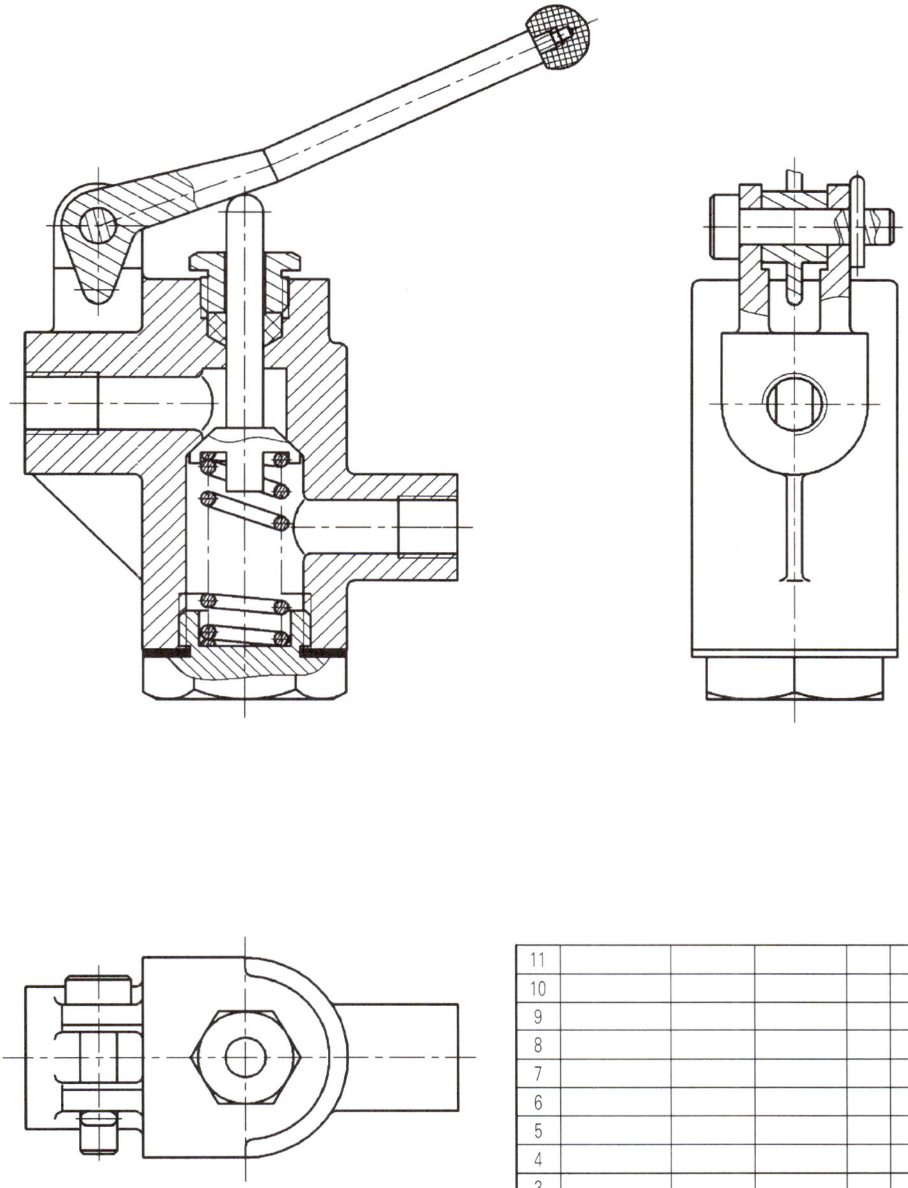

11					
10					
9					
8					
7					
6					
5					
4					
3					
2					
1					
序号	代号	名称	材料	数量	备注

（图名）		比例	1:1	（图号）
		共 张，第 张		
制图	（学生姓名）	（学生学号）	（学校班级）	
审核	（教师姓名）	（审核日期）		

图 12-12　手压阀装配图绘制过程——剖面与断面填充

步骤 1 填充阀体 4，主视图全剖（注意旋合后剩余的内螺纹部分），左视图局部剖。

步骤 2 填充调节螺母 1、螺套 6、阀杆 7，主视图局部剖（注意前二者旋合螺纹部分）。

步骤 3 填充弹簧 3，主视图簧丝断面，也可全部涂黑。

步骤 4 填充手柄 8，主视图局部剖，左视图全剖。

步骤 5 填充球头 9，全剖，非金属材料，注意与填料、垫片区分，注意螺纹旋合螺纹部分。

步骤 6 填充销钉 10，主视图断面，左视图局部剖。

12.1.7 标注尺寸

手压阀装配图的尺寸标注主要有如下几类。

（1）总体尺寸，如总长 118、总宽 56、总高 196（参考尺寸）；

（2）配合尺寸，如 ϕ10H8/f8，18H9/f9；

（3）定位尺寸，120，60；

（4）安装、连接尺寸，G3/8。

尺寸标注后，装配图如图 12-1 所示。

12.1.8 注写零件序号、技术要求并填写明细表和标题栏

手压阀装配图的零件序号标注、技术要求注写，明细表和标题栏填写，如图 12-1 所示。

12.2 平口虎钳装配图的绘制

12.2.1 平口虎钳结构分析与绘图思路确定

平口虎钳是常用的夹具，对加工过程中的工件起固定、夹紧、定位作用。如图 12-13 所示为平口虎钳的装配图，主体零件钳座 8 固定后，再用扳手转动螺杆 1，通过螺杆 1 与方块螺母 4 上旋合的螺纹副带动活动钳口 6 沿螺杆轴向移动（活动钳口 6 通过紧固螺钉 5 与方块螺母 4 连接），形成对工件的加紧与松开。平口虎钳零件图如图 12-14、图 12-15、图 12-16 所示。

平口虎钳的装配以两条主要装配主线展开：水平方向（左右）和竖直方向。装配图中的主视图采用了全剖，将两条装配主线上各零件的装配关系表达得较为明确。俯视图以视图为主，主要补充表达宽度方向上各零件的位置关系，局部剖部分体现沉头螺钉 10 将护口板 7 与和钳座 8 的连接。左视图采用半剖，主要补充表达高度方各零件的位置关系。

由以上分析可确定平口虎钳装配图绘制的基本思路为：先修整复制钳座 8，再沿着竖直方向装配主线依次拼画活动钳口 6、方块螺母 4 和紧固螺钉 5，然后沿着水平方向（左右）装配主线依次拼画厚垫圈 9、螺杆 1、六角螺母 2 和垫圈 3，最后绘制护口板 7 和沉头螺钉 10。

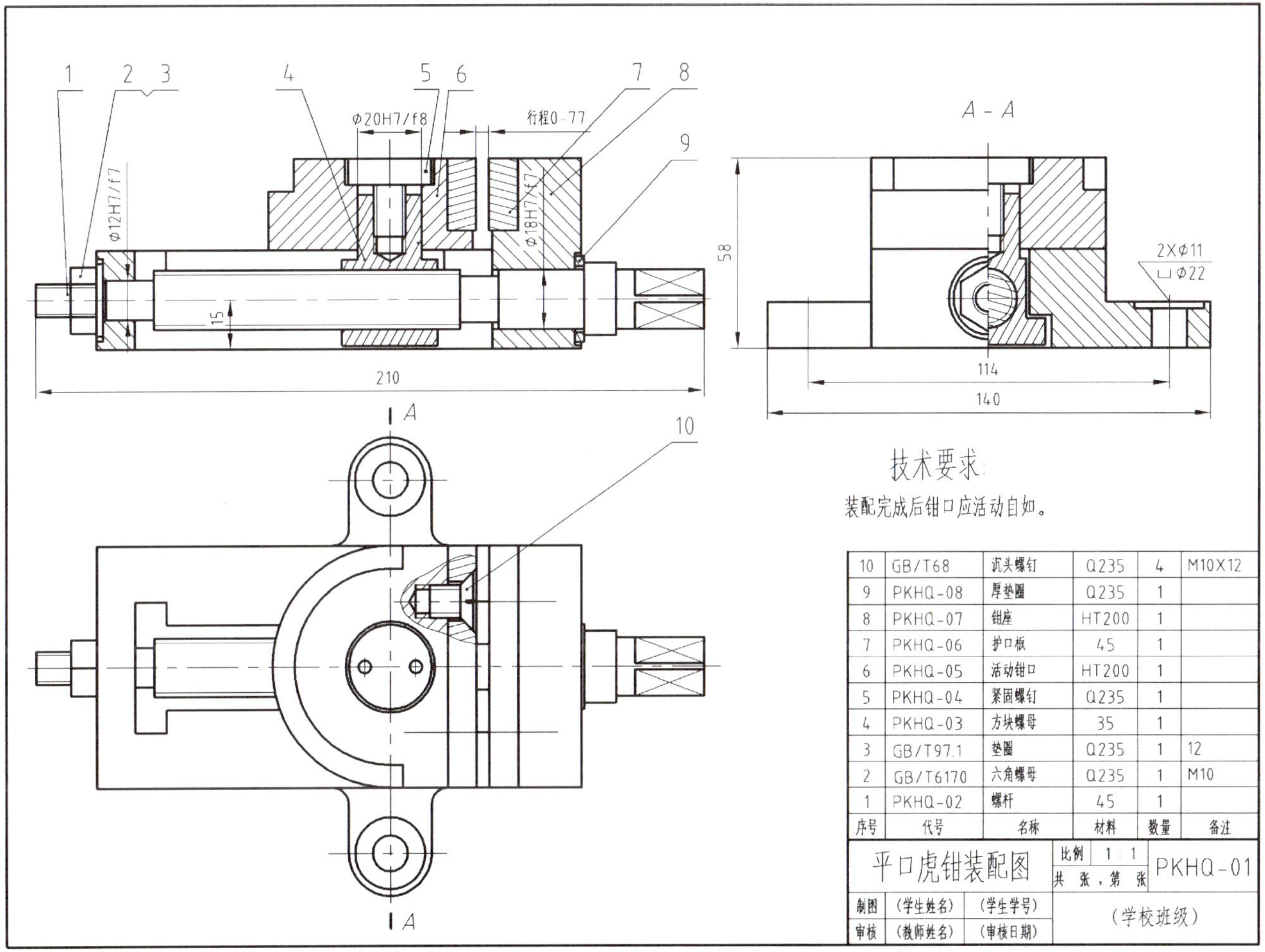

技术要求：

装配完成后钳口应活动自如。

序号	代号	名称	材料	数量	备注
10	GB/T68	沉头螺钉	Q235	4	M10X12
9	PKHQ-08	厚垫圈	Q235	1	
8	PKHQ-07	钳座	HT200	1	
7	PKHQ-06	护口板	45	1	
6	PKHQ-05	活动钳口	HT200	1	
5	PKHQ-04	紧固螺钉	Q235	1	
4	PKHQ-03	方块螺母	35	1	
3	GB/T97.1	垫圈	Q235	1	12
2	GB/T6170	六角螺母	Q235	1	M10
1	PKHQ-02	螺杆	45	1	

平口虎钳装配图		比例 1:1 共 张，第 张	PKHQ-01
制图 （学生姓名）	（学生学号）	（学校班级）	
审核 （教师姓名）	（审核日期）		

图 12-13　平口虎钳装配图

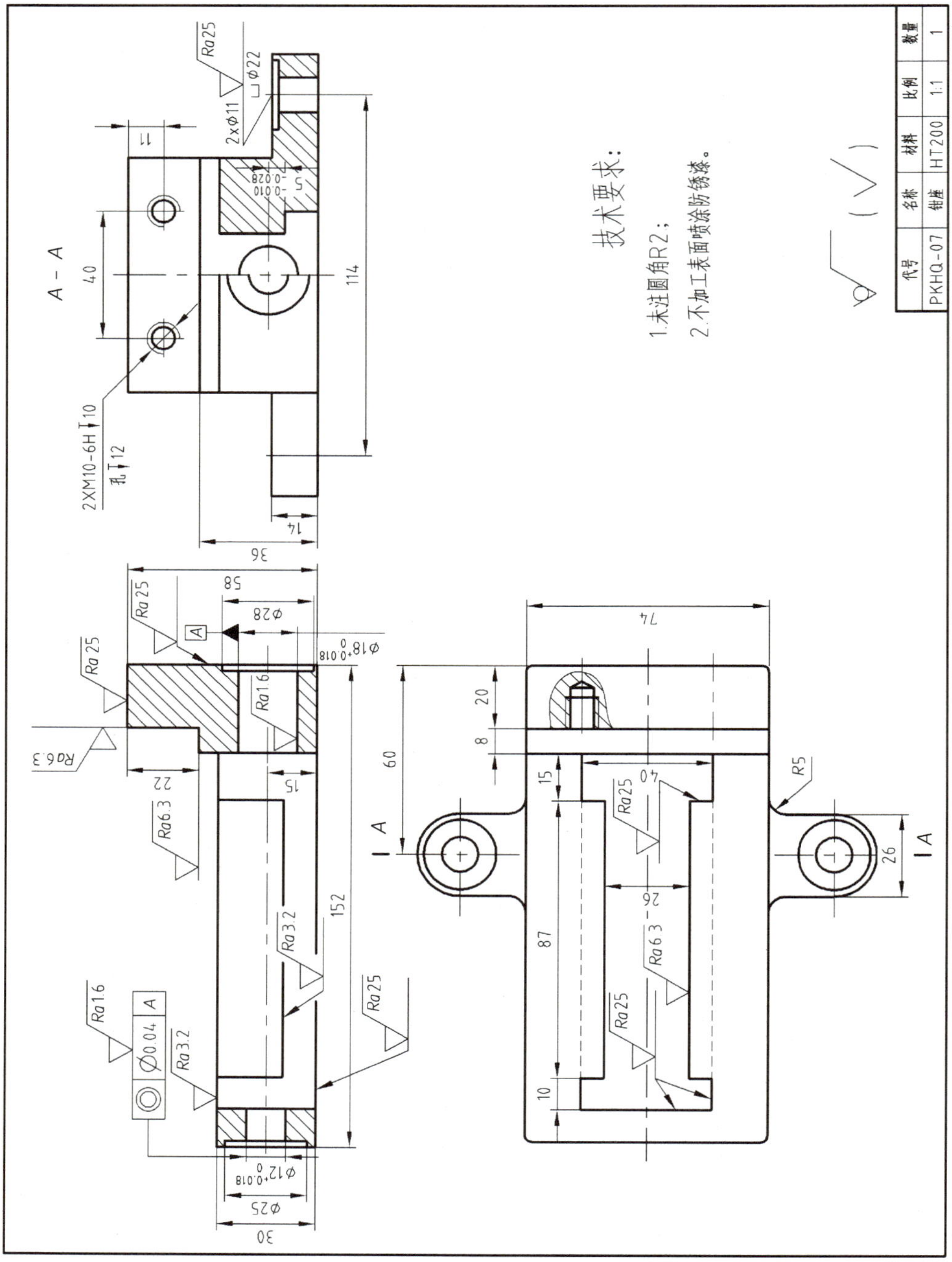
A - A
技术要求：
1.未注圆角R2；
2.不加工表面喷涂防锈漆。
代号 PKHQ-07
名称 钳座
材料 HT200
比例 1:1
数量 1

图 12-14 钳座零件图

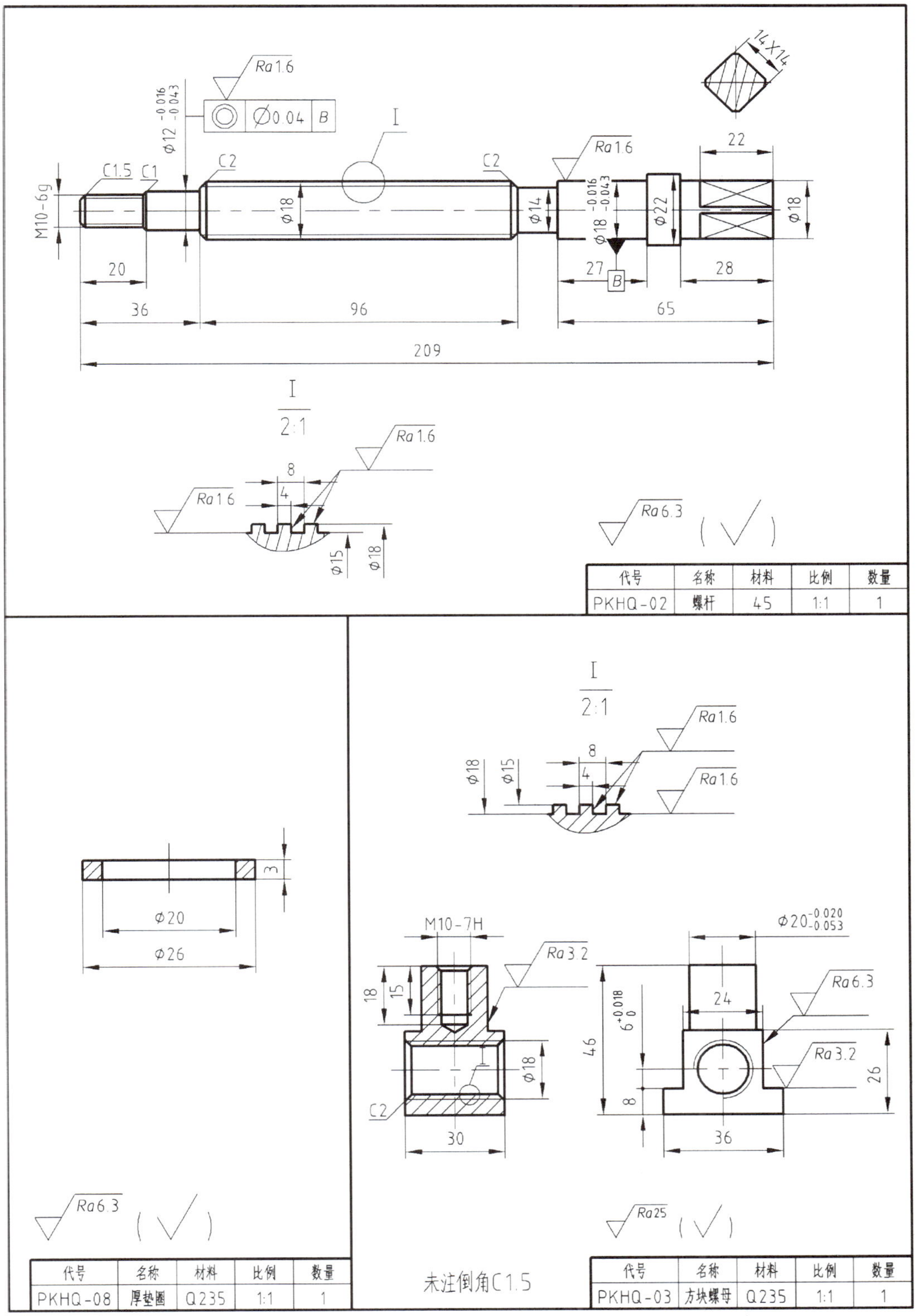

代号	名称	材料	比例	数量
PKHQ-02	螺杆	45	1:1	1

代号	名称	材料	比例	数量
PKHQ-08	厚垫圈	Q235	1:1	1

代号	名称	材料	比例	数量
PKHQ-03	方块螺母	Q235	1:1	1

图 12-15　螺杆、方块螺母、厚垫圈零件图

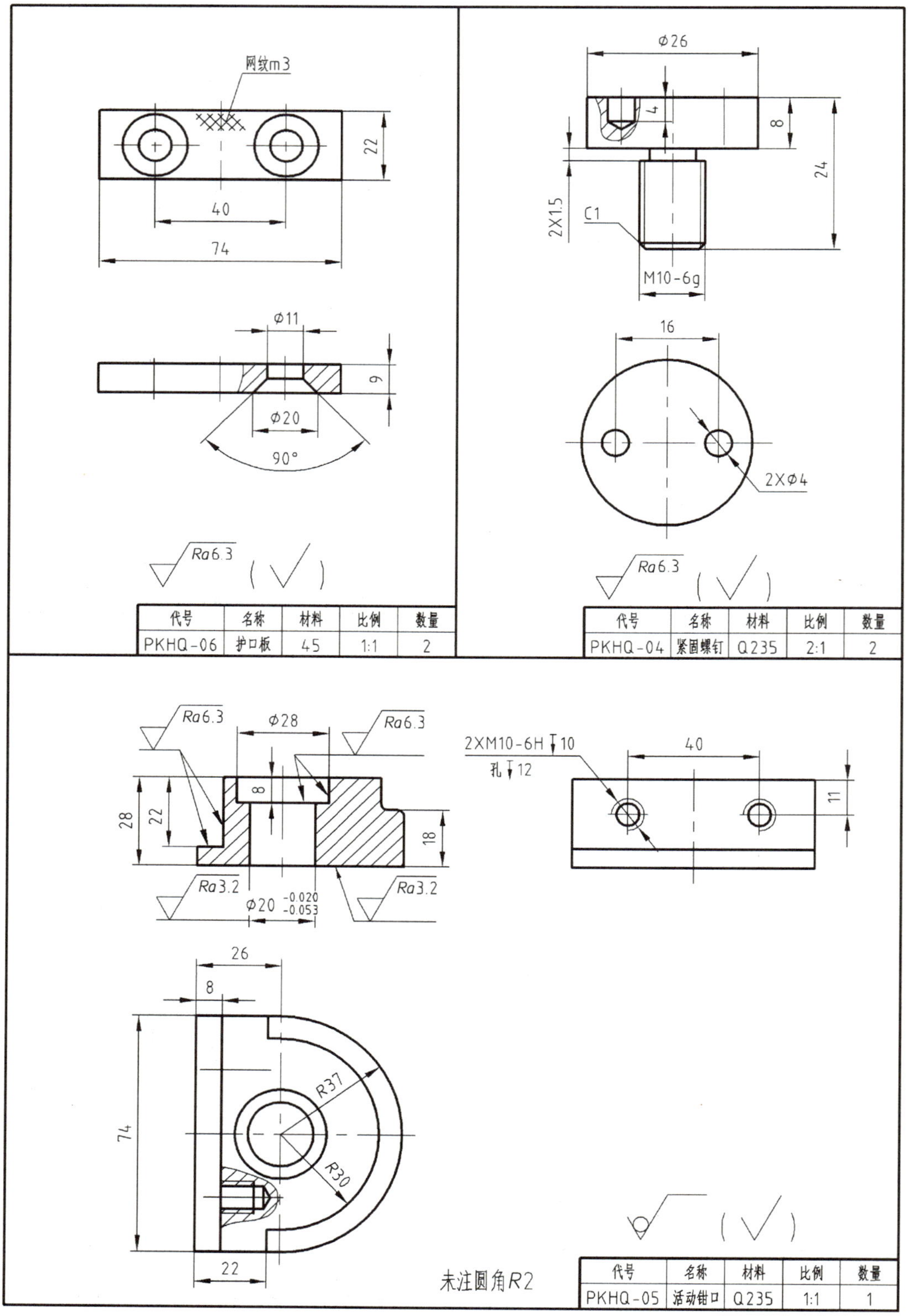

图 12-16 护口板、紧固螺钉、活动钳口零件图

12.2.2　利用机械样板文件新建图形文件

根据对部件和各零件的分析，可确定使用 A3 横置图幅按 1∶1 绘制部件装配图。新建 DWG 文档，选择已经提前建立的“A3 横置装配图”样板文件作为模板开始绘图。

12.2.3　修整并复制“钳座”零件所需视图

复制如图 12-14 所示钳座零件视图，对其各视图进行修整，主要操作如下。

（1）删除多余图线，锁定“粗实线”和“中心线”图层，全选图形，使用删除命令，使得图形中只剩下粗实线与中心线，然后解锁。

（2）删除俯视图上螺纹孔的投影，删除左视图上部不需要的螺纹孔和下部孔状结构的投影。

（3）将修整好的视图复制至装配图图框内，如图 12-17 所示。

12.2.4　沿竖直方向装配主线装配零件并修整视图

1. 装配活动钳口 6

步骤 1　删除活动钳口视图上的尺寸标注、技术要求和剖面线。

步骤 2　镜像主视图，删除原来视图，镜像后的主视图与装配图表达要求一致。

步骤 3　将俯视图旋转 180°，旋转后的俯视图与装配图表达要求一致。

步骤 4　按半剖视图要求在原左视图基础上绘制与装配图表达要求一致的投影。

步骤 5　复制修整好的主视图至装配图主视图，使其中心轴线与竖直方向的装配主线重合，下端面与钳座 8 上端面重合。

活动钳口 6 装配后平口虎钳的装配图如图 12-18 所示。

2. 装配方块螺母 4

步骤 1　删除方块螺母视图上的尺寸标注、技术要求、剖面线，删减局部倒角结构。

步骤 2　按半剖视图要求将左视图保留一半。

步骤 3　复制修整好的主视图至装配图主视图，使其竖直方向中心轴线与竖直方向的装配主线重合，水平方向中心轴线与水平方向的装配主线重合。

步骤 4　复制修整好的左视图至装配图左视图，使其螺纹孔中心与钳座左视图中间阶梯孔中心重合。

方块螺母 4 装配后平口虎钳的装配图如图 12-19 所示。

3. 装配紧定螺钉 5

步骤 1　删除紧定螺钉视图上的尺寸标注、技术要求、局部剖部分。

步骤 2　复制主视图 1 份，删减一半，作为左视图。

步骤 3　复制主视图至装配图主视图，使其竖直方向中心轴线与竖直方向的装配主线重合，头部下端面与活动钳口 6 中间阶梯孔大孔底面重合。

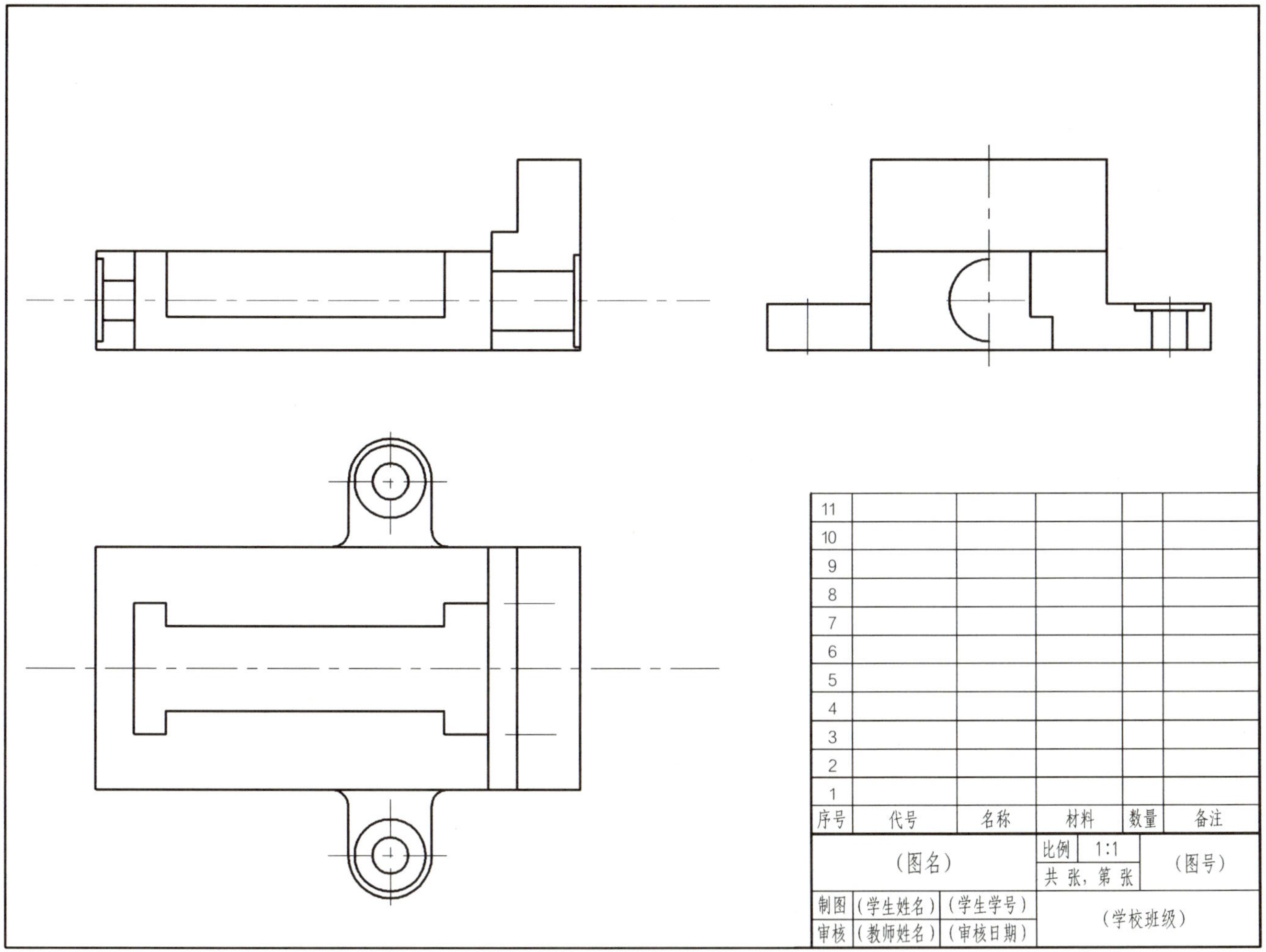

图 12-17　平口虎钳装配图绘制过程——主体零件钳座

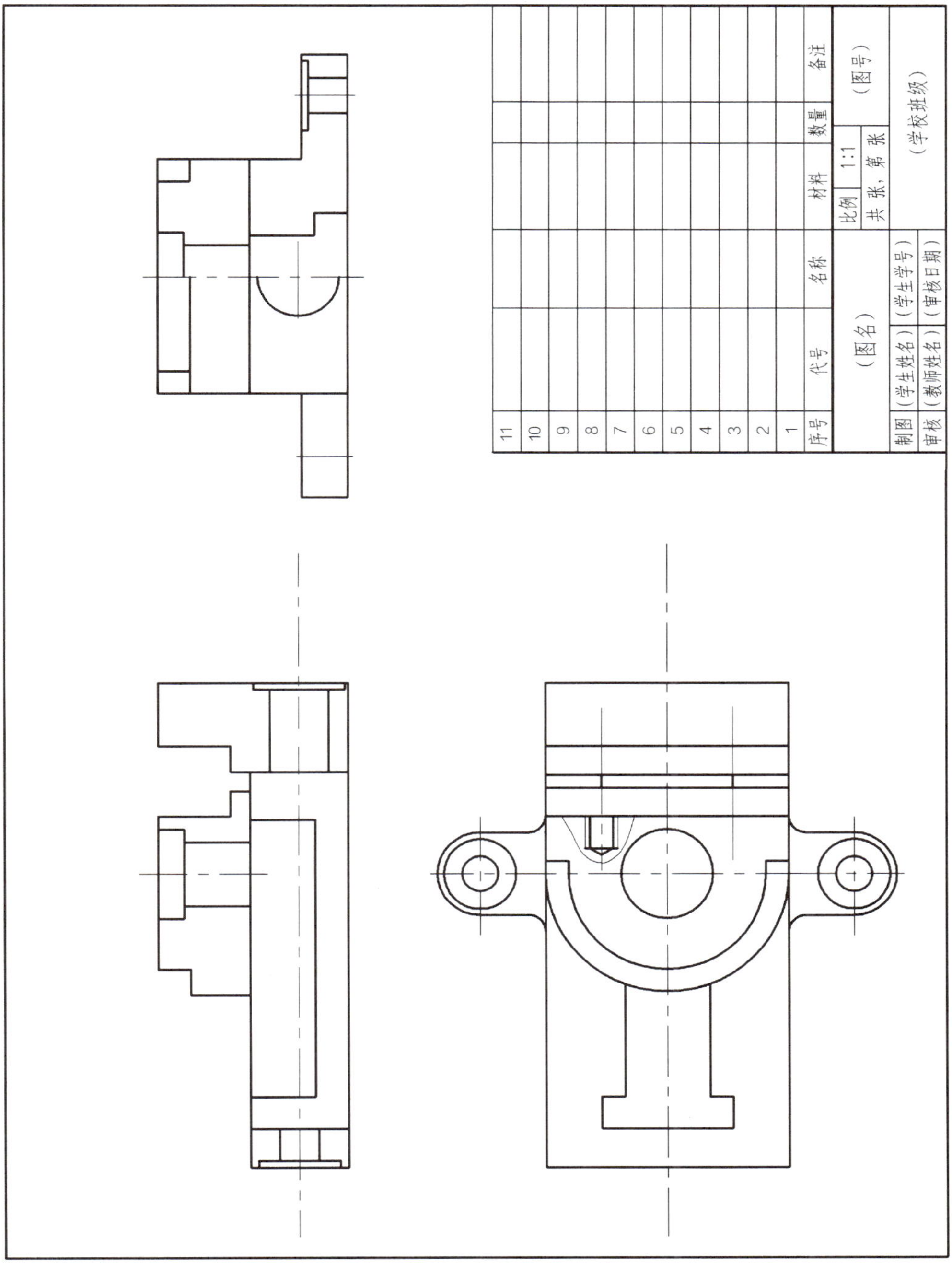

图 12-18　平口虎钳装配图绘制过程——装配活动钳口

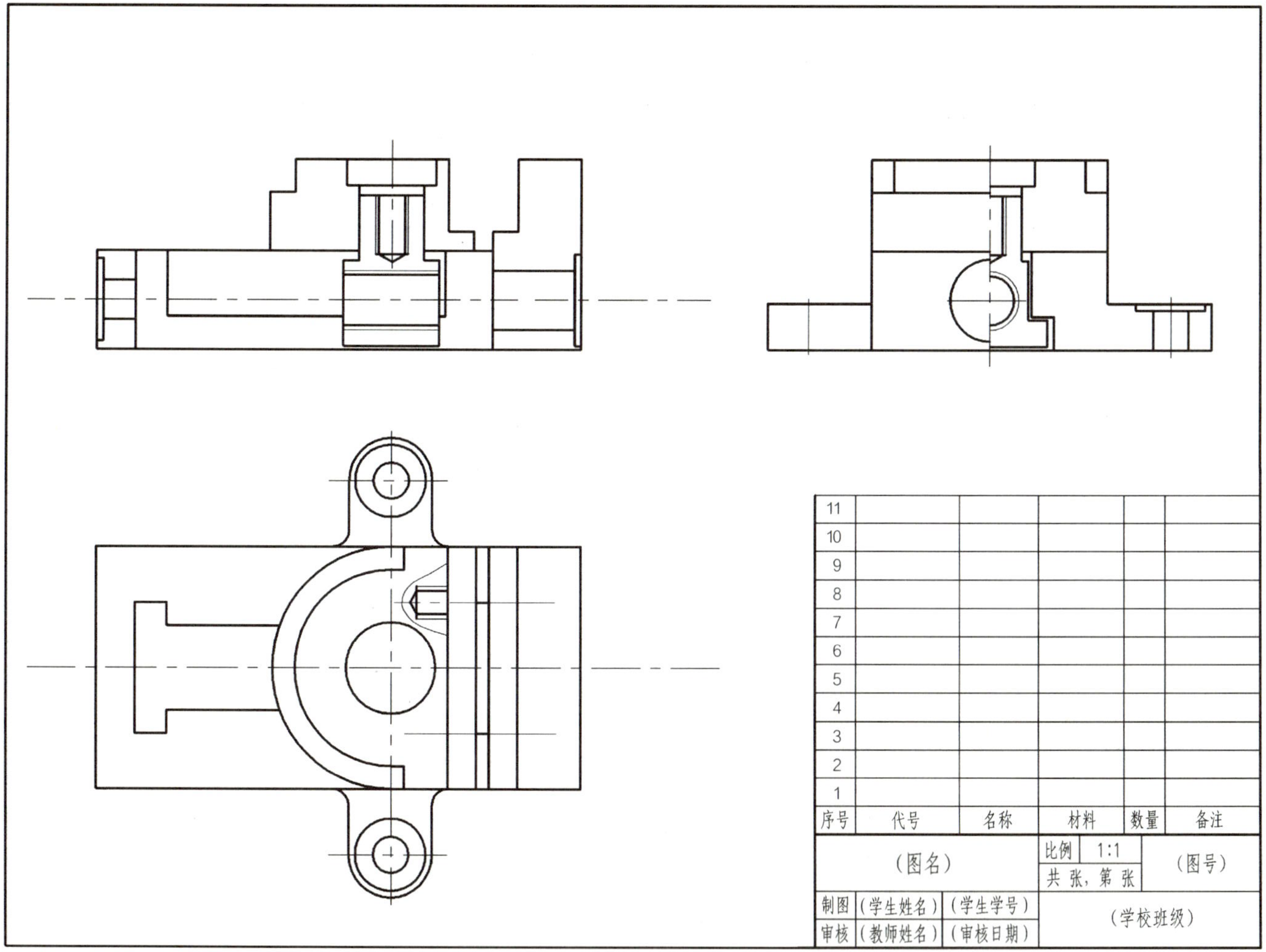

图 12-19　平口虎钳装配图绘制过程——装配方块螺母口

步骤 4　复制修整好的左视图至装配图左视图，使其竖直方向中心轴线与竖直方向的装配主线重合，头部下端面与活动钳口 6 中间阶梯孔大孔底面重合。

步骤 5　复制俯视图至装配图俯视图，使其中心与活动钳口 6 中间阶梯孔中心重合。

紧定螺钉 5 装配后平口虎钳的装配图如图 12-20 所示。

12.2.5　沿水平(左右)方向装配主线装配零件并修整视图

1. 装配厚垫圈 9、螺杆 1

步骤 1　删除厚垫圈视图上的尺寸标注、剖面线，旋转厚垫圈视图 90°。

步骤 2　复制厚垫圈至装配图主视图，使其水平方向中心轴线与水平方向的装配主线重合，左端面与钳座 4 右侧下端阶梯孔打孔端面重合，复制厚垫圈视图至装配图俯视图，对正主视图投影关系修整。

步骤 3　删除螺杆主视图上的尺寸标注和技术要求，复制螺杆主视图至装配图主视图，使其水平方向中心轴线与水平方向的装配主线重合，最大直径左端面与厚垫圈 9 右端面重合，修整被其遮盖的钳座 4、厚垫圈 9、方块螺母 4 主视图上投影图线，处理其与方块螺母 4 上螺纹的旋合关系(主、左视图)。

步骤 4　复制螺杆俯视图至装配图俯视图，使其水平方向中心轴线与水平方向的装配主线重合，修整其被其他零件遮挡的部分。

2. 装配六角螺母 2 和垫圈 3

六角螺母 2 和垫圈 3 均为标准件，不用绘制零件图。此处可以按其标记和比例画法直接绘制出所需投影，也可以从设计中心直接调用相关资源。同时注意其对螺杆 1 相关图线的影响，注意修整。

装配厚垫圈 9、螺杆 1、六角螺母、垫圈装配后平口虎钳的装配图如图 12-21 所示。

12.2.6　装配其他零件并修整视图

其他零件为护口板 7 和螺钉 10。

(1) 删除护口板 7 俯视图上的尺寸标注、剖面线和波浪线，逆时针旋转 90°，复制至装配图俯视图，使其左端面和下端面分别与活动钳口 6 右侧 L 形部分完全重合。

(2) 依据护口板装配好的俯视图直接绘制其装配图上主视图部分的投影。

(3) 螺钉 10 为标准件，此处可以按其标记和比例画法直接绘制出所需投影，也可以从设计中心直接调用相关资源。

此时平口虎钳上的各零件均已装配完成，其装配图如图 12-22 所示。

12.2.7　填充各零件的剖面及断面

各零件的剖面及断面的标注应注意分零件逐一进行，确保同一零件所有视图剖面线一致，不同零件剖面线不一致。

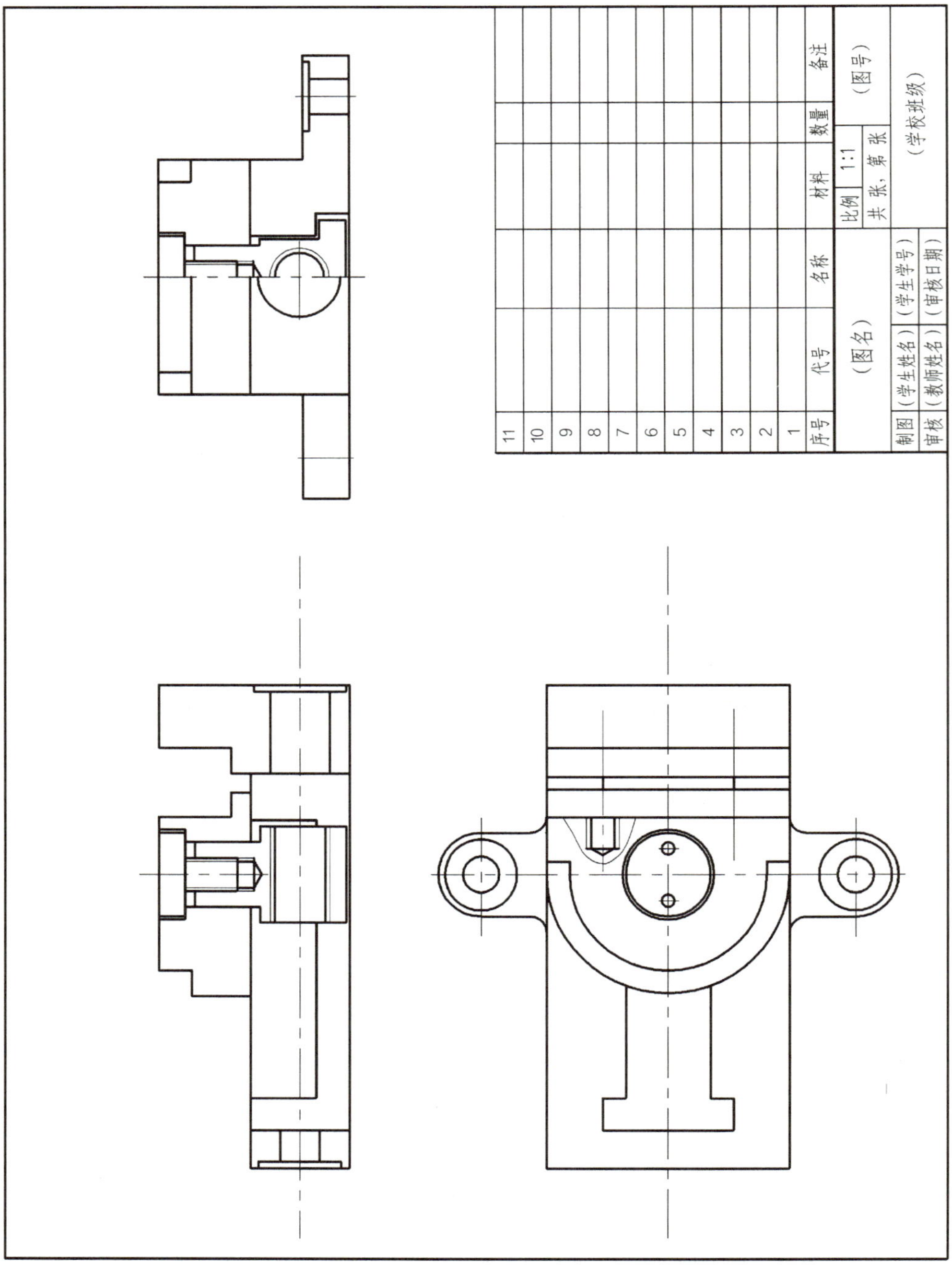

图 12-20　平口虎钳装配图绘制过程——装配紧定螺钉

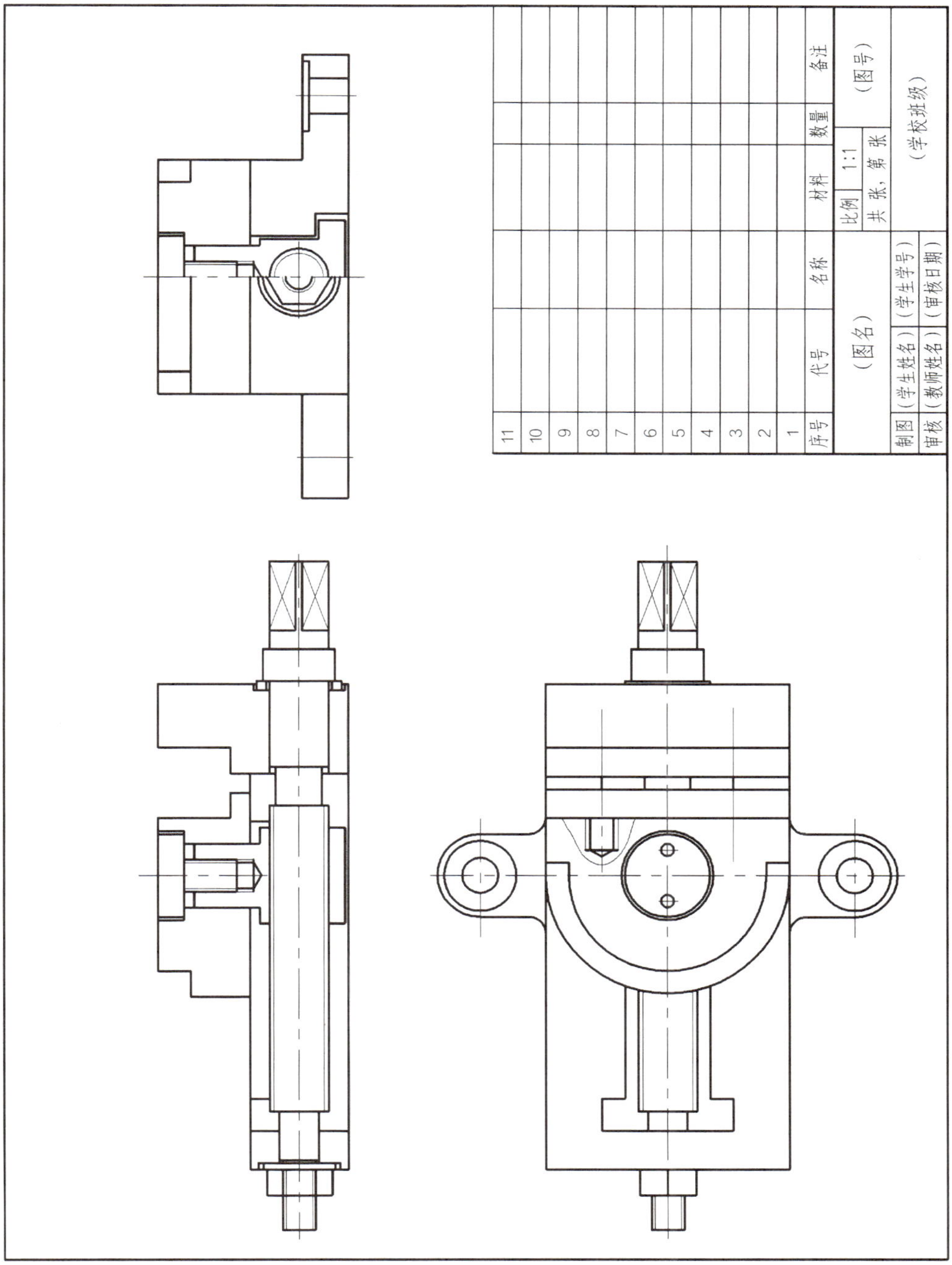

图 12-21　平口虎钳装配图绘制过程——装配厚垫圈、螺杆、六角螺母、垫圈

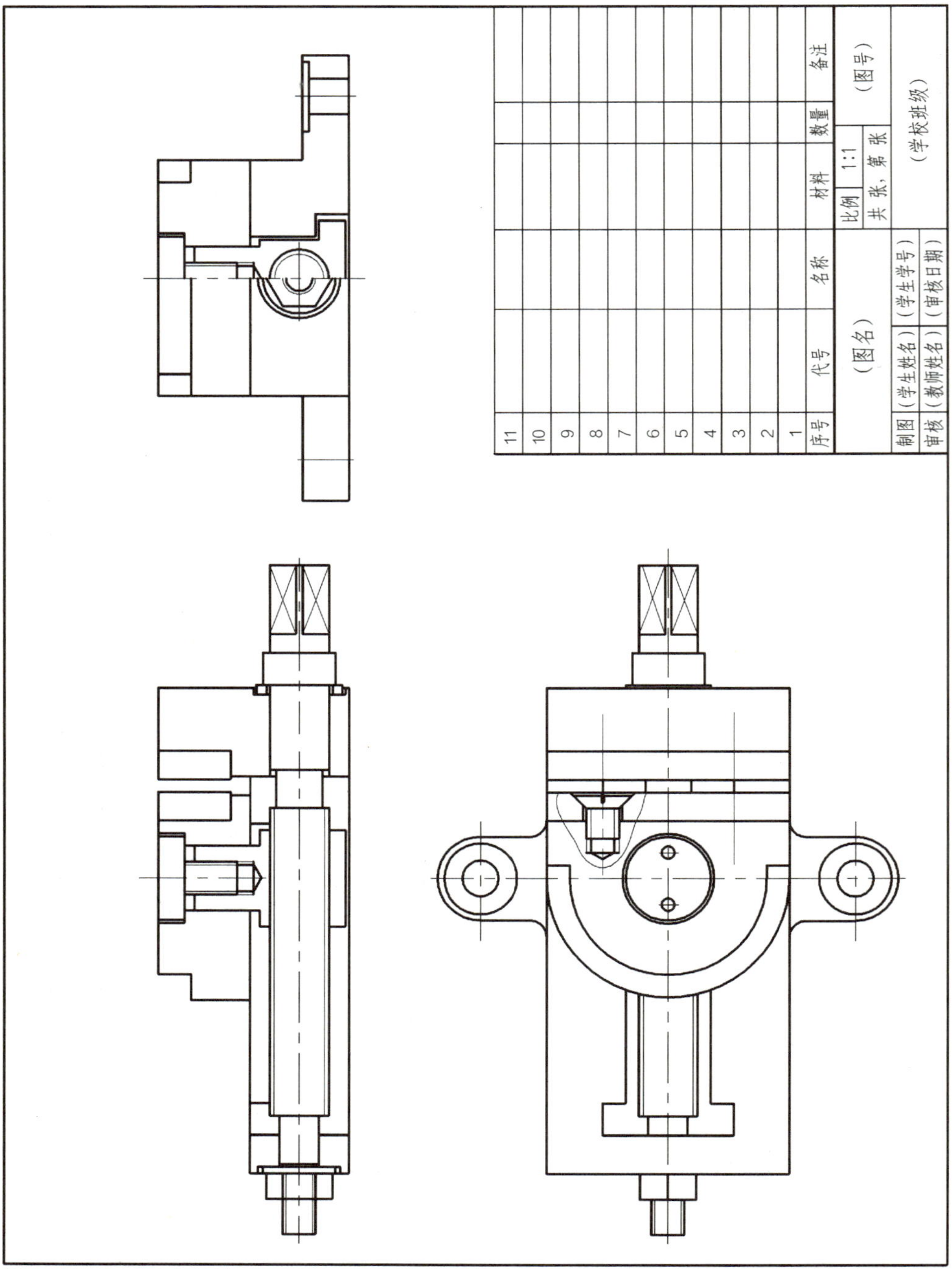

图 12-22 平口虎钳装配图绘制过程——装配护口板、螺钉

步骤 1　填充钳座 8,主视图全剖,左视图半剖。

步骤 2　填充活动钳口 6,主视图全剖,左视图半剖,俯视图局部剖。

步骤 3　填充方块螺母 4,主视图全剖,左视图半剖。

步骤 4　填充厚垫圈 9 主视图、螺杆 1 左视图断面。

步骤 5　填充护口板 7,主视图全剖两处,俯视图局部剖。

注意轴类零件与标准件轴向按不剖处理,填充完成后装配图如图 12-23 所示。

12.2.8　标注尺寸

平口虎钳装配图的尺寸标注主要有如下几类。

(1) 总体尺寸,总长 210、总宽 140、总高 58;

(2) 配合尺寸,ϕ12H7/f7、ϕ18H7/f7、ϕ20H7/f8;

(3) 定位尺寸,15;

(4) 安装、连接尺寸,144、2×ϕ11、ϕ22;

(5) 其他重要尺寸。

尺寸标注后装配图如图 12-24 所示。

12.2.9　注写零件序号、技术要求并填写明细表和标题栏

平口虎钳装配图零件序号、技术要求、明细表和标题栏完成后,如图 12-13 所示。

思考练习

如图 12-25 所示为虎钳装配示意图,按如图 12-26、图 12-27、图 12-28 所示零件图进行分析,在 AutoCAD 中拼画出虎钳装配图。

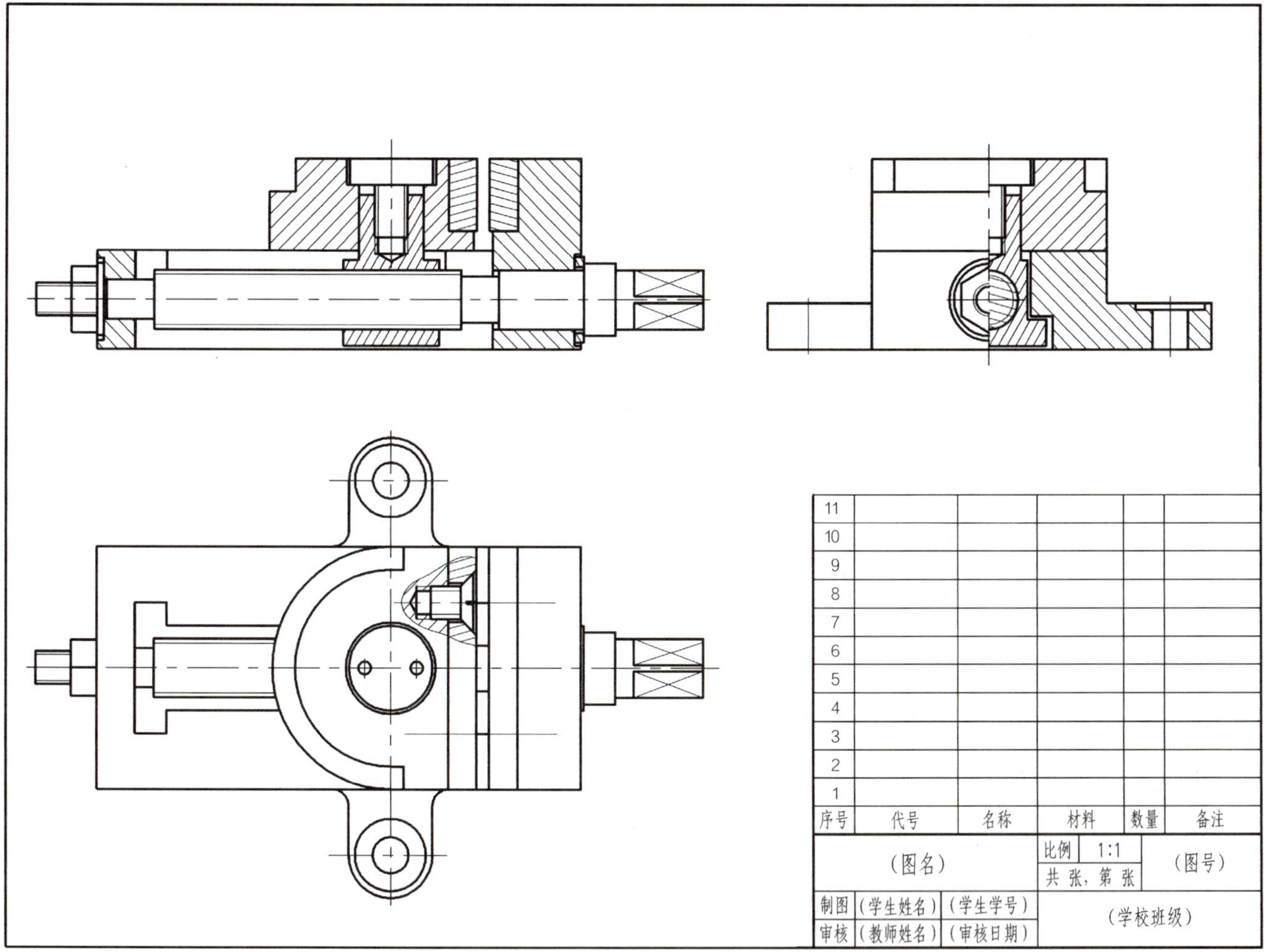

图 12-23 平口虎钳装配图绘制过程——剖面及断面填充

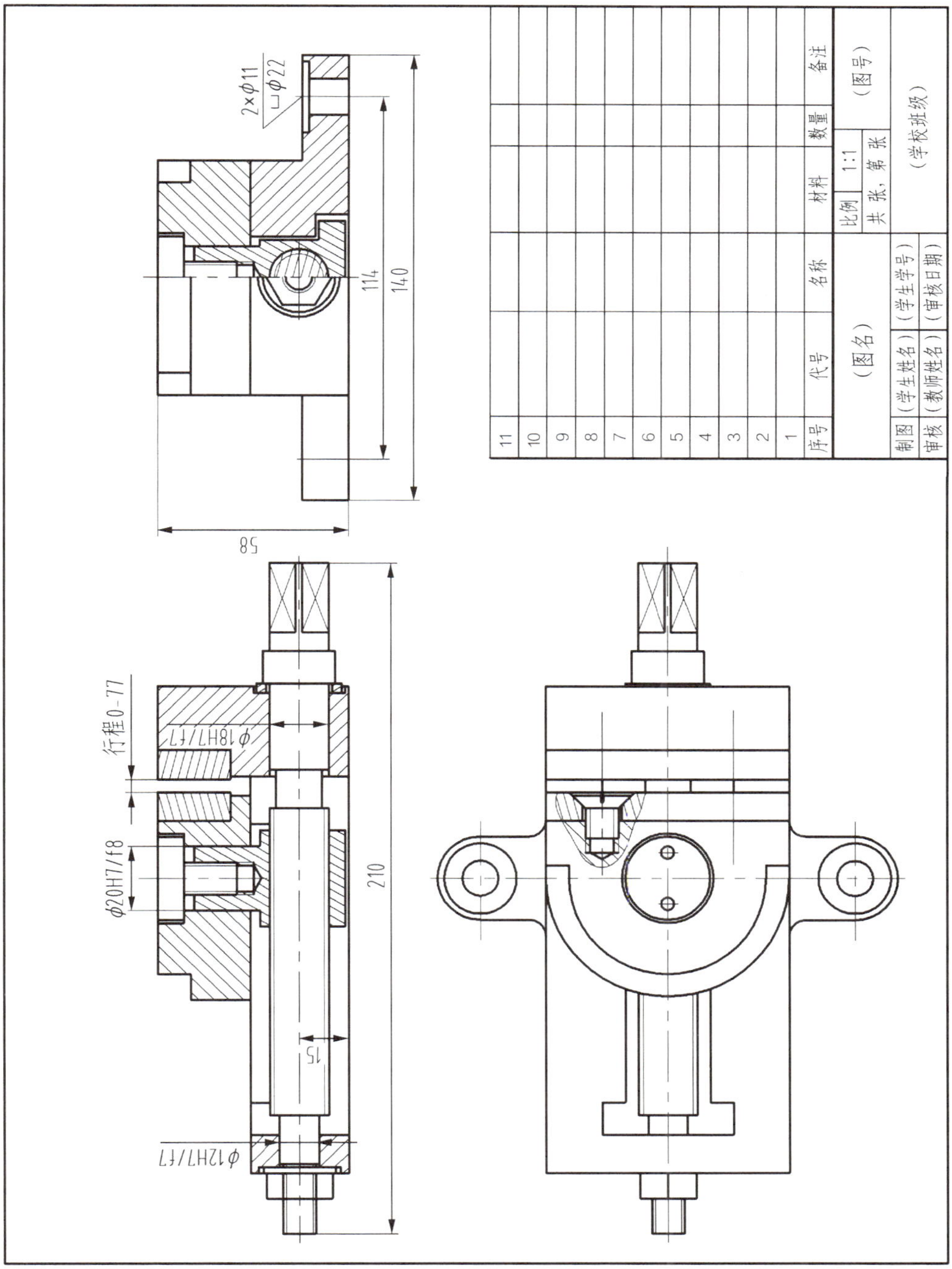

图 12-24　平口虎钳装配图绘制过程——尺寸标注

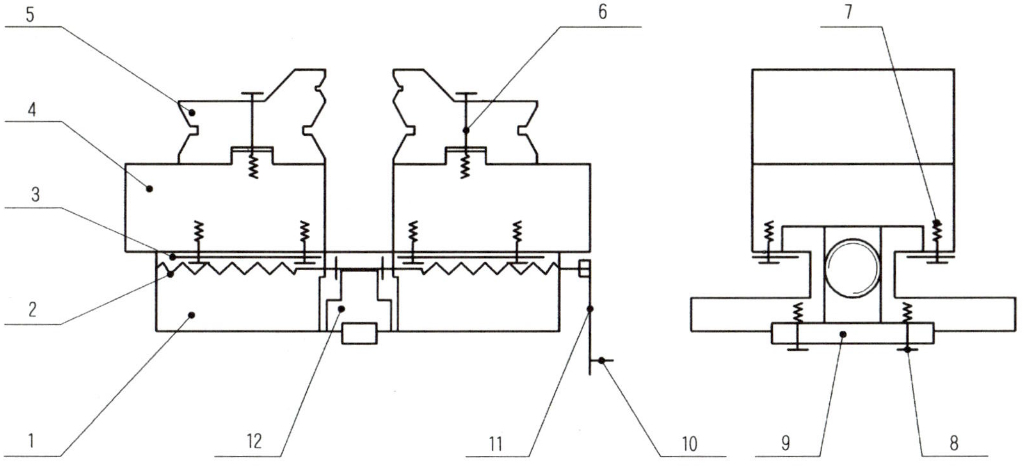

序号	代号	名称	材料	数量	备注
12	HQ-09	支承	45	1	
11	HQ-08	摇把	45	1	
10	HQ-07	手柄	Q235	1	
9	HQ-06	导键	45	1	
8	GB/T65	螺钉	Q235	2	M5×12
7	GB/T65	螺钉	Q235	4	M6×20
6	GB/T70.1	螺钉	Q235	2	M12×25
5	HQ-05	钳口	60	2	
4	HQ-04	滑块	耐磨铸铁	2	
3	HQ-03	平条	45	4	
2	HQ-02	丝杠	60	1	
1	HQ-01	支座	HT150	1	

虎钳装配示意图		比例 1:1	HQ-00
		共 张，第 张	
制图	(学生姓名)	(学生学号)	(学校班级)
审核	(教师姓名)	(审核日期)	

图 12-25　虎钳装配图示意图

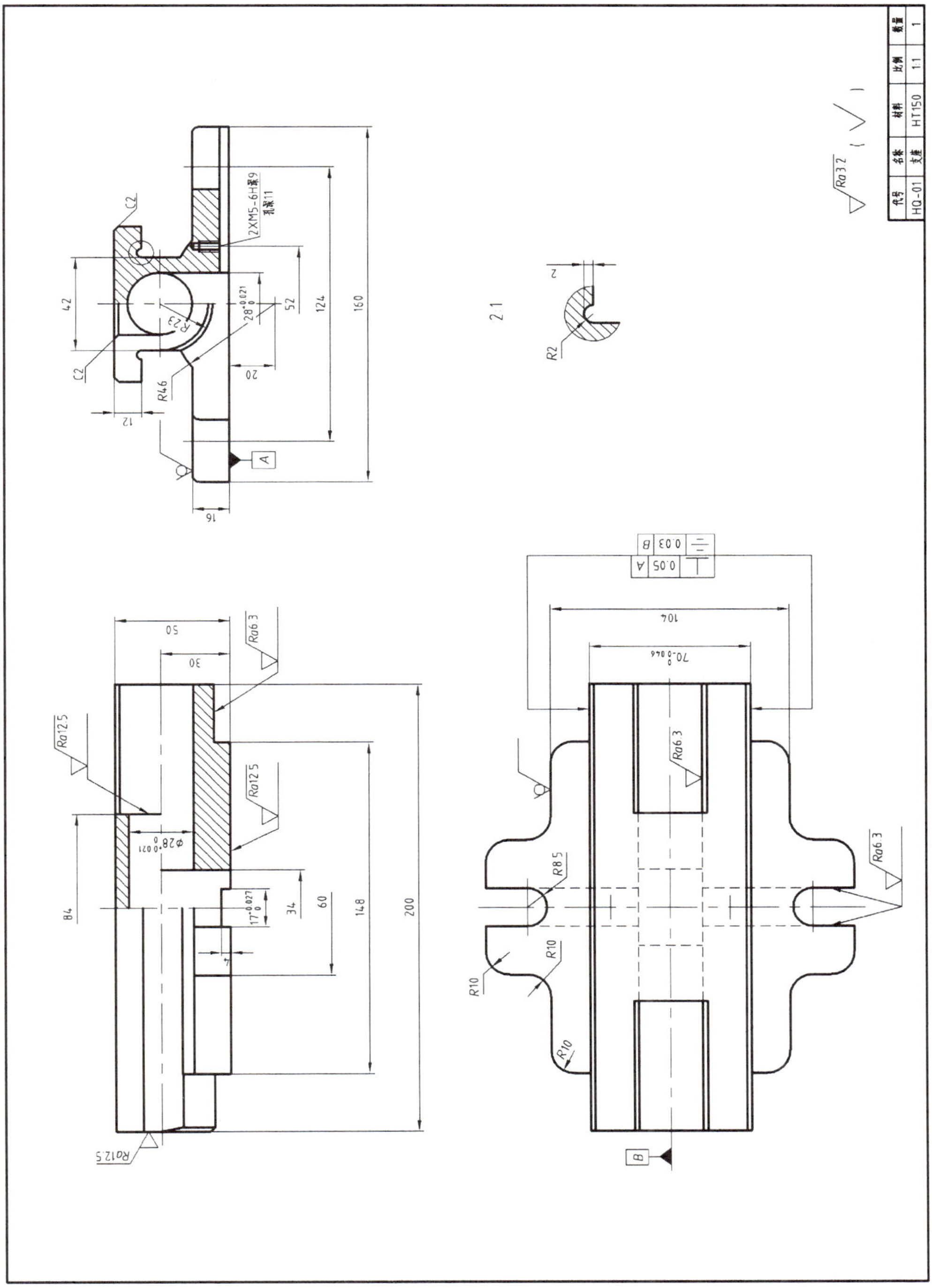

图 12-26　虎钳零件图-1

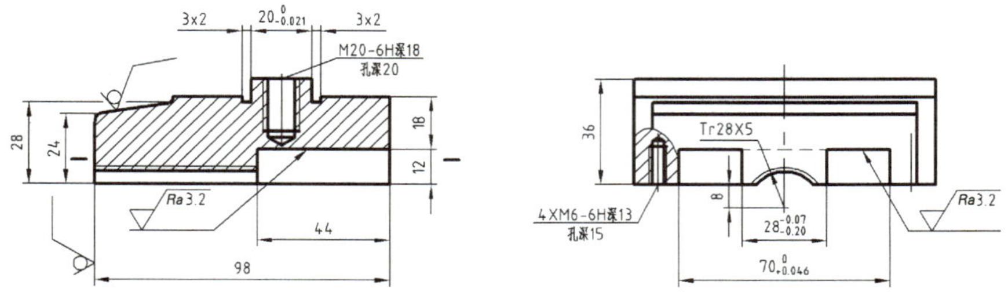

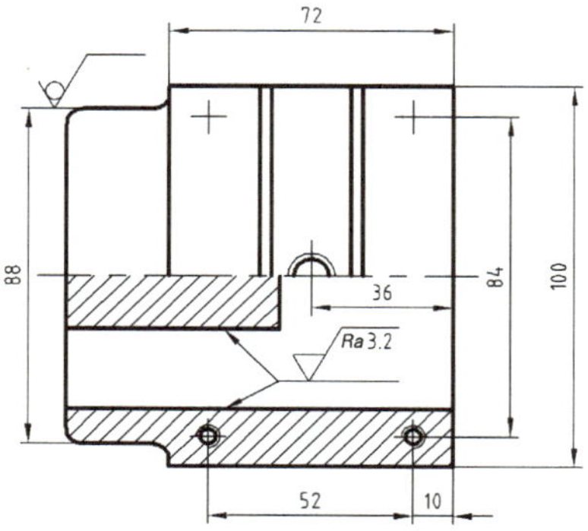

技术要求:

1.与其对称的一件梯形螺纹为Tr28X5LH;

2.未注圆角为R2-R4。

Ra12.5 (√)

代号	名称	材料	比例	数量
HQ-04	滑块	耐磨铸铁	1:1	2

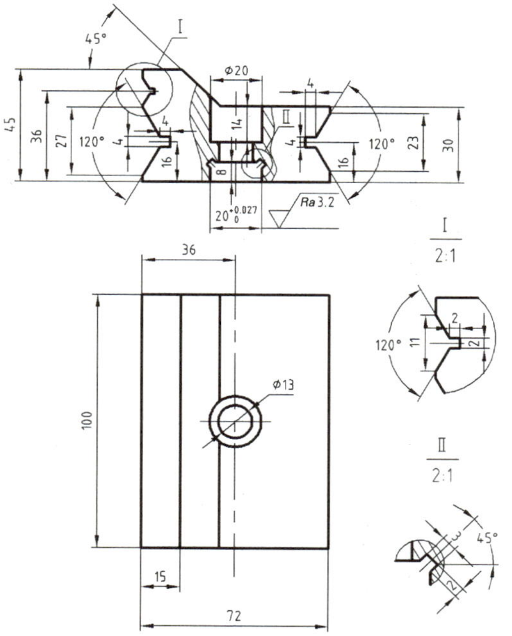

Ra12.5 (√)

技术要求:

1.去毛刺,倒侧棱,120°斜面均为 Ra3.2 ;

2.热处理表面硬度为HRC30-40。

代号	名称	材料	比例	数量
HQ-05	钳口	60	1:1	2

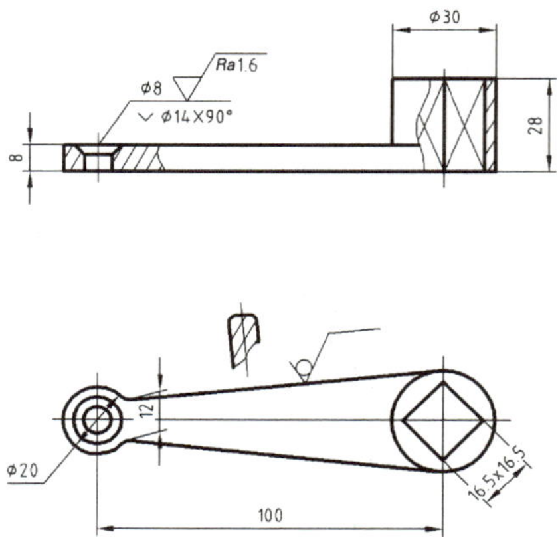

Ra12.5 (√)

代号	名称	材料	比例	数量
HQ-8	摇把	Q235	1:1	1

图 12-27 虎钳零件图-2

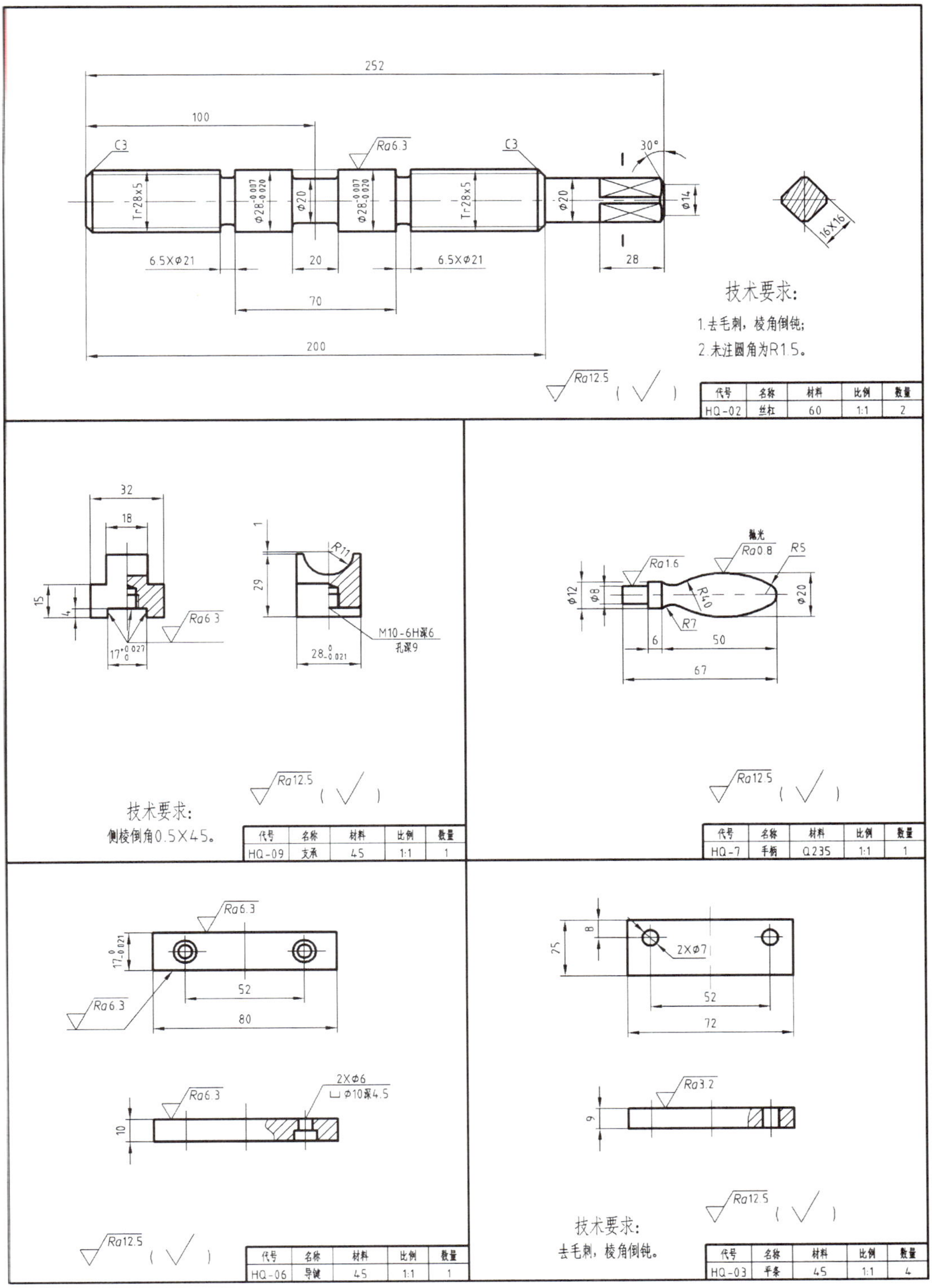

图 12-28　虎钳零件图-3

第三部分

AutoCAD 绘制电气图样

第13章 制作电气样板文件

13.1 制作电气样板文件的准则

电气样板文件是电气设计和安装过程中，确保电气系统按照预期功能和安全要求实施的重要文件。制作这些文件时，必须遵循一定的准则和标准，以确保其质量、准确性和规范性。

13.1.1 基本准则

1. 准确性

电气样板文件必须确保所有电气元件、接线方式、设备配置等信息准确无误，避免因文件错误导致施工或维护中的问题。

2. 标准化

所有的电气样板文件应遵循国家和行业的相关标准与规范，确保符合设计、施工和安全管理的要求。

3. 完整性

样板文件应包含完整的电气设计图纸、配电方案、设备清单、接线图、安装说明等相关资料，便于后续安装、调试和维修。

4. 清晰性

文件的格式、内容和图纸要清晰明确，确保阅读和理解无障碍。避免使用模糊或不常见的符号和术语。

5. 可追溯性

在制作电气样板文件时，需为其附上版本号、制作时间、审核人及相关记录，以便于在后续的项目中追溯和修改。

6. 符号统一性

所有电气符号、标记应遵循统一标准，并且在文件中注明符号的具体定义，保证不同人员在查看文件时有一致的理解。

7. 适用性

电气样板文件必须根据项目的实际情况进行设计，充分考虑工程的规模、复杂度和特殊需求，避免过于通用或不适用的设计方案。

13.1.2 其他说明

1. 文档格式要求

制作电气样板文件时，应遵循企业或项目的文档格式要求，包括字体、字体大小、页边距等。通常，电气图纸使用 A1 或 A0 纸张大小，文字与符号应清晰、易读。

2. 审核与审批

电气样板文件在完成后必须经过技术审核与审批，确保所有设计方案符合安全、法规及功能要求。审核人员应为资深工程师或有相关资质的技术人员。

3. 技术更新与修改

电气样板文件的内容可能会因新技术、新材料的使用、项目需求的变动等因素而发生更新。因此，项目经理应定期对文件进行审查，并及时修订，以确保文件的最新性与有效性。

4. 使用和维护

电气样板文件完成后，项目各方（设计人员、施工人员、运维人员等）应定期培训，确保其正确使用并能够有效维护文件内容的更新。

5. 保密性

对于涉及公司机密或项目保密内容的电气样板文件，应进行保密处理，确保文件仅限于相关人员查看，并在文件上注明保密等级及使用范围。

6. 样板文件的存档管理

所有制作好的电气样板文件应有明确的存档管理制度，包括纸质文件和电子文件的存储与备份，以便在项目后期进行查阅或修改。

13.2 电气制图的基本规定

13.2.1 图纸幅面和格式

为确保电气样板文件的高质量制作与使用，促进项目的顺利进行，避免因文件问题引发的安全隐患或施工难题。

1. 图幅

图幅是指图纸幅面的大小，所有绘制的图纸都必须在图纸幅面以内。《电气工程 CAD 制图规则》(GB/T 18135—2008)对图幅及格式都有相关规定，绘制电气工程图时必须严格遵守。

电气工程图纸采用的基本幅面有 5 种，包括 A0、A1、A2、A3 和 A4。各种图幅的相应尺寸见表 13-1。图幅可分为横式和立式幅面。

表 13-1　图纸幅面及尺寸　　单位：mm

幅面代号	$B \times L$	a	c	e
A0	841×1 189	25	10	20
A1	594×841	25	10	20
A2	420×594	25	10	10
A3	297×420	25	5	10
A4	210×297	25	5	10

2. 图框

(1) 图框尺寸(图 13-1)。在电气工程图中，确定图框的尺寸有两个依据：一是图纸是否需要装订；二是图纸幅面的大小。需要装订时，装订的一边就要留装订边。图 13-1(a)为不留装订边的图框，图 13-1(b)为留有装订边的图框，右下角矩形区域为标题栏。

(2) 图框线宽。各种图纸的外框线均为 0.25 mm 的实线。

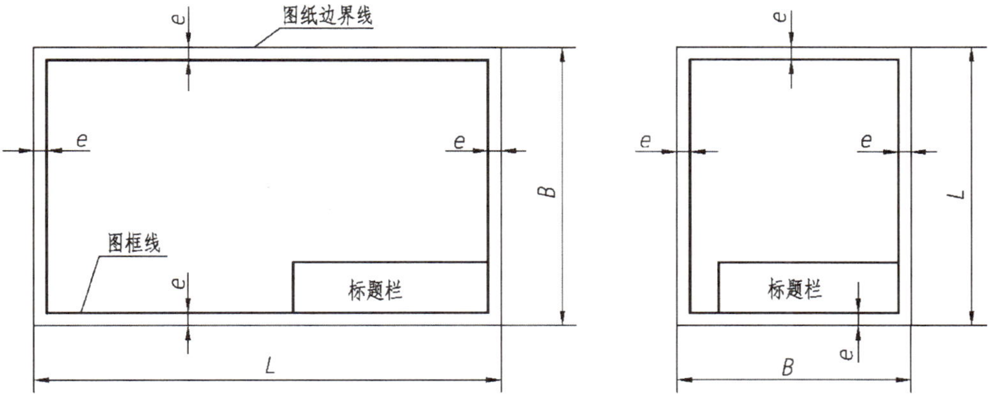

(a)

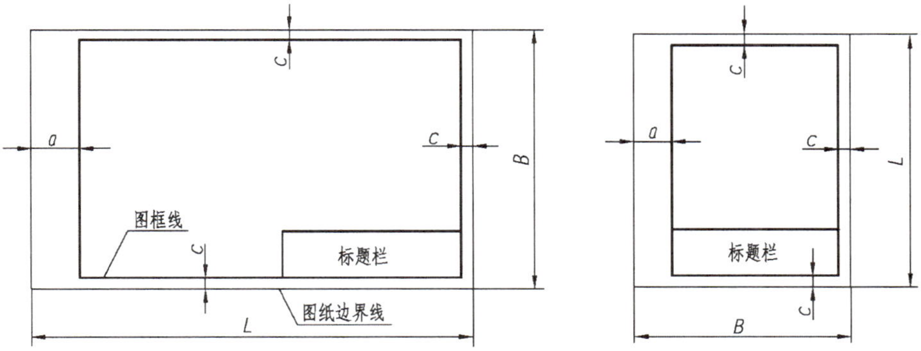

(b)

图 13-1　图框尺寸

3. 标题栏

标题栏一般由名称、代号区、签字区、更改区以及其他区组成，用于说明图的名称、编号、责任者的签名，以及图中局部内容的修改记录等。根据幅面的大小推荐两种比较通用的格式，分别是国家标准规定的标题栏和简化标题栏。

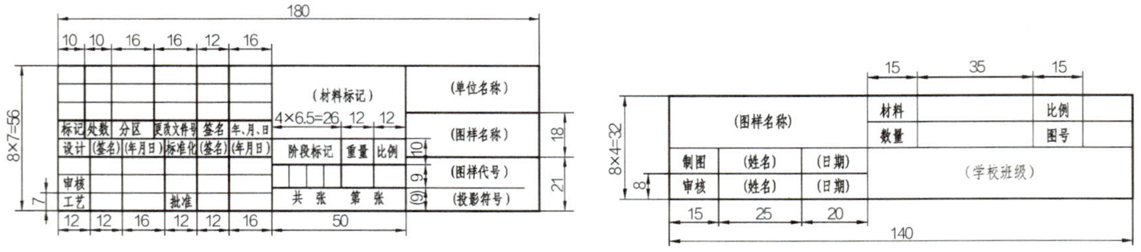

(a) 国家标准规定的标题栏　　(b) 简化标题栏

图 13-2　标题栏一般格式

13.2.2　比例

电气工程图中图形与实物相应要素的线性尺寸之比称为比例。需要按比例绘制图样时，应从表 13-2(推荐比例)中所规定的系列中选取适当的比例。工程上应优先选取表中的第一系列比例，必要时也可采用第二系列比例。

表 13-2　技术制图推荐比例

种类	第一系列	第二系列
原始比例	1∶1	—
放大比例	2∶1，5∶1	4∶1，2.5∶1
	$1\times10^n:1$，$2\times10^n:1$	$4\times10^n:1$，$2.5\times10^n:1$
	$5\times10^n:1$	
缩小比例	1∶2，1∶5，1∶10	1∶1.5，1∶2.5，1∶3
	$1:2\times10^n$，$1:5\times10^n$	1∶4，1∶6
	$1:10\times10^n$	$1:1.5\times10^n$，$1:2.5\times10^n$

为了能从图样上得到实物大小的真实信息，应尽量采用原值比例绘图。绘制大而简单的元件采用缩小比例，绘制小而复杂的电气元件可采用放大比例。不论采用缩小还是放大的比例绘图，图样中所标注的尺寸，均为电气元件的实际尺寸。

对于同一张图样上的各个图形，原则上应采用相同的比例绘制，并在标题栏内的“比例”一栏中进行填写。比例符号以“∶”表示，如 1∶1 或 1∶2 等。当某个图形需采用不同比例绘制时，可在视图名称的下方以分数的形式标注出该图形所采用的比例。

13.2.3　字体

电气工程图样和简图中的所选汉字应为长仿宋体，在 AutoCAD 中，汉字字体也可用 Windows 系统自带的“仿宋 GB2312”。图形与实物相应要素的线性

13.2.4　图线

在制图过程中，不同的电气图，对图线、字体和比例有不同的要求。国家标准对电气工程图的图线、字体和比例做出了相应的规定，其中图线的相关要求如下。

1.　基本图线

标准规定电气工程图中常用的线型有实线、虚线、点面线、波浪线及双折线等。

2.　图线宽度

图线的宽度应根据图纸的大小和复杂程度，在下列数值中选择：0.18 mm，0.25 mm，0.35 m，0.5 mm，0.7 mm，1 mm，1.4 mm 和 2 mm。

在电气工程图中，图线一般只用两种宽度，分别为粗实线和细实线，其宽度之比为 2∶1。通常情况下，粗线的宽度采用 0.5 mm 或 0.7 mm，细线的宽度采用 0.25 mm 或 0.35 mm。

在同一图纸中，同类图线的宽度应基本保持一致，虚线、点面线及双点画线的画长和间隔长度也应大致相等。

电气图用图线的形式和应用范围见表 13-3。

表 13-3　电气图用图线的形式和应用范围

序号	图线名称	图线形式	代号	图线宽度	应用范围
1	实线	————————	A	$b = 0.5 \sim 2$	基本线、简图主要内容线、可见轮廓线、可见导线
2	虚线	-----------	F	约 $\frac{b}{3}$	辅助线、屏蔽线、机械连接线、不可见轮廓线、不可见导线、计划扩展用线
3	点划线	—·—·—·—·	G	约 $\frac{b}{3}$	分界线、结构围框线、功能围框线、分组围框线
4	双点划线	—··—··—··—	K	约 $\frac{b}{3}$	辅助围框线

13.2.5　尺寸标注

尺寸标注是为了表示图样中物体的大小及各部分间的位置关系。标注尺寸时，应做到所标尺寸正确、完整、清晰、易读。低组电压柜外形尺寸如图 13-3 所示。

尺寸标注应注意以下几点。

(1) 常用文本尺寸宜在以下尺寸中选择：1.5 mm，3.5 mm，5 mm，7 mm，10 mm，

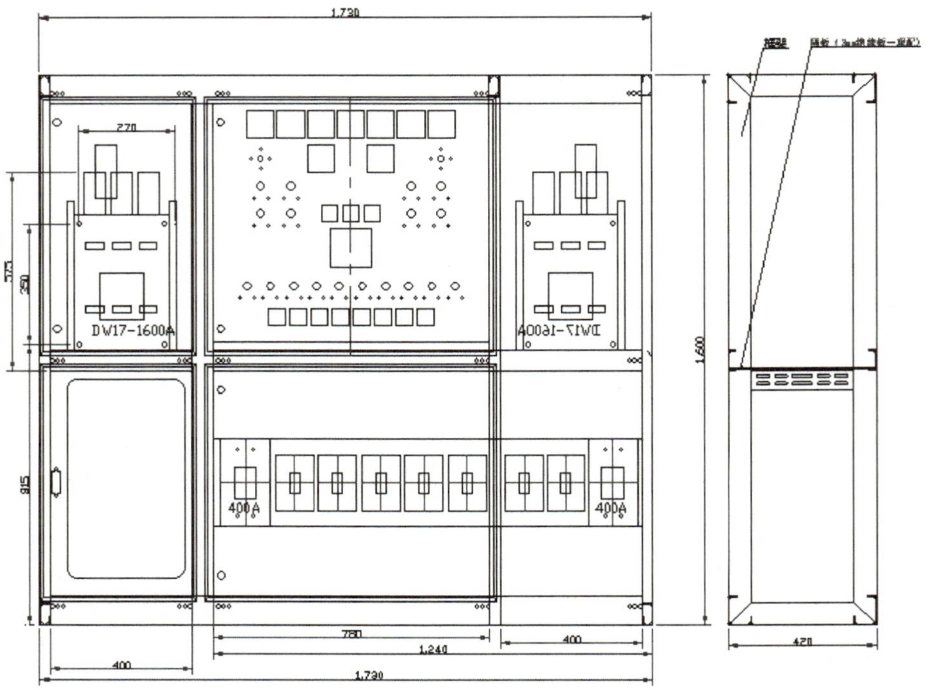

图 13-3　低组电压柜外形尺寸

13 mm 和 20 mm。

（2）字符的宽、高比值为 0.7。

（3）各行文字的行距不应小于 1.5 倍的字高。

（4）图样中采用的各种文本尺寸见表 13-4。

表 13-4　电气图中字体的最小高度　　单位：mm

图纸幅面代号	A0	A1	A2	A3	A4
字体最小高度	5	3.5	2.5	2.5	2.5

13.3 制作电气样板文件的步骤

13.3.1 新建文件

制作电气样板文件是确保电气设计的一致性、效率和准确性的关键步骤。首先，在电气设计软件中创建一个新的空白文件。这一步是制作样板文件的起点，选择合适的文件类型(.dwt)并设置文件名，如图 13-4 所示。

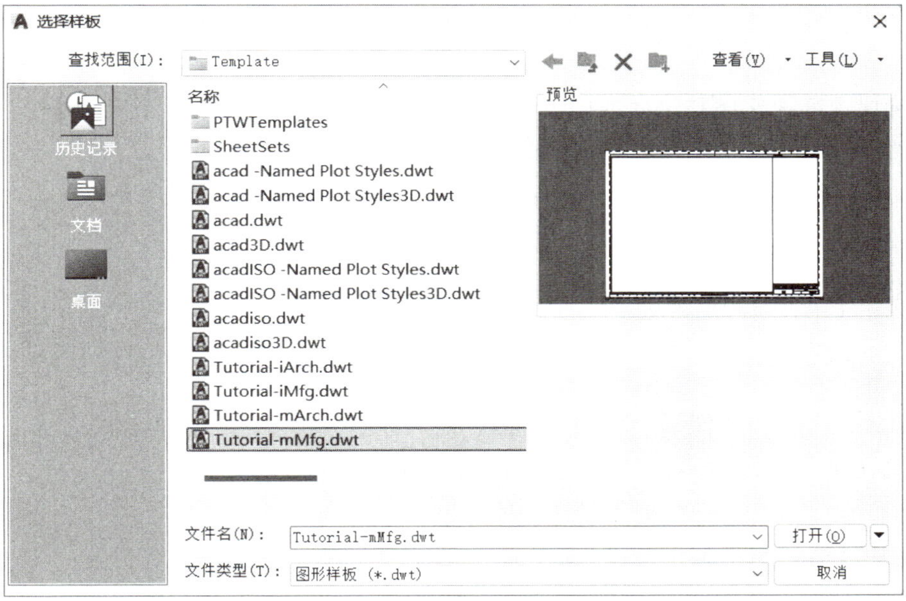

图 13-4　新建文件

13.3.2　定制工具栏

根据电气设计的需求，自定义工具栏。定制工具栏可以快速访问常用的设计工具和命令，提升工作效率。可以根据不同的工作流程，将相关的工具或命令添加到工具栏中，如图 13-5 所示。

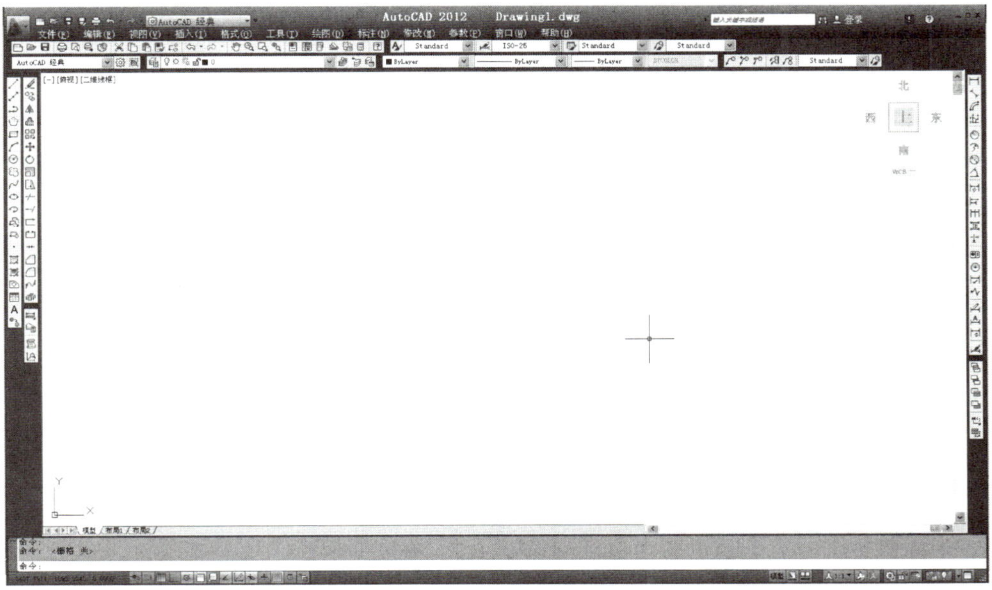

图 13-5　定制工具栏

13.3.3 设置绘图单位与精度

为确保图纸的比例和尺寸准确无误，需要设置合适的绘图单位（如毫米、厘米或英寸）和精度，如图 13-6 所示。精度设置影响绘制时的准确性，特别是在需要精确布局电气元件时。

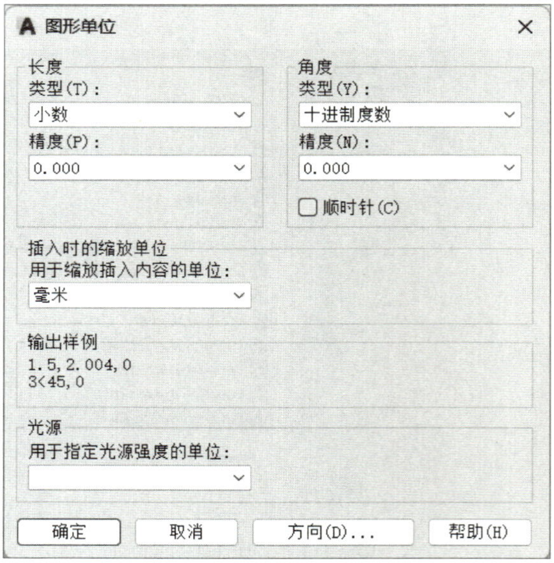

图 13-6　设置绘图单位与精度

13.3.4 设置图层

设置图层是为了合理分类和管理不同的电气元素。可以为不同的电气组件（如配电系统、开关设备、接地系统等）创建独立的图层，使图形更加清晰，易于管理和修改。

步骤 1　创建粗实线层。

单击“新建图层”按钮，新建一图层，修改图层名称为“粗实线”，颜色为白色（索引颜色 7），线型为 Continuous，线宽为 0.7 mm。

步骤 2　创建细实线层。

单击“新建图层”按钮，新建一图层，修改图层名称为“细实线”，颜色为红色（索引颜色 1），线型为 Continuous，线宽为 0.35 mm。

步骤 3　创建中心线层。

单击“新建图层”按钮，新建一图层，修改图层名称为“中心线”，颜色为洋红色（索引颜色 6），加载 CENTER 线型，并选择设置线宽为 0.35 mm。

步骤 4　创建虚线层。

单击“新建图层”按钮，新建一图层，修改图层名称为“虚线”，颜色为青色（索引颜色 4），加载 DASHED，线型并选择设置线宽为 0.35 mm。

步骤 5　创建双点画线层。

单击“新建图层”按钮，新建一图层，修改图层名称为“双点画线”，颜色为绿色（索引颜色 4），加载 DIVIDE 线型，并选择设置线宽为 0.35 mm。

步骤 6　保存图层。完成上述操作后，样板文件图层设置完成，如图 13-7 所示，单击“确定”按钮，保存。

13.3.5 创建文字样式

为了保证设计图纸的字体一致性，需创建统一的文字样式。这包括字体类型、大小、间距、颜色等设置。规范化的文字样式有助于提升图纸的可读性和专业性。

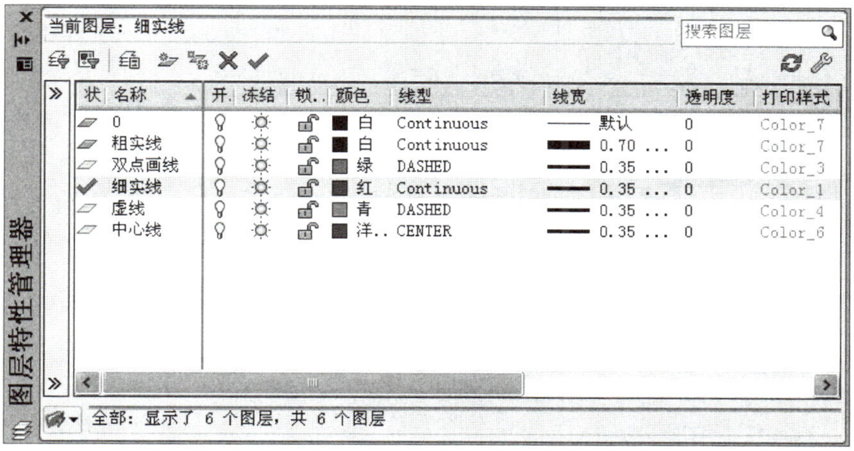

图 13-7　图层设置结果

单击菜单“格式”→“文字样式”，打开“文字样式”对话框，如图 13-8 所示。

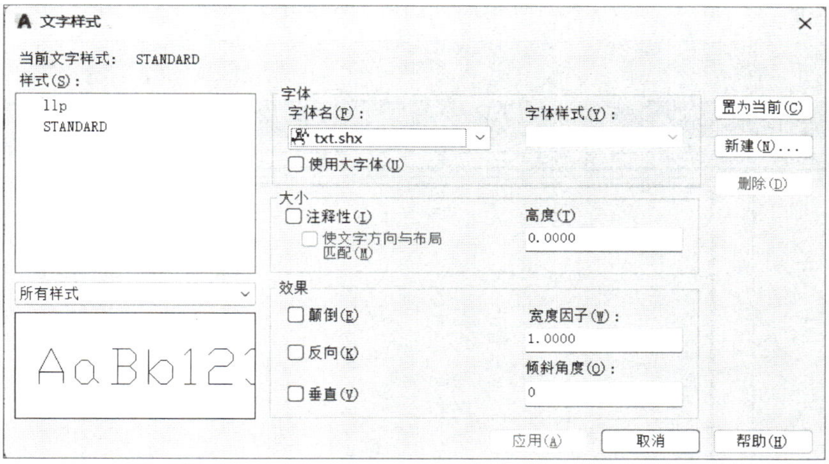

图 13-8　文字样式创建结果

13.3.6　设置标注样式

设置标注样式确保所有图纸中的尺寸标注、文字标注、符号标注等具有统一的格式。可以定义标注的字体、大小、颜色、箭头样式等，确保设计图标注的清晰度和规范性，如图 13-9 所示。

13.3.7　绘制图框

在电气样板文件中，绘制图框是必须的，它包含了图纸的边界、标题栏等内容。图框的设计要符合行业标准，标题栏要包括图纸名称、设计人员、日期、图纸版本等信息。

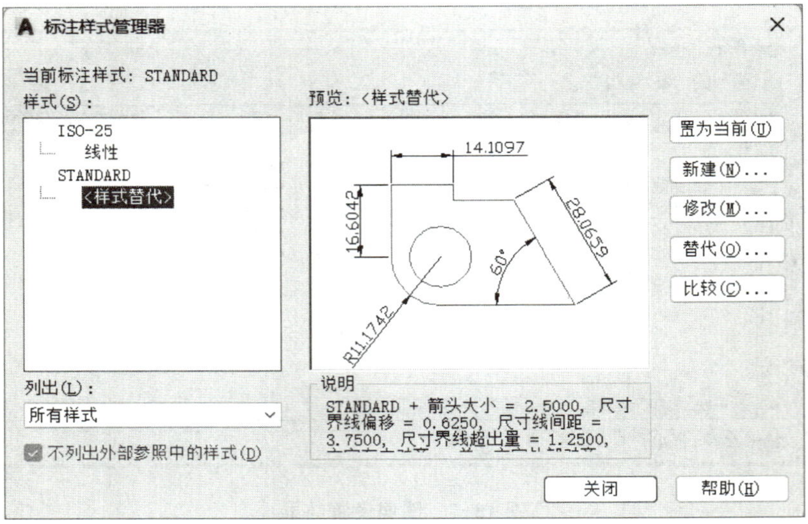

图 13-9　标注样式设置结果

利用“绘图”→“直线”命令，采用对象捕捉追踪、偏移等绘图命令，绘制 A3 图框，结果如图 13-10 所示。

图 13-10　绘制 A3 图框

13.3.8　设计常用图块

电气设计中常常使用到标准化的图块（如电气符号、接线图符号等），需要提前设计并保存这些图块。图块可以大大提高绘图效率，减少重复操作。

热继电器的画法：

步骤 1　绘制表面粗糙度符号。

利用“绘图”→“直线”命令，采用捕捉追踪、偏移等绘图命令，绘制热继电器符号，如图 13-11 所示。

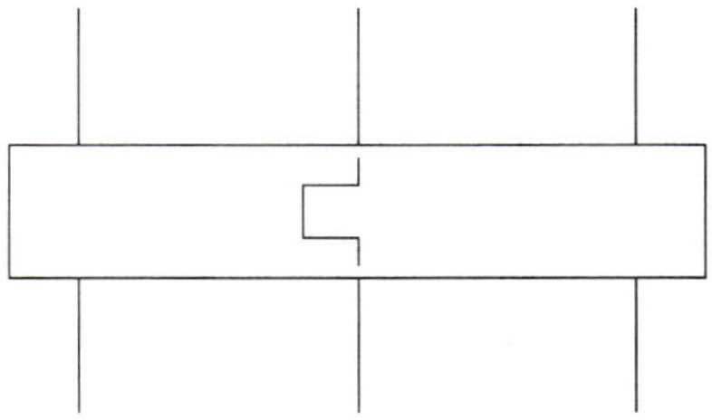

图 13-11　热继电器的画法

步骤 2　定义块属性。

单击“绘图”→“块”→“定义属性”，打开“属性定义”对话框，如图 13-12 所示，在“标记”文本框输入“FR”，“文字设置”选项组“对正”下拉框选择“中心”，其余取默认值。单击“确定”按钮，返回绘图界面。

步骤 3　创建表面粗糙度块。

单击“绘图”→“块”→“创建”，打开“块定义”对话框。在“名称”文本框输入“热继电器”，拾取基点为热继电器符号下角点，选择“对象”为热继电器符号和块属性，其余取默认值，如图 13-13 所示。单击“确定”按钮，完成创建。

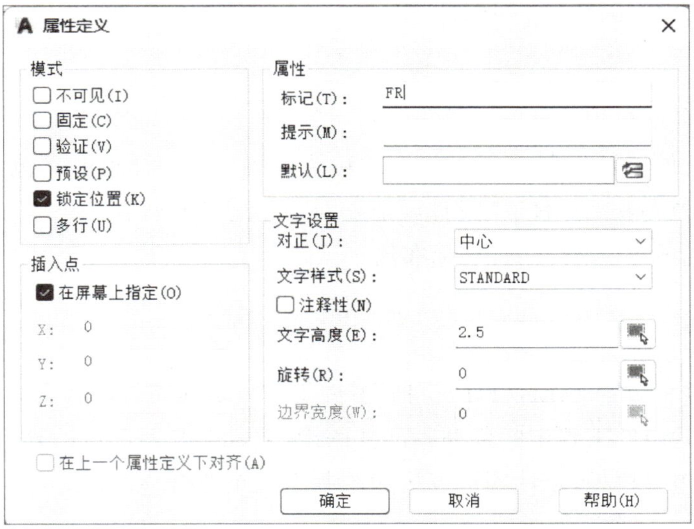

图 13-12　“属性定义”对话框

13.3.9　保存样板文件

完成所有设置后，保存电气样板文件。保存时应注意命名规范，便于日后查找和使用。样板文件的保存路径可以根据项目的要求进行指定。

至此，带属性定义的热继电器块已创建完成，今后在使用时，可通过插入块操作轻松完成。

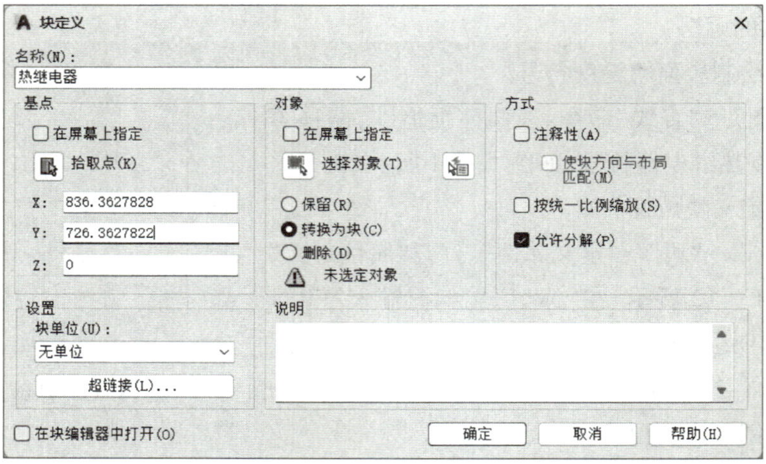

图 13-13　创建热继电器度块

13.4　电气样板文件的应用

电气样板文件的应用是电气工程设计中一个重要的部分，尤其在电气系统的设计和开发过程中，样板文件能够显著提高工作效率和准确性。电气样板通常包含标准的电气图元、符号、尺寸规范和常见组件，使设计师能够快速创建符合规范的电气图纸，避免重复性工作，并确保工程项目中的统一性和标准化。

13.4.1　利用电气样板创建"空白"零件图

电气设计中，利用电气样板创建"空白"零件工作图是提高设计效率的常用方法。电气样板通常用于创建电气工程中的各种零部件图纸，尤其是在零部件的外形和安装位置上。通过导入已有的电气样板，设计师可以快速绘制出一个符合规范的零件工作图，避免从零开始设计。

利用这种方法，设计师能够在较短的时间内创建出符合标准和规范的零件工作图，同时保持设计的统一性和规范性。

步骤 1　利用"A3 样板文件.dwt"创建.dwg 文件。

单击"文件"→"新建"，打开"选择样板文件"对话框，选择"A3 样板文件.dwt"作为样板，结果如图 13-14 所示。

步骤 2　插入"零件图标题栏"块。

单击"插入"→"块"，打开"插入块"对话框，选择"零件图标题栏"，单击"确定"按钮，并将插入点设置为图框右下角，如图 13-15 所示。

图 13-14　新建的. dwg 文件

图 13-15　插入零件图标题栏块的结果

步骤 3 插入“热继电器”块。

单击“插入”→“块”,打开“插入块”对话框,选择“零件图标题栏”,单击“确定”按钮,并将插入点设置为图框右下角,如图 13-16 所示。

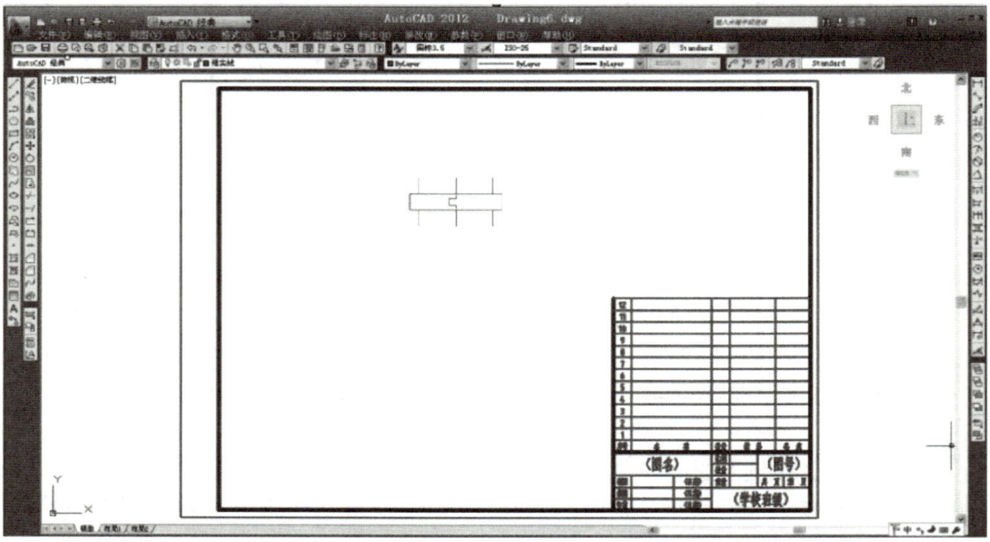

图 13-16 插入零件图标题栏块的结果

13.4.2 利用电气样板创建“空白”装配图

利用“A3 样板文件.dwt”创建“空白”装配图与零件工作图类似,如图 13-17 所示。

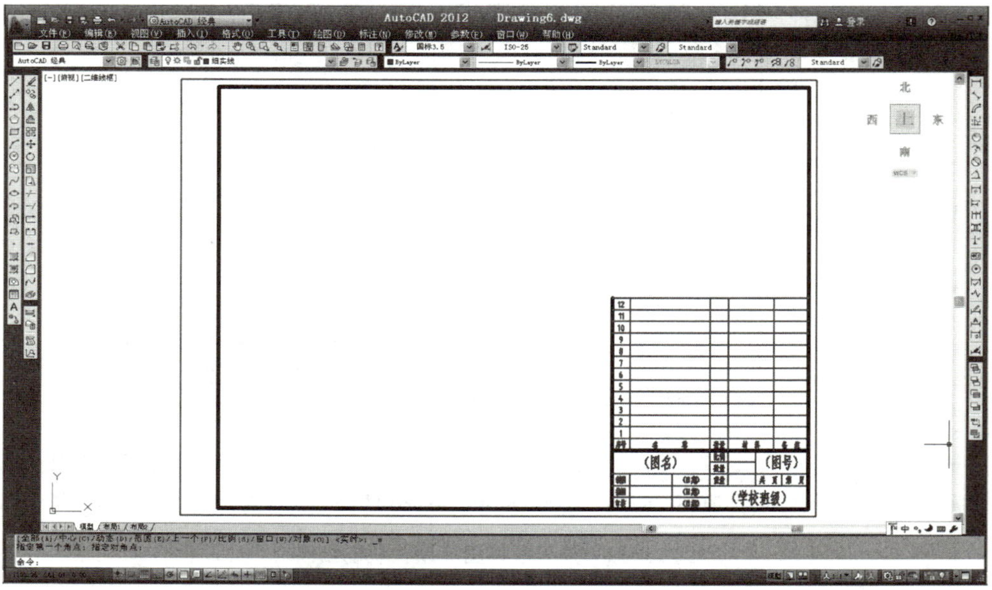

图 13-17 插入装配图标题栏及明细表块的结果

利用电气样板创建“空白”装配图是电气设计中的又一常见应用。在电气系统设计中，装配图是展示各个电气组件如何连接、安装以及工作的一种重要图纸。通过使用电气样板，设计师能够在创建装配图时，借助模板迅速建立起一个“空白”框架图。

在这个过程中，设计师可以使用已有的电气样板文件，直接将其应用于新的项目中。

思考练习

1. 使用 Auto CAD 绘制零件图样板图时应遵守哪些准则?
2. 在 AutoCAD 中，样板文件中通常包括哪些内容?
3. 参考 8.3 节内容，完成 A4 机械样板文件的制作。

第14章 电气工程绘图的分类及符号

电气工程图纸按照其功能和使用目的，可以分为多个类别。每种图纸类型有其特定的符号和绘制规则，确保工程人员能够清晰、准确地理解图纸内容。

14.1 电气工程绘图的分类

电气工程绘图主要可以分为以下五类。

1. 电气原理图

电气原理图主要用于描述电气系统的工作原理，显示设备和电气元件之间的连接关系。一般不标注设备的具体位置，而是通过符号表示电气元件的类型和功能。

2. 电气接线图

电气接线图用于展示电气设备的具体接线方式，通常会标注设备之间的电气连接线及其接线方式。常用于施工阶段，指导安装人员正确接线。

3. 电气布局图

电气布局图用于展示电气设备在空间中的实际布置，包括配电柜、开关、插座等的安装位置。

4. 电气控制图

电气控制图主要用于展示电气控制系统的结构和工作过程，常用于工业自动化和机械控制系统设计。

5. 电气线路图

电气线路图展示电气线路的走向及其连接情况，常用于大规模电力工程和线路设计。

14.2 电气工程绘图图形符号

在电气制图中，标准图形是指一些普遍应用的符号和标记，用于表示不同的电气设备、元件、线路和系统。常用的电气图形符号见表14-1。常用的电气制图标准图形有以下几种。

表 14-1　常见电气图形符号

序号	图形符号	说明	序号	图形符号	说明
1		按钮	16	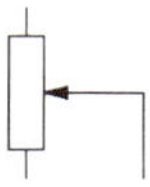	电位器
2	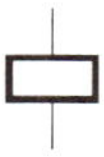	线圈	17	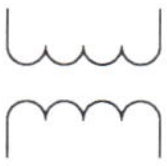	变压器
3		行程开关	18	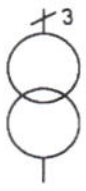	三相变压器
4	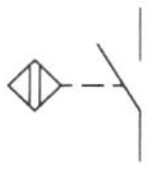	接近开关	19		光源开关
5	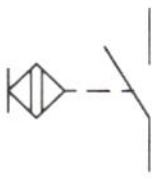	接触开关	20		三相交流电机
6	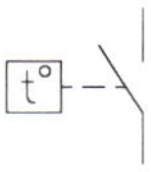	温度开关	21		接地
7	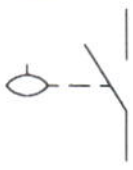	液位开关	22	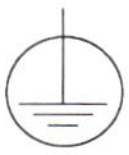	保护接地
8	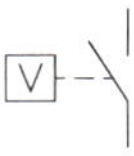	快速开关	23		电流表
9		熔断器	24		电压表
10		电阻	25	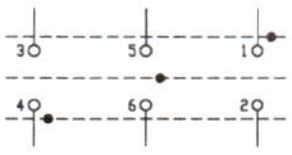	转换开关
11		电容	26		蜂鸣器
12		旋钮	27	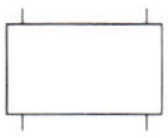	电源模块
13	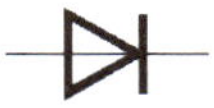	二极管	28	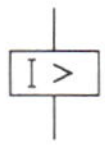	过流
14	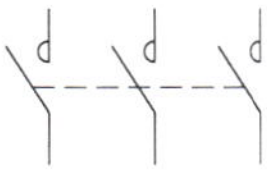	接触器	29		三极管
15	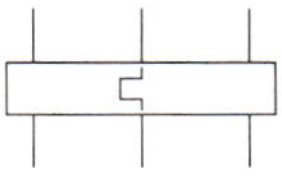	热继电器	30	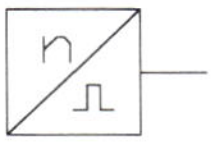	脉冲发生器

1. 电气符号

电源符号：表示不同类型的电源，如交流电源、直流电源、变压器等。常见的符号包括交流电源、直流电源和变压器。

电缆符号：表示电缆线路、导线等。不同的标识可区分不同电缆类型，如双线代表双芯电缆等。

开关符号：符号上有不同的表示方式，通常为箭头和直线组合，例如，单刀单掷开关、双刀双掷开关、按钮开关等。

电机符号：表示不同类型的电动机，如异步电动机、同步电动机等。符号上可以带有不同的标记，如字母和数字的组合。

按钮：常用于表示操作控制的按钮，如启动、停止按钮等。

接触器和继电器：控制电路中常见的元件，接触器通常有 NC（常闭）和 NO（常开）接点。

断路器符号：表示用于保护电路的断路器，有不同的型号符号用于区分。

2. 电气元件图形

电阻符号：常见的电阻符号是一个锯齿形的线，表示电阻的存在。

电容符号：通常由两条平行的线表示，带有不同的标识来区分不同的电容量。

电感符号：由若干个弯曲的线圈表示。

二极管和三极管符号：二极管用一个箭头和一条线表示，三极管则使用三个端点的符号来表示不同类型的三极管。

3. 接线和连接符号

接地符号：通常由一条竖线和三条水平线表示接地装置。这些符号的使用要求遵循相关标准，避免歧义和误解，确保电气工程人员能正确解读图纸。

14.3 按比例尺绘制主接线图

使用 AutoCAD 按比例尺绘制电气工程图是一项需要精确操作的任务，使用比例尺绘制时，必须严格遵守比例关系，避免因比例失衡而影响图纸的准确性。利用 AutoCAD 按比例尺绘制电气工程图的详细的步骤如下。

步骤 1 设置单位。

打开 AutoCAD，选择“新建”或打开现有的文件。输入 UNITS 命令，按 Enter 键。在弹出的“绘图单位”对话框中，设置单位（毫米、厘米、米等）和精度。通常，电气工程图使用毫米为单位，但根据需求也可以选择其他单位。

步骤 2 设置比例尺。

AutoCAD 中的比例尺是通过模型空间和布局空间的设置来控制的。图纸比例常在布局空间（Layout）中进行设置；输入 PAGESETUP 命令，按 Enter 键，打开“页面设置”对话框；

设置纸张大小（如 A4、A3、A1 等）；设置比例尺（如 1 ∶ 1，1 ∶ 10，1 ∶ 100 等），返回布局空间，可看到根据比例尺设置后的效果。

步骤 3　设置图层。

根据绘图内容建立绘图层、符号层等图层，并设置其颜色、线性和线宽等特性。

步骤 4　添加电气设备和符号。

在电气工程图中，需要插入电气符号，如开关、插座、灯具等。AutoCAD 提供了各种符号库，也可以自定义符号库。

使用块（Block）功能：在 AutoCAD 中，可通过“块”来插入标准电气符号。使用 BLOCK 命令创建一个电气符号块（如开关、插座、照明灯具等），或者使用现有的符号库。插入时，确保符号的尺寸与图纸比例一致。如果符号是标准化的，通常可以根据实际工程要求调整符号大小。

手动绘制符号：如果没有符号库，可以手动绘制一些常见的电气符号。例如，使用 CIRCLE 命令绘制插座符号，LINE 命令绘制开关符号等。

步骤 5　绘制电气线路。

电气线路是连接电气设备的主要部分，在图中应清晰地绘制电缆、管道、线路等。使用 LINE、POLYLINE 等命令来绘制电气线路，确保线路的走向和连接准确。使用不同的线型（如实线、虚线、中心线等）来区分不同类型的线路。例如，电力线路使用实线，控制线路使用虚线。

步骤 6　创建电气接线图。

除了平面布局图，电气接线图也是电气工程图的重要部分。使用 LINE、TEXT、DIMLINEAR 等命令，绘制电气元件（如开关、插座、变压器、配电板等）的接线图。使用标准符号和电气接线规范，以确保接线图的准确性。标注每个电气元件的接线，并标明电缆类型、线号、设备编号等信息。确保接线方式符合电气工程的设计要求，并且符号和尺寸符合标准。

步骤 7　检查和保存图纸。

完成电气工程图后，进行详细的检查，确保所有设备和线路的位置、尺寸、符号符合标准；尺寸标注清晰且准确，符号使用一致；图纸的比例正确，无误差。

通过以上步骤，可在 AutoCAD 中按比例绘制出符合要求的电气工程图。在整个绘制过程中，确保按照工程要求和标准符号绘制，使用合适的比例尺，保证图纸的准确性和可操作性。如果使用的是其他 CAD 软件，操作流程大同小异，主要区别在于界面和工具的位置。

第15章

典型电气零件图的绘制

15.1 电气工程绘图实例

15.1.1 电气工程图的绘制步骤

绘制电气工程图的步骤主要包括以下几个关键阶段。

（1）需求分析：根据项目的设计要求，了解电气系统的功能和布局。

（2）图纸规划：确定所需绘制的图纸类型，如主接线图、总平面布置图、配电图等。

（3）标注规范：遵循相关电气设计规范和标准，确定图纸上的符号、标记、尺寸及其他详细要求。

（4）绘图工具和软件：选择合适的绘图工具，如 AutoCAD 等软件，确保绘图的精度和效率。

（5）检查与修改：绘制完成后，对图纸进行审核，确保无误后进行修订。

15.1.2 电气工程图的绘制示例

本节将提供一个具体的电气工程图绘制示例。通过一个简单的电气系统，展示如何从初步设计到最终绘制完整的电气工程图，包括设备选择、电缆走向、开关箱、接地系统等各个细节。

15.1.3 绘制电气主接线图示例

电气主接线图是电气设计中最重要的图纸之一，它展示了设备之间的主要连接关系。在绘制主接线图时，首先需要明确各电气设备的型号、位置、连接方式，然后根据规范绘制清晰的连接线路图。

（1）利用“直线”命令，绘制一条适当长度的的水平直线，再利用“平移”命令向正下方进行偏移，然后将两端封闭连接，如图 15-1 所示。

图 15-1　母线绘制

（2）利用“画圆”命令，绘制如图 15-2(a)所示符号；通过“偏移”命令，绘制完成相同符号的绘制；用“直线”命令，完成如图 15-2(b)所示符号的绘制。

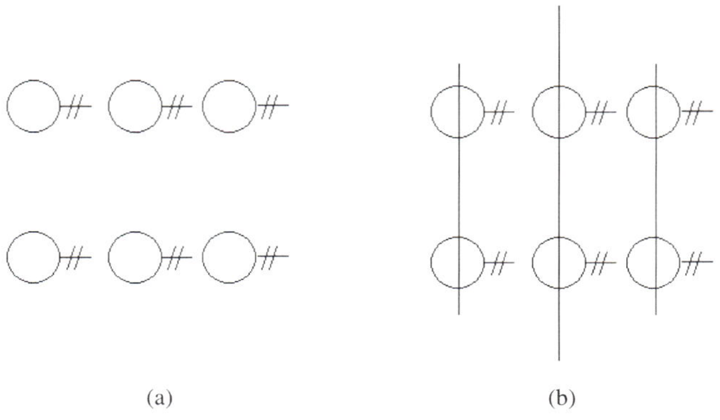

图 15-2　元件绘制

（3）首先在空白区域绘制箭头，以备后用，其次利用“直线”“画圆”“平移”“旋转”“复制”“修剪”命令，绘制得到图 15-3。

（4）首先利用“直线”命令画出竖直线，其次利用“偏移”命令左右偏移合适的距离，然后利用“画圆”命令画圆，同理将圆进行复制，再利用“直线”命令完成图中下面部分，如图 15-4 所示。

（5）首先利用“直线”命令画出直线，其次用“偏移”命令对直线进行偏移，再利用“直线”“画圆”“平移”“旋转”“复制”“修剪”命令，绘制得到图 15-5。

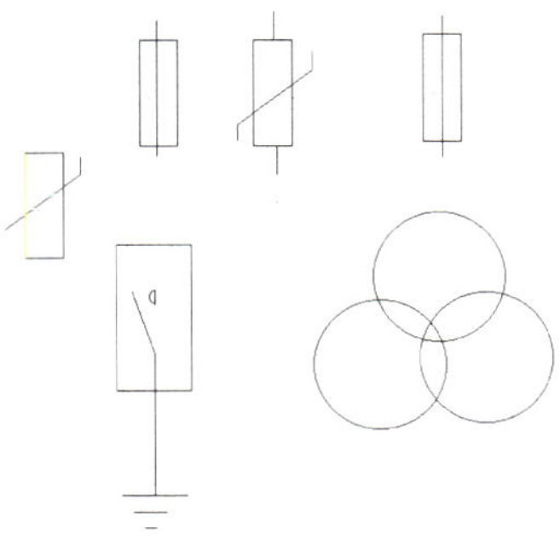

图 15-3　绘制支路所有元件

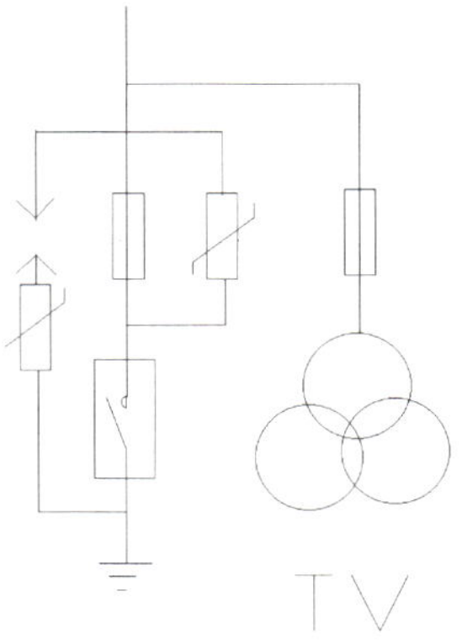

图 15-4　绘制支路

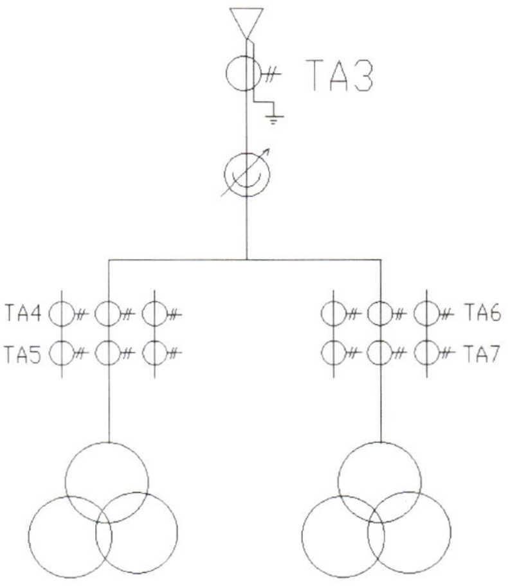

图 15-5　绘制支路其余部分

（6）将上述电路移动到合适的位置，然后将其连接，如图 15-6 所示。

（7）绘制控制回路。首先利用“直线”“平移”“复制”“修剪”命令绘制，其次利用“直线”命令画出直线，然后用“偏移”命令对直线进行偏移，再在合适的位置将相应的文字填充，得到如图 15-7 所示控制回路。

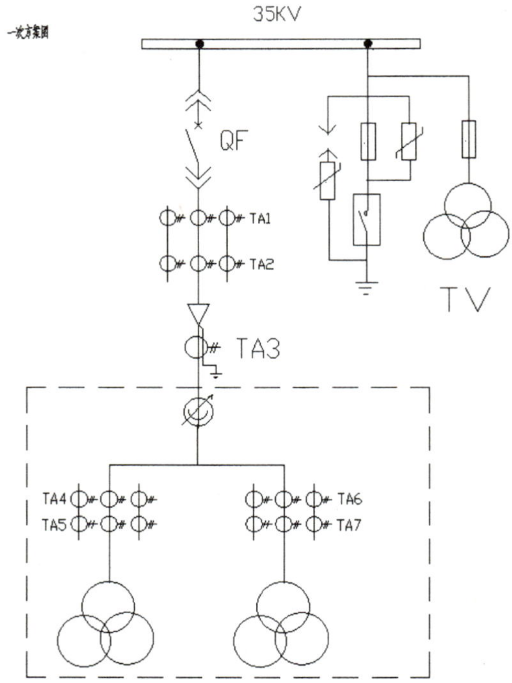

图 15-6　支路与母线连接

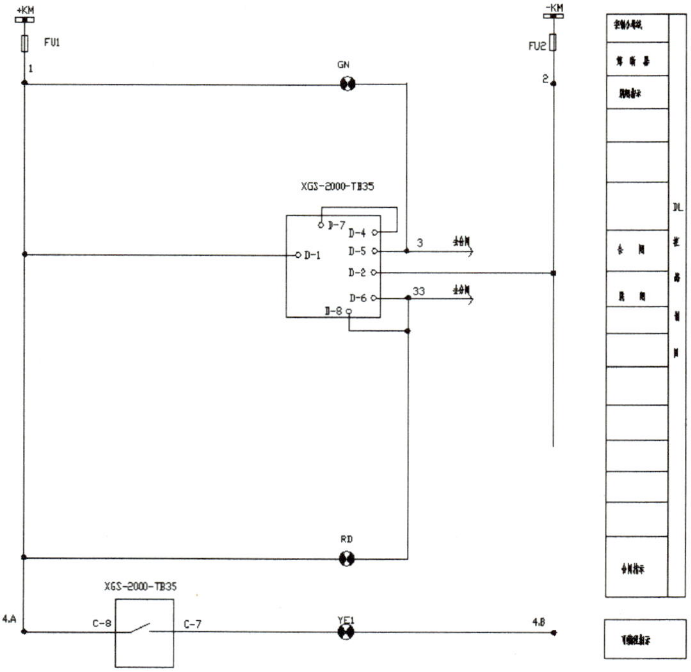

图 15-7　绘制控制回路

（8）绘制端子接线表。首先利用“直线”“平移”“复制”命令绘制，然后用“偏移”命令对直线进行偏移，再将合适的文字填入相应的位置，得到图 15-8。

（9）添加标题栏，完成图形绘制，得到图 15-9。

（10）添加图框，完成图形绘制，得到如图 15-10 所示 35 kV 变压器二次接线原理图。

15.1.4　绘制总平面布置图

总平面布置图是电气设计中另一重要图纸，它展示了电气设备在整体建筑中的空间布局。绘制总平面布置图时，首先需要将建筑平面图与电气系统的布置进行对照，确保电气设备的合理布局和互不干扰。

15.1.5　电气工程图样实例

本节将展示几个典型的电气工程图样实例，包括配电图、电气接线图、总平面布置图等（图 15-10—图 15-15）。这些实例将有助于读者更好地理解和掌握电气工程图的绘制方法与技巧。

XGS-2000 -TB35					
	端子定义	端子号		端子定义	端子号
A开关量输入	LCP2联锁	A-1	开关量输入	RS485A/CAN-H	B-1
	整流变压力释放	A-2		RS485A/CAN-L	B-2
	有载开关瓦斯	A-3		通讯电源 −	B-3
	LCP1联锁	A-4		通讯电源 +	B-4
	整流变重瓦斯	A-5		脉冲输入公共端	B-5
	整流变轻瓦斯	A-6		12V 脉冲输入	B-6
	整流变温度	A-7		12V 脉冲输入	B-7
	开关量输入公公端	A-8			B-8
C报警信号	预告信号(5# 继电器)*	C-1	D保护控制回路	控制电源 +KM	D-1
	预告信号(5# 继电器) ○	C-2		控制电源 −KM	D-2
	1# 可编程报警继电器 *	C-3			D-3
	2# 可编程报警继电器 *	C-4			D-4
	1#和2# 继电器公共端 ○	C-5		至HQ合闸线圈	D-5
	3# 可编程报警继电器 *	C-6		至TQ跳闸线圈	D-6
	4# 可编程报警继电器 *	C-7			D-7
	3#和4# 继电器公共端 ○	C-8			D-8
E电流输入回路	A相保护电流 (Ipa)	E-1	F电压或电流输入		F-1
	A相保护电流 *	E-2			F-2
	B相保护电流 (Ipb)	E-3			F-3
	B相保护电流 *	E-4			F-4
	C相保护电流 (Ipc)	E-5			F-5
	C相保护电流 *	E-6			F-6
	零序保护电流 (Io)	E-7			F-7
	零序保护电流 *	E-8			F-8
	A相测量电流 (Ia)	E-9		A相母线电压	F-9
	A相测量电流 *	E-10		B相母线电压	F-10
	C相测量电流 (Ic)	E-11		C相母线电压	F-11
	C相测量电流 *	E-12		母线电压中性点N	F-12
P电源	220/110V +	P-1			
	220/110V −	P-2			
		P-3			
	装置地	P-4			

图 15-8　端子接线表

				方案	N02	主编单位
总工程师		主要设计人		终端式两台配变系统主接线图		
设计总工程师		校核				
主任(专业)工程师		设计制图				
科(组)长		描图				
日期		比例		图号	GPDB-N02-01	50

图 15-9　添加标题栏

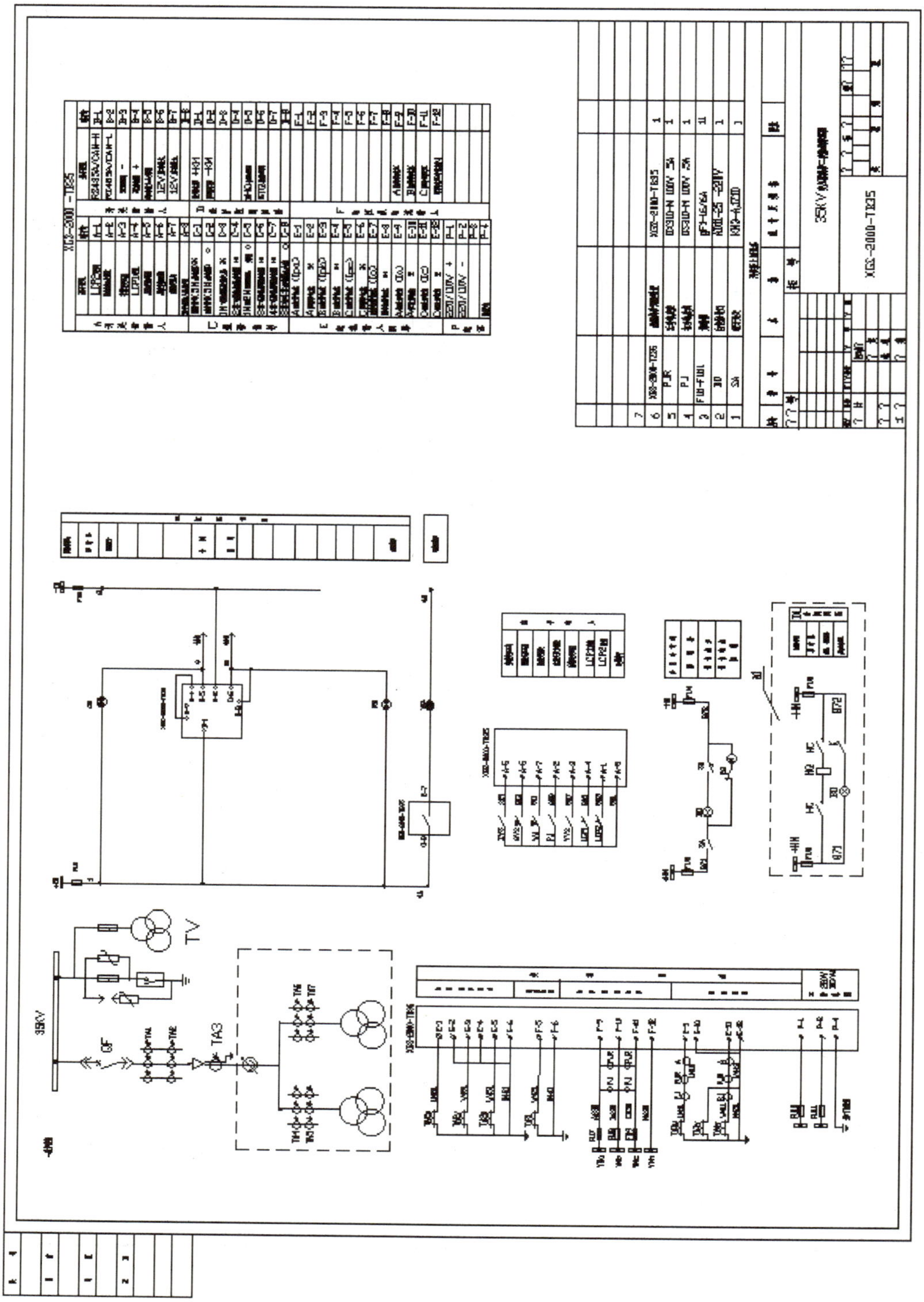

图 15-10　35 kV 变压器二次接线原理图

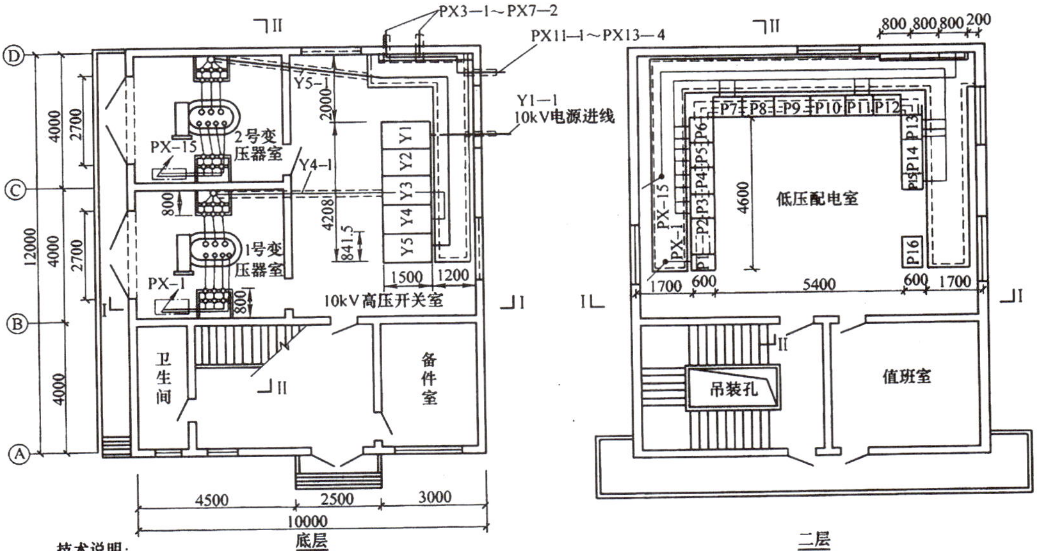

技术说明:

1.本设计中变压器室按发展容量两台 800kV·A 变压器考虑。

2.主要设备和材料明细表详见表 5–2。

3.10kV 的 YJV29–10–3×35 及 3×70 的交联塑料绝缘电力电缆的户内终端头，可采用干包，也可采用环氧树脂浇注法。

图 15–11　某 10 kV 变电所平面布置图

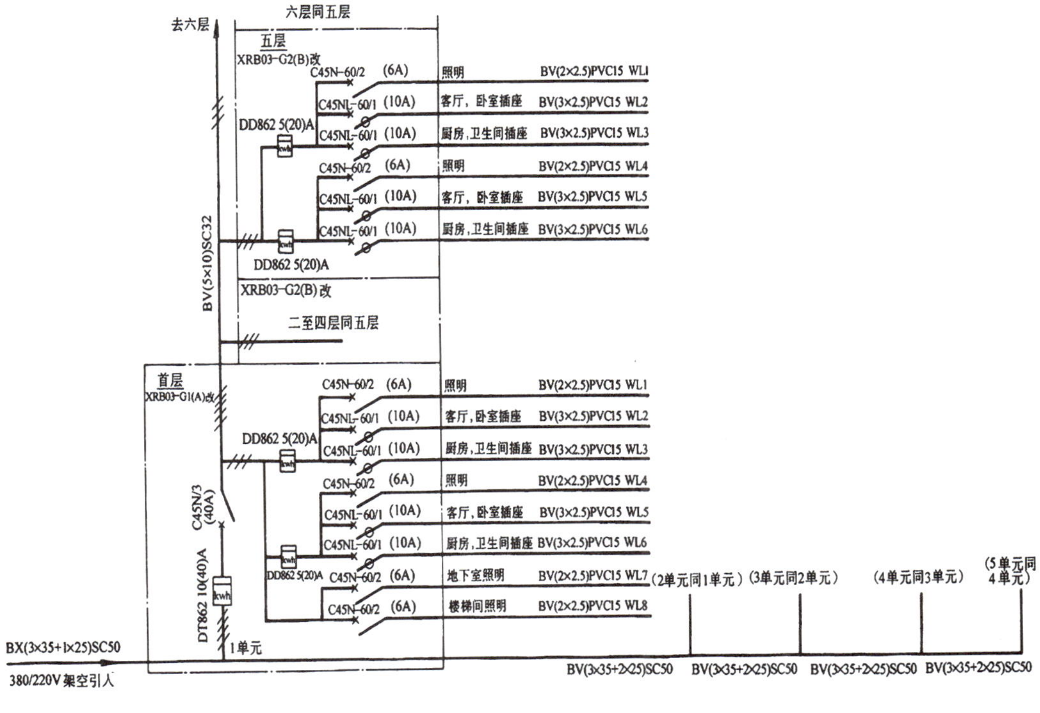

图 15–12　某项目照明配电系统图

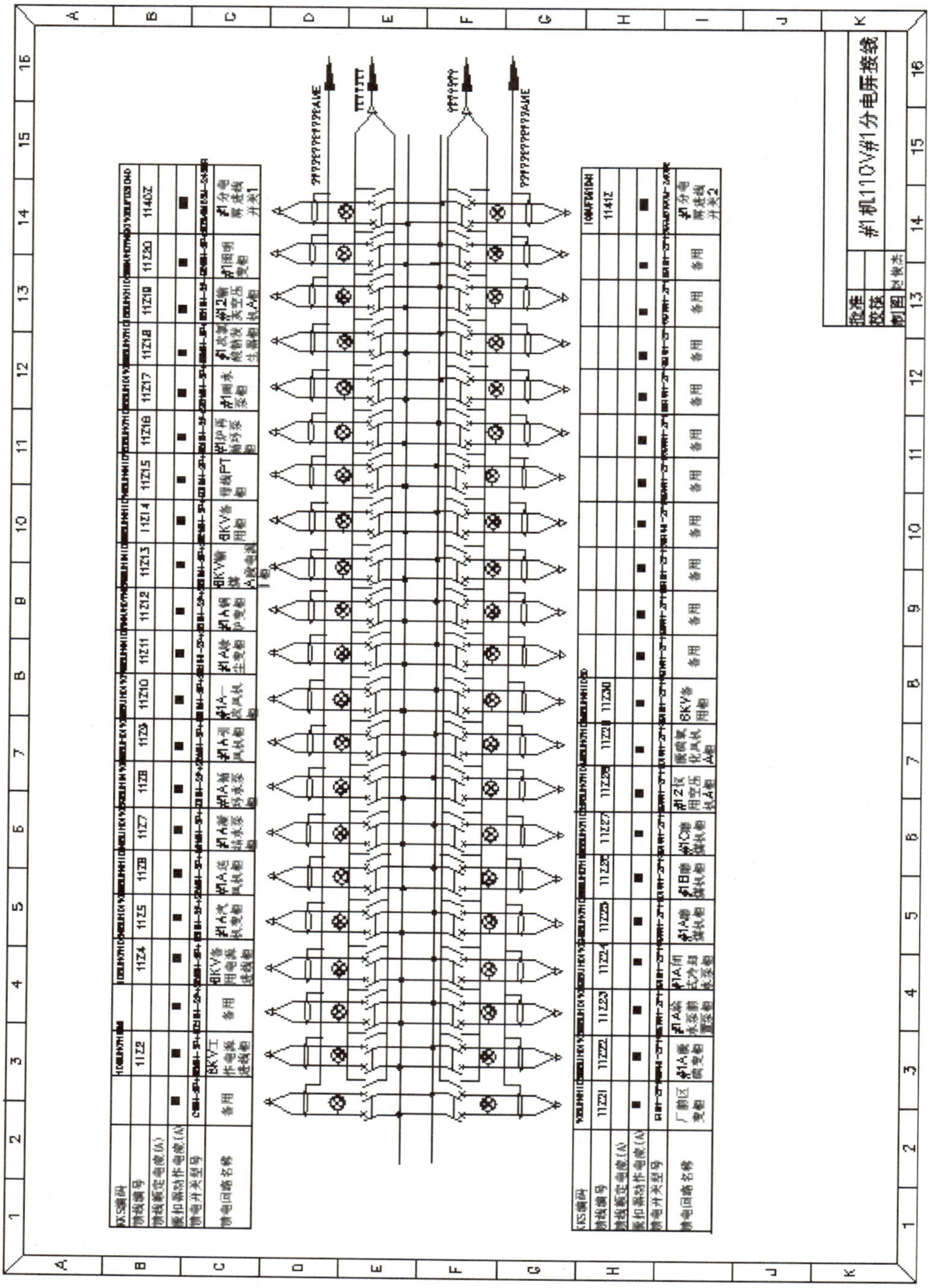

图 15-13　110 V 分电屏接线图

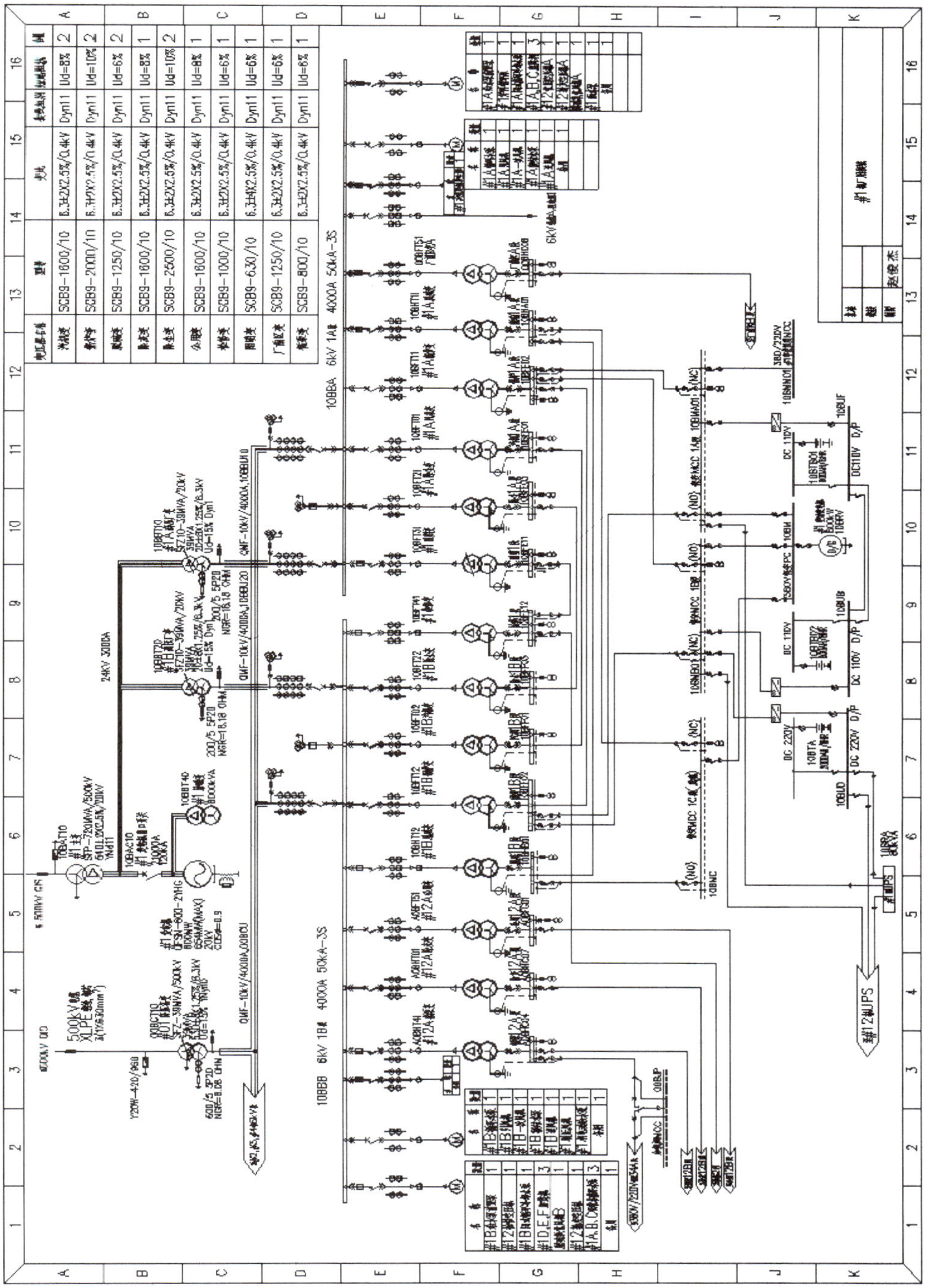

图 15-14　某分厂主接线图

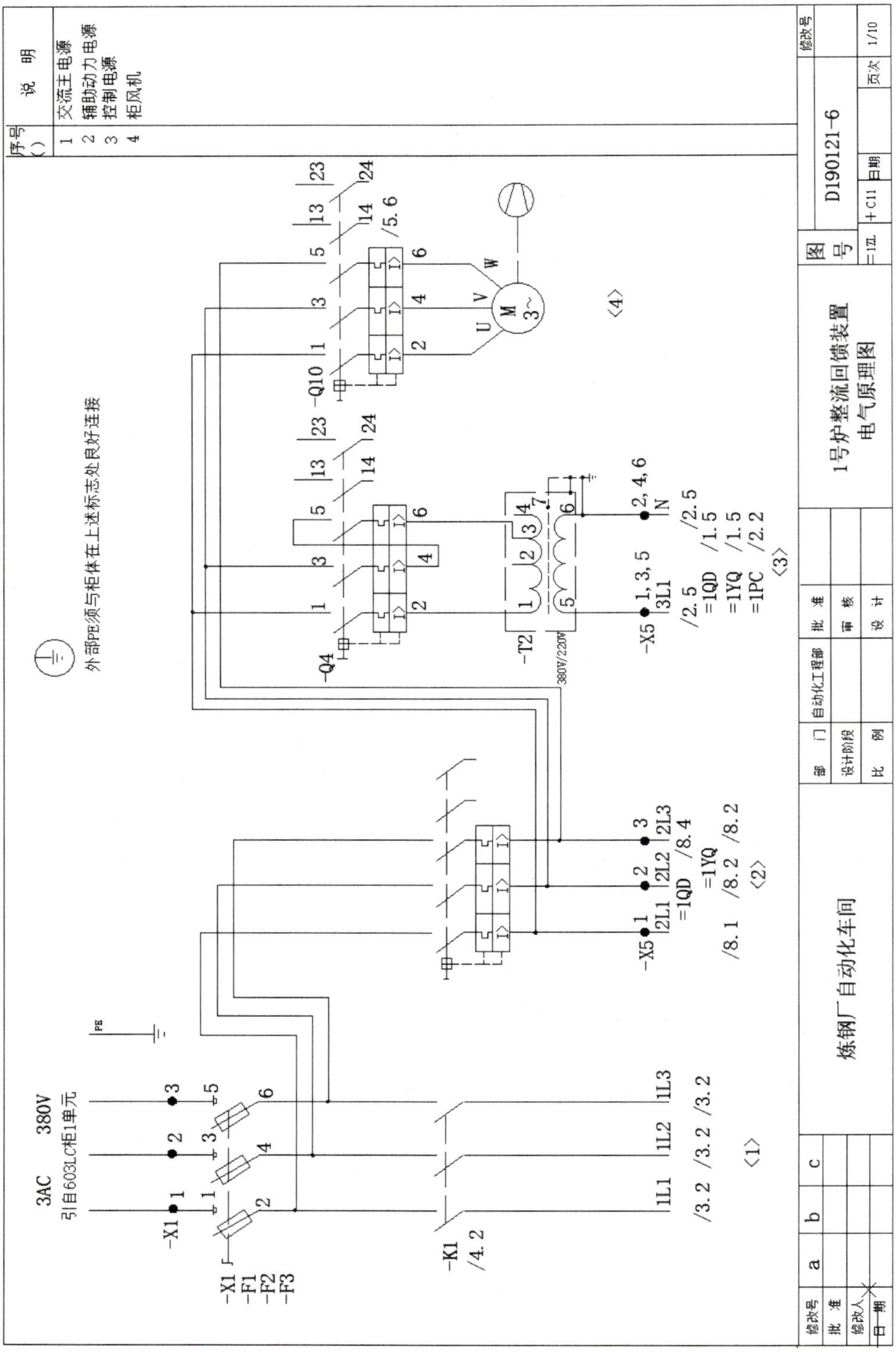

图 15-15 整流回馈装置电气原理图

15.2 电气工程图的成图与输出

在 AutoCAD 2025 中，文件的输出格式主要取决于想要导出的文件类型(图 15-16)。常见的输出格式包括以下几种。

(1)(.dwg)：AutoCAD 的原生文件格式，广泛用于存储设计图纸和模型。将工作保存为“.dwg”文件，也可以导出其他 CAD 软件兼容的格式。

(2)(.dxf)：绘图交换格式，主要用于不同 CAD 软件之间的数据交换。“.dxf”文件包含图形数据和对象信息，便于在不同的设计软件之间共享。

(3)(.dwt)：这是 AutoCAD 的模板文件格式，通常用于保存设计模板。可以使用“.dwt”文件来设置标准的图纸样式和模板。

(4)(.pdf)：将 AutoCAD 文件导出为“.pdf”格式，适用于打印或共享设计图纸。“.pdf”文件可以包含图形和文本，广泛用于文档查看。

(5)(.dgn)：这是 Micro Station 的原生格式，但 AutoCAD 也支持将文件导出为“.dgn”格式，以便与 Micro Station 等其他 CAD 软件进行数据交换。

(6)(.sat)：AutoCAD 支持导出为 ACIS(SAT)格式，这是一种用于存储 3D 实体的格式，常用于交换三维模型数据。

(7)(.stp)：STEP 格式用于交换三维模型数据，适合于 CAD、CAM 和 CAE 系统之间的数据交换。

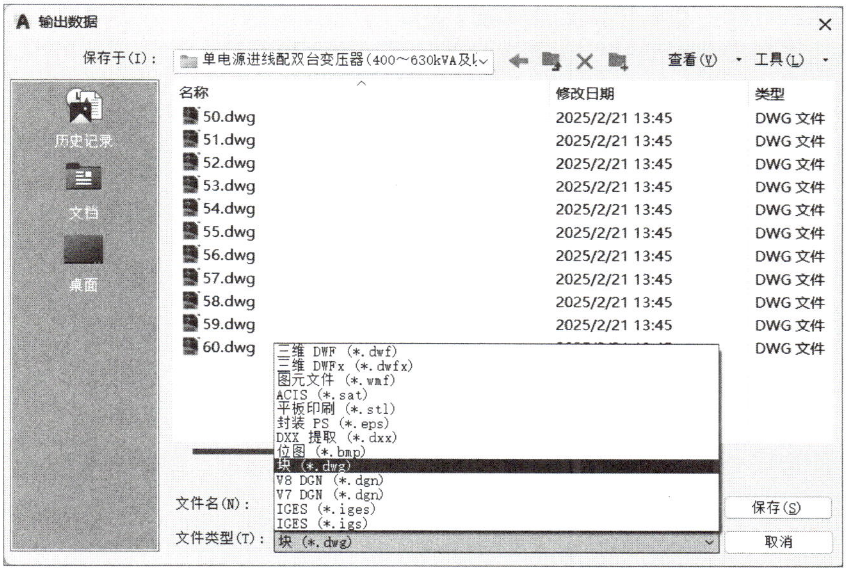

图 15-16　CAD 文件输出格式

输出文件的格式可以通过“另存为”功能选择，或者通过导出功能来设置特定的文件类型。

思考练习

1. 使用 AutoCAD 绘制电气工程图时应遵守哪些准则？
2. 在 AutoCAD 中，电气工程图中通常包括哪些内容？
3. 参考 15.2 节内容，完成三相电机正反转的电气工程图的绘制。

REFERENCES

参考文献

[1] 陆学斌. 工程图学基础[M]. 上海:同济大学出版社,2022.

[2] 李永强. 机械工程图学[M]. 上海:同济大学出版社,2022.

[3] 任守义,李参天,赵钢,等. 机械制图与 AutoCAD[M]. 北京:机械工业出版社,2023.

[4] 王菁. AutoCAD 2024 机械设计从入门到精通(升级版)[M]. 北京:电子工业出版社,2023.

[5] 何志昌,胡仁喜,顾美香. AutoCAD 中文版机械设计项目教学案例教程[M]. 北京:电子工业出版社,2024.

[6] 杜昱. AutoCAD 计算机辅助设计绘图员(机械类)技能训练[M]. 北京:电子工业出版社,2023.

[7] 杨振宽. 技术制图与机械制图标准应用手册[M]. 北京:中国标准出版社,2013.

[8] 李学京,刘炀. 机械制图和技术制图国家标准实用问答[M]. 北京:中国标准出版社,2015.

[9] 成大先. 机械设计手册[M]. 6 版. 北京:化学工业出版社,2017.

[10] 国家技术监督局. GB/T 14689—1993. 技术制图 图纸幅面和格式[S]. 北京:中国标准出版社,1993.

[11] 国家技术监督局. GB/T 17450—1998. 技术制图 图线[S]. 北京:中国标准出版社,1998.

[12] 聂康才,周学红. AutoCAD 2022 中文版电气设计基础教程[M]. 北京:清华大学出版社,2022.

[13] 李诗洋. AutoCAD 中文版电气设计项目教学案例教程[M]. 北京:电子工业出版社,2023.

[14] 刘长国,黄俊强,孔凡梅. AutoCAD 电气工程制图[M]. 北京:机械工业出版社,2023.

[15] 庄艳,朱毅. AutoCAD Electrical 2022 中文版电气设计自学速成[M]. 北京:人民邮电出版社:2022.

[16] 黄玮. 电气 CAD 实用教程[M]. 北京:人民邮电出版社,2021.

[17] 李忠勤. 电气 CAD 工程实践技术[M]. 北京:化学工业出版社,2021.

[18] 刘国亭. 电气工程 CAD[M]. 北京:中国水利水电出版社,2019.

[19] 郭方文,魏玉伟. AutoCAD2016 中文版完全精通自学教程[M]. 北京:电子工业出版

社，2018.
[20] 周佳新．计算机绘图技术[M]．北京：化学工业出版社，2018.
[21] 杨筝，郭红山．电气 CAD 制图与设计[M]．北京：化学工业出版社，2022.
[22] 李忠勤．电气 CAD 工程实践技术[M]．北京：化学工业出版社，2021.
[23] 高安邦，胡乃文，薛易．电气控制技术入门与提高[M]．北京：化学工业出版社，2022.